微分方程式

（改訂版）微分方程式（'23）

©2023　石崎克也

装丁デザイン：牧野剛士
本文デザイン：畑中　猛

s-62

まえがき

　微分方程式は，微分積分学の誕生以来，絶えず発展をし続け，自然科学のみならず，社会学・経済学など人文科学の分野にまで広く応用されてきました。一方で，微分方程式は多くの研究者を魅了し続け，研究方法も多岐にわたります。しかしながら，本書の目的は，数百年におよぶ微分方程式の履歴をまとめるものではなく，この本の学習を通しての喜びが，皆さんの学びの歴史に残るようになることです。執筆にあたり，微分積分学と線形代数学の基礎を学習した皆さんが，自然な形で微分方程式の学びに入ることができるように心がけました。

　本書は，放送大学の放送授業に対応して，15章にまとめられています。1章で微分方程式の基本事項を確認した後は，2章から11章までは主に常微分方程式を，12章から14章においては偏微分方程式を中心に学びます。15章は，解の存在について議論する場所になっています。特徴のひとつとして，章ごとに学びを進める案内となる地図を設置していますので，学習の到達度の把握に役立ててください。また，「4つの学び」を付加してあります。【学びのノート】は，直近の定理や公式に注意をあたえるものです。困難さや疑問を感じそうな内容を予測して付加的な説明をつけてあります。【学びの抽斗】では，本編を学ぶために必要な知識の確認や，知っておくと便利な数理科学的道具を記述してあります。必要に応じて，この抽斗を開けて利用してください。発展的な内容を【学びの扉】に紹介してあります。専門性が高く，本書では，証明を省略する内容や，将来において研究対象となるであろう内容を集めてあります。さらなる興味をいだいたら，是非この扉を開いてください。各章の終わりに，【学びの広場】（演習問題）を設置してあります。この広場はすべ

ての章においてあります。ここは，読者自身が手を動かしてほしい場所です。例題の類題，公式や定理の応用としての問題を出題してあります。解答または解法のヒントは巻末に記述しました。

　先ほども述べましたが，微分方程式は多種多様な方面から研究され，ひとつの微分方程式の解法にもさまざまな解法があります。基礎学習との接続性を重視した一方で，安定性の理論，不動点定理を用いた存在定理，複素領域での考察などは，本書において，詳細を説明することはできませんでした。幸い，現代では多くの微分方程式に関する専門書が出版されています。本書を学んで，さらに学習を進めたい皆さんは，これらの書籍にふれてみて下さい。

　本書の執筆にあたっては，多くの方に支えられました。隈部正博先生からは放送大学における専門科目担当の機会をいただき，最も多くの励ましとご助言をいただきました。演習問題の作成に関しては，放送大学修了生の原田和光氏，木村直文氏にご協力をいただきました。また，編集にあたっては放送大学教育振興会の小川栄一氏，放送授業との調和をはかるところでは放送大学オンライン教育課のみなさん，聞き手の沖田愛加氏に大変お世話になりました。心より感謝申しあげます。

2023 年 1 月 1 日

石崎克也

目 次

1 | 微分方程式

《**目標＆ポイント**》 微分方程式の解とは何であるか。解の意味と微分方程式を解くとは何かを理解する。微分方程式の解法に必要な微分積分学・線形代数学からの準備を行う。また，線形空間や複素数に関する語句や記号の導入も行う。

《**キーワード**》 微分方程式，一般解，特殊解，付帯条件，積分計算，広義積分，級数，行列，行列式，固有値，線形空間，複素数

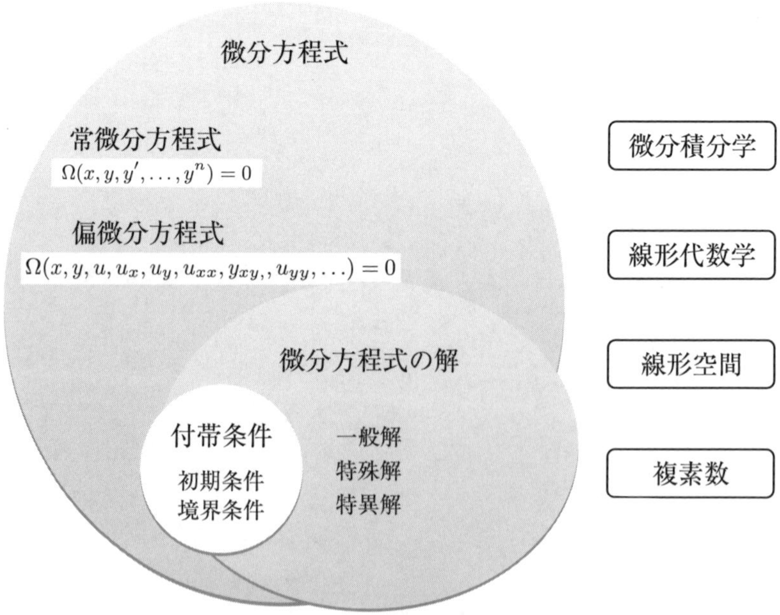

微分方程式

常微分方程式
$$\Omega(x, y, y', \ldots, y^n) = 0$$

偏微分方程式
$$\Omega(x, y, u, u_x, u_y, u_{xx}, y_{xy}, , u_{yy}, \ldots) = 0$$

微分方程式の解

付帯条件
初期条件
境界条件

一般解
特殊解
特異解

微分積分学

線形代数学

線形空間

複素数

図 1.1　1 章の地図

1.1 微分方程式

独立変数を x とする関数 $y(x)$ を考える。関数 $y(x)$ の導関数を $y'(x)$,
$\dfrac{dy}{dx}$, 2 階の導関数を $y''(x)$, $\dfrac{d^2y}{dx^2}$ と表す。また，k を自然数として，$y(x)$
の k 階導関数を $y^{(k)}(x)$, $\dfrac{d^k y}{dx^k}$ と表す。独立変数が明白な場合は，独立変
数を省略して単に，y, y', y'', $\ldots$, $y^{(k)}$ と表すこともある。独立変数 x と
関数 y とその導関数 $y^{(k)}$, $k = 1, 2, \ldots, n$ の関係式

$$\Omega(x, y, y', \ldots, y^{(n)}) = 0 \tag{1.1}$$

を y に関する常微分方程式という。このとき，$y = y(x)$ を未知関数とい
う。常微分方程式 (1.1) に現れる導関数の中で最も階数の高い導関数が
$y^{(n)}$ であれば，(1.1) は，n 階の常微分方程式といい，n を階数という。

本書は，1 変数の微分積分学の知識を前提として書かれている。2 変数
関数の偏微分に関する内容は，4 章で紹介していくが，偏微分方程式に
ついて簡単にふれておく。独立変数を x, y, 関数を $u = u(x, y)$ とし，そ
の偏導関数 u_x, u_y, u_{xx}, u_{xy}, u_{yy}, $\ldots$ に関する関係式

$$\tilde{\Omega}(x, y, u, u_x, u_y, u_{xx}, u_{xy}, u_{yy}, \ldots) = 0 \tag{1.2}$$

を u に関する偏微分方程式といい，$u = u(x, y)$ を未知関数という。

常微分方程式と偏微分方程式をあわせて微分方程式という。方程式の
形から自明な場合には，「常」，「偏」は省略することもある。また，未知
関数とその導関数の次数が高々 1 である場合に，微分方程式は，線形で
あるという。線形でないとき，非線形という。たとえば，

$$y' = y^2 + \frac{3}{4x^2} \tag{1.3}$$

$$y'' + \left(e^x - \frac{1}{16}\right)y = 0 \tag{1.4}$$

$$u_{yy} = 9u_{xx} \tag{1.5}$$

$$y'' = 6y^2 + x \tag{1.6}$$

については，(1.3) は 1 階非線形常微分方程式，(1.4) は 2 階線形常微分方程式，(1.5) は 2 階線形偏微分方程式，(1.6) は 2 階非線形常微分方程式である。本書においては，独立変数を実数とする線形微分方程式を学ぶ場面がほとんどである。複素領域での微分方程式や，非線形の微分方程式については，発展的な内容も含むが，たとえば，巻末の関連図書 [3]，[4]，[5]，[12]，[13] などを参考にするとよい。

▌▌▌▌ **学びの抽斗 1.1** ▌▌▌▌▌▌▌▌▌▌▌▌▌▌▌▌▌▌▌▌▌▌▌▌▌▌▌▌▌

　関数の表記の仕方について述べておく。関数を表すときに，1 つの文字，たとえば，f，y などを使ったり，独立変数を明確に表したいときには，$f(x)$，$y(t)$ などを用いた。ただし，記号 $f(x)$ は，関数自身を表す場合と，関数の x における値を表す場合があって紛らわしいこともある。特に，関数 f が恒等的に定数 C である場合，すなわち，どのような x に対しても，関数の値が C となる場合に，強調して $f(x) \equiv C$ と表すことがある。これは，$f = C$ と書くことと同じである。また，$f(x) \neq C$ は，f が x では，C という値をとらないという意味であって，$f(x) \not\equiv C$ は，定数関数 C ではなく，どこかの x では，C 以外の値をとるという意味で用いることにする。

1.2 一般解

　あたえられた微分方程式をみたす関数を，その微分方程式の解という。微分方程式の解は必ずしも 1 つとは限らない。たとえば関数 e^{x^2} は 1 階微分方程式 $y' = 2xy$ の解であるが，$y(x)$ を定数 C 倍した関数 Ce^{x^2} もまた解である。一方，$y = Ce^{x^2}$ から任意定数 C を消去することで，微分方程式 $y' = 2xy$ を導くことができる。また，2 階微分方程式 $y'' - 7y' + 10y = 0$ は e^{2x}, e^{5x} を解にもつが，C_1, C_2 を定数として，$y(x) = C_1 e^{2x} + C_2 e^{5x}$ をつくると，これもまた解になっている。これらの C, C_1, C_2 は特定の定数でなくともよい。すなわち，任意定数でよい。一般に，n 階の微分方程式において，n 個の任意定数を含んだ解を一般解という。

　ただし，関数 $y(x)$ の表現を考えるときに，常に $y = f(x)$ の形に表すことが容易とは限らない。

例 1.1　微分方程式

$$(x^2 + y^2)\frac{dy}{dx} = xy \tag{1.7}$$

について考える。C を任意定数として，

$$2y^2 \log y - x^2 = Cy^2 \tag{1.8}$$

と表現される y は，(1.7) をみたす。実際，(1.8) の両辺を x で微分すると，$(2y \log y + y - Cy)\,y' = x$ である。(1.8) から，$2y \log y = \dfrac{x^2 + Cy^2}{y}$ が得られるから，これを上式に代入して両辺を y 倍すれば，(1.7) が得られる。　◁

　例 1.1 の (1.8) は，任意定数を含んだ 1 階微分方程式 (1.7) の解を陰関数で表している。そこで，導関数を含まない x と y の関係式 $F(x, y) = 0$

があって，この式をみたす $y(x)$ が (1.1) をみたすならば，$F(x, y) = 0$ は (1.1) の解といえる。ここでは，任意定数を C として，$F(x, y; C) = 0$ が1階微分方程式の解であれば，$F(x, y; C) = 0$ を一般解とよぶことにする。

ある条件をあたえて，一般解に含まれる任意定数を特定して得られる解を特殊解という。たとえば，微分方程式 $y' = 2xy$ において，解 e^{x^2} は，一般解 Ce^{x^2} に初期条件 $y(0) = 1$ をあたえて特定した特殊解とみることができる。

微分方程式の中には，一般解に含まれる任意定数にどのような値をあたえても得られない解をもつものがある。このような解を特異解という。たとえば，微分方程式 $(y')^2 = y$ は，C を任意定数として，解 $y(x) = \dfrac{1}{4}(x - C)^2$ を解にもつ。したがって，$y(x)$ は一般解である。しかしながら，$(y')^2 = y$ は，$y = 0$ を解にもつ。一般解 $\dfrac{1}{4}(x - C)^2$ の定数 C にどのような値を代入しても $y = 0$ を表現することはできない。よって，$y = 0$ は $(y')^2 = y$ の特異解である。

あたえられた微分方程式に対して，有限回の積分や代数演算を行うことにより，解を初等的な関数[1]で表す方法を求積法という。また，求積法によって一般解が求まるとき，この微分方程式を求積可能，または可積分という。

1.3 付帯条件

あたえられた微分方程式の解は，一般には，1つに定まらないことを前節 1.2 で述べた。一方，応用面を考えるときに解を特定することが必要な場面がしばしばある。そのようなときに，付帯条件をつけて解を特

---

[1] 有理関数，指数関数，対数関数，三角関数やこれらの関数の四則演算，合成で表される関数のこと。また，ここでは，これらの関数の逆関数も初等関数に含めることにする。

定していく。n 階の常微分方程式 (1.1) に関して，考える区間に含まれる一点 $x = a$ を固定して，a の上に並ぶ n 個の条件

$$y(a) = a_0, \quad y'(a) = a_1, \ldots, \quad y^{(n-1)}(a) = a_{n-1} \tag{1.9}$$

を初期条件という。付帯条件として初期条件のついた問題を初期値問題という。最も単純な形の微分方程式，$y' = f(x)$ に関しては，一般解は $f(x)$ の原始関数になるが，初期条件として「$x = a$ のとき，$y = A$」，すなわち，「$y(a) = A$」をあたえると，この初期値問題の解は，

$$y(x) = A + \int_a^x f(t) \, dt \tag{1.10}$$

と表すことができる。また，(1.1) において，考える区間を $[a, b]$ としたときに，両端（境界上）における解のみたす条件

$$y(a) = a_0, \quad y(b) = b_0 \tag{1.11}$$

を境界条件といい，付帯条件として境界条件のついた問題を境界値問題という。ときには，境界上における導関数についての条件を付帯条件としてあたえることもある。ここでは，両端での解の導関数のみたす条件も境界条件ということにする。

　偏微分方程式についての付帯条件も常微分方程式に類似の形をとるが，13 章，14 章において偏微分方程式ごとに紹介していく。

1.4　微分積分学からの準備

　この節では，微分方程式の求積法または解の構成に必要な微分積分学の基本公式を紹介する[2]。ここでは，積分法の公式において，特に断らない限り，積分定数を省略する。

---

2)　証明などの詳細は，たとえば，巻末の関連図書 [8]，[15]，[20]，[23]，[24] などを参照のこと。

1.4.1 積分演算

はじめに，積分法についての一般論から紹介する。

準備（積分-1） 関数 $f(x)$ は閉区間 I で連続とし，$a \in I$ とする。$x \in I$ に対して，$F(x) = \displaystyle\int_a^x f(t) \, dt$ で定義する。このとき，$F(x)$ は，I において微分可能で，

$$F'(x) = \frac{d}{dx} \left(\int_a^x f(t) \, dt \right) = f(x) \tag{1.12}$$

が成り立つ。

準備（積分-2） $a \neq 0,\, b$ を定数とする。$f(x)$ の不定積分を $F(x)$ とすれば，

$$\int f(ax + b) \, dx = \frac{1}{a} F(ax + b) \tag{1.13}$$

が成り立つ。

準備（積分-3） 関数 $f(x)$ が連続であり，関数 $\varphi(x)$ は微分可能で，導関数 $\varphi'(x)$ が連続とする。このとき，

$$\int f(x) \, dx = \int f(\varphi(t)) \varphi'(t) \, dt \tag{1.14}$$

が成り立つ。

準備（積分-4） 関数 $f(x),\, g(x)$ が微分可能であり，$f'(x),\, g'(x)$ が連続とする。このとき，

$$\int f(x) g'(x) \, dx = f(x) g(x) - \int f'(x) g(x) \, dx \tag{1.15}$$

が成立する。

準備（積分-5） 関数 $f(x)$ が，左右対称な区間 $I = [-a, a]$ において定義され，I で連続とする。このとき，

(i) $f(x)$ が奇関数ならば，$\displaystyle \int_{-a}^{a} f(x)\,dx = 0$

(ii) $f(x)$ が偶関数ならば，$\displaystyle \int_{-a}^{a} f(x)\,dx = 2\int_{0}^{a} f(x)\,dx$

が成り立つ。

準備（積分-6） 任意の有理関数の不定積分は，有理関数，対数関数，逆正接関数のみを用いて表すことができる。

特に，$\displaystyle I_n = \int \frac{1}{((x-u)^2 + v^2)^n}\,dx, \quad n = 1, 2, \ldots$ のとき，漸化式

$$I_n = \frac{1}{2(n-1)v^2}\left(\frac{x-u}{((x-u)^2 + v^2)^{n-1}} + (2n-3)I_{n-1} \right) \tag{1.16}$$

が成り立つ。

次に，積分法についての各論（関数ごとの公式）を紹介する。

準備（積分-7） $\alpha,\ a \neq 0$ は実数

$$\int x^{\alpha}\,dx = \begin{cases} \dfrac{1}{\alpha+1}x^{\alpha+1}, & \alpha \neq -1 \\[2mm] \log|x|, & \alpha = -1 \end{cases} \tag{1.17}$$

$$\int e^{ax}\,dx = \frac{1}{a}e^{ax} \tag{1.18}$$

$$\int \sin ax\,dx = -\frac{1}{a}\cos ax, \quad \int \cos ax\,dx = \frac{1}{a}\sin ax \tag{1.19}$$

$$\int \frac{1}{\cos^2 ax}\,dx = \frac{1}{a}\tan ax, \quad \int \frac{1}{\sin^2 ax}\,dx = -\frac{1}{a}\cot ax \tag{1.20}$$

$$\int \sin x \cos x\,dx = -\frac{\cos 2x}{4} \tag{1.21}$$

$$\int \cos^2 x\,dx = \frac{x}{2} + \frac{\sin 2x}{4}, \quad \int \sin^2 x\,dx = \frac{x}{2} - \frac{\sin 2x}{4} \tag{1.22}$$

$$\int \frac{1}{\sqrt{a^2 - x^2}}\,dx = \sin^{-1}\left(\frac{x}{a}\right) \tag{1.23}$$

$$\int -\frac{1}{\sqrt{a^2 - x^2}} \, dx = \cos^{-1}\left(\frac{x}{a}\right) \tag{1.24}$$

$$\int \frac{1}{a^2 + x^2} \, dx = \frac{1}{a} \tan^{-1}\left(\frac{x}{a}\right) \tag{1.25}$$

$$\int \frac{1}{\sqrt{x^2 + A}} \, dx = \log |x + \sqrt{x^2 + A}\,| \tag{1.26}$$

$$\int \sqrt{x^2 + A} \, dx = \frac{1}{2}\left(x\sqrt{x^2 + A} + A \log |x + \sqrt{x^2 + A}\,|\right) \tag{1.27}$$

1.4.2 広義積分

　積分法は微分方程式の求積のみならず，ラプラス変換，フーリエ変換などの積分変換に応用される。これらの積分変換は，微分方程式の求積の際にも登場するが，定積分を拡張する形，すなわち広義積分で定義される。ここでは，[I] 被積分関数 $f(x)$ が閉区間 $[a,b]$ に不連続点 c をもち，そこで有界でない場合，[II] 積分区間が無限区間の場合，について簡略に説明しておく。

[I] 積分区間を閉区間 $I = [a,b]$ とする。被積分関数 $f(x)$ が，I の端点（a または b）で連続でない場合と，内点 $c \in (a,b)$ で連続でない場合に分ける。

[I]-(i) まず，$f(x)$ が a で不連続な場合を考える。ここでは，$(a,b]$ においては連続と仮定しておく。$\varepsilon > 0$ をとれば，$f(x)$ は閉区間 $[a+\varepsilon, b]$ では連続なので，定積分 $\displaystyle\int_{a+\varepsilon}^{b} f(x) \, dx$ は定義される。ただし，この値は ε に依存している。極限

$$\lim_{\varepsilon \to 0} \int_{a+\varepsilon}^{b} f(x) \, dx \tag{1.28}$$

が存在するとき，この極限値を広義積分 $\displaystyle\int_{a}^{b} f(x) \, dx$ と定義する。

同様に，$f(x)$ が b で不連続で，$[a, b)$ で連続な場合は，$\displaystyle\lim_{\varepsilon \to 0} \int_a^{b-\varepsilon} f(x)\,dx$ が存在するとき，この値を $\displaystyle\int_a^b f(x)\,dx$ と定義する。両端 a, b において不連続で，(a, b) で連続な場合は，

$$\lim_{\varepsilon_1, \varepsilon_2 \to 0} \int_{a+\varepsilon_1}^{b-\varepsilon_2} f(x)\,dx \tag{1.29}$$

が存在するとき，この極限値を広義積分 $\displaystyle\int_a^b f(x)\,dx$ と定義する。

[I]-(ii) 次に，$c \in (a, b)$ において連続でない場合を考える。この場合，被積分関数 $f(x)$ は，$[a, c), (c, b]$ で連続と仮定し，(i) の評価方法を適用して，2つの広義積分 $\displaystyle\int_a^c f(x)\,dx, \int_c^b f(x)\,dx$ を調べる。これらの広義積分がともに存在するとき，

$$1\int_a^b f(x)\,dx = \int_a^c f(x)\,dx + \int_c^b f(x)\,dx$$

と定義する。

[II] 関数 $f(x)$ が $[a, \infty)$ において連続であるとする。このとき，$a < A$ なる A をとれば，$f(x)$ は閉区間 $[a, A]$ で連続で，$\displaystyle\int_a^A f(x)\,dx$ を考えることができる。極限

$$\lim_{A \to \infty} \int_a^A f(x)\,dx \tag{1.30}$$

が存在するとき，この極限値を広義積分 $\displaystyle\int_a^\infty f(x)\,dx$ と定義する。

同様に，$f(x)$ が $(-\infty, b]$ で連続な場合は，$B < b$ なる B を考えて，$\displaystyle\lim_{B \to -\infty} \int_B^b f(x)\,dx$ が存在するとき，この値を $\displaystyle\int_{-\infty}^b f(x)\,dx$ と定義する。被積分関数 $f(x)$ が，$(-\infty, \infty)$ で連続の場合は，$c \in (-\infty, \infty)$ を考えて，上

で述べた評価方法を適用して，2つの広義積分 $\displaystyle\int_{-\infty}^{c} f(x)\,dx$, $\displaystyle\int_{c}^{\infty} f(x)\,dx$ を調べる。これらの広義積分がともに存在するとき，

$$\int_{-\infty}^{\infty} f(x)\,dx = \int_{-\infty}^{c} f(x)\,dx + \int_{c}^{\infty} f(x)\,dx$$

と定義する。この値は定積分の性質から，c のとり方に依存しない。

例 1.2 実数 $x > 0$ に対して，

$$\Gamma(x) = \int_{0}^{\infty} t^{x-1} e^{-t}\,dt \tag{1.31}$$

によって，ガンマ関数 $\Gamma(x)$ を定義する。(1.31) の右辺の広義積分が存在することは，上に述べた手順で確かめられる。ガンマ関数 $\Gamma(x)$ は，差分方程式

$$\Gamma(x + 1) = x\Gamma(x) \tag{1.32}$$

をみたし，任意の n を自然数として，

$$\Gamma(n) = (n-1)\Gamma(n-1) = \cdots = (n-1)!$$

が成り立つことが知られている[3]。　◁

1.4.3 　級数

ここで登場する数列は，無限の項からなるものとし，数列の各項を順にすべて加えたもの

$$\sum_{n=0}^{\infty} a_n = a_0 + a_1 + a_2 + \cdots \tag{1.33}$$

を $\{a_n\}$ から成る級数という。数列 $\{a_n\}$ に対して，第 n 項までの和 $S_n = \displaystyle\sum_{k=0}^{n} a_k = a_0 + a_1 + a_2 + \cdots + a_n$ を部分和といい，部分和のつくる数列

---

3)　たとえば，巻末の関連図書 [5]，[6]，[7]，[27] などを参照のこと。

$\{S_n\}$ がある値 s に収束するとき，級数 $\displaystyle\sum_{n=0}^{\infty} a_n$ が s に収束するという。すなわち，$\displaystyle\sum_{n=0}^{\infty} a_n = \lim_{n\to\infty} S_n = s$ とする。数列 $\{S_n\}$ が収束しないとき，級数 $\displaystyle\sum_{n=0}^{\infty} a_n$ は発散するという。

準備（級数-1）　級数 $\displaystyle\sum_{n=0}^{\infty} a_n, \sum_{n=0}^{\infty} b_n$ がともに収束するとする。このとき，

(i) $\displaystyle\sum_{n=0}^{\infty}(a_n + b_n)$ も収束し，$\displaystyle\sum_{n=0}^{\infty}(a_n + b_n) = \sum_{n=0}^{\infty} a_n + \sum_{n=0}^{\infty} b_n$

(ii) 定数 α に対して，$\displaystyle\sum_{n=0}^{\infty}(\alpha a_n)$ も収束し，$\displaystyle\sum_{n=0}^{\infty}(\alpha a_n) = \alpha\sum_{n=0}^{\infty} a_n$

である。

準備（級数-2）　正項級数 $\displaystyle\sum_{n=0}^{\infty} a_n, \sum_{n=0}^{\infty} b_n$ において，$a_n \leqq b_n$ であるとする。このとき，

(i) $\displaystyle\sum_{n=0}^{\infty} b_n$ が収束すれば，$\displaystyle\sum_{n=0}^{\infty} a_n$ も収束する。

(ii) $\displaystyle\sum_{n=0}^{\infty} a_n$ が発散すれば，$\displaystyle\sum_{n=0}^{\infty} b_n$ も発散する。

級数 $\displaystyle\sum_{n=0}^{\infty} a_n$ において，級数 $\displaystyle\sum_{n=0}^{\infty} |a_n|$ が収束するならば，$\displaystyle\sum_{n=0}^{\infty} a_n$ は絶対収束するという。

準備（級数-3）　級数 $\displaystyle\sum_{n=0}^{\infty} a_n$ が絶対収束するならば，$\displaystyle\sum_{n=0}^{\infty} a_n$ は収束し，どのように項の順序を変えても収束し，和の値は変わらない。

準備 (級数-4) 級数 $\displaystyle\sum_{n=0}^{\infty} a_n$, $\displaystyle\sum_{n=0}^{\infty} b_n$ が絶対収束するとする。このとき,

$$c_n = \sum_{k=0}^{n} a_k b_{n-k} = a_0 b_n + a_1 b_{n-1} + \cdots + a_n b_0, \quad n = 0, 1, 2, \ldots$$

とおくと,級数 $\displaystyle\sum_{n=0}^{\infty} c_n$ も収束し

$$\sum_{n=0}^{\infty} c_n = \left(\sum_{n=0}^{\infty} a_n \right) \left(\sum_{n=0}^{\infty} b_n \right)$$

が成り立つ。

数列 $\{a_n\}$ と定点 a に対して

$$\sum_{n=0}^{\infty} a_n (x - a)^n \tag{1.34}$$

を a を中心とする整級数(または,ベキ級数)という。整級数に関しては,10 章であらためて学習する。

1.4.4 高階導関数

この小節では,高階導関数に関係する定理を紹介していく。準備(高階導関数-1),準備(高階導関数-4)は,それぞれ,ライプニッツ[4]の公式,テイラー[5]の定理とよばれている。また,準備(高階導関数-6),準備(高階導関数-7)は,ロピタル[6]の定理とよばれている。

---

4) Gottfried Wilhelm Leibniz, 1646–1716, ドイツ。本書では,定理や公式に由来のある数学者をこのように紹介していく。数学史に興味のある学生は,たとえば,巻末の関連図書 [29] などを参照のこと。
5) Brook Taylor, 1685–1731, イギリス
6) Guillaume François Antoine, Marquis de l'Hôpital, 1661–1704, フランス

準備（高階導関数-1）　関数 $f(x)$, $g(x)$ は，n 回微分可能な関数とする。このとき，

$$(f(x) + g(x))^{(n)} = f^{(n)}(x) + g^{(n)}(x) \tag{1.35}$$

$$(f(x)g(x))^{(n)} = \sum_{k=0}^{n} \binom{n}{k} f^{(n-k)}(x) g^{(k)}(x) \tag{1.36}$$

以下に，よく登場する初等関数の高階導関数をあげておく。

準備（高階導関数-2）

$$(x^{\alpha})^{(n)} = \alpha(\alpha - 1) \cdots (\alpha - n + 1) x^{\alpha - n}, \quad \alpha \in \mathbb{R} \tag{1.37}$$

$$(e^{\alpha x})^{(n)} = \alpha^n e^{\alpha x}, \quad (a^x)^{(n)} = (\log a)^n a^x, \quad a > 0, \ a \neq 1 \tag{1.38}$$

$$(\log x)^{(n)} = (-1)^{n-1} \frac{(n-1)!}{x^n} \tag{1.39}$$

$$(\sin x)^{(n)} = \sin\left(x + \frac{n\pi}{2}\right), \quad (\cos x)^{(n)} = \cos\left(x + \frac{n\pi}{2}\right) \tag{1.40}$$

以下に紹介する定理は，原始関数と導関数の関係や，関数の表現，関数の極限を取り扱う際に，しばしば利用される。

準備（高階導関数-3）　関数 $f(x)$ が閉区間 $[a, b]$ において連続で，開区間 (a, b) で微分可能であるとする。このとき，

$$f'(c) = \frac{f(b) - f(a)}{b - a}, \quad a < c < b \tag{1.41}$$

をみたす c が少なくとも 1 つ存在する。

準備（高階導関数-4）　関数 $f(x)$ が開区間 $(a - \delta, a + \delta)$ において n 回微分可能で k 階導関数，$k = 1, 2, \ldots, n$ がそれぞれ連続であるとする。このとき，$x \in (a - \delta, a + \delta)$ に対して，ある $0 < \theta < 1$ が存在して

$$f(x) = f(a) + f'(a)(x - a) + \frac{f''(a)}{2!}(x - a)^2 + \cdots$$
$$+ \frac{f^{(n-1)}(a)}{(n-1)!}(x - a)^{n-1} + R_n \quad (1.42)$$

ここで,

$$R_n = \frac{f^{(n)}(a + \theta(x - a))}{n!}(x - a)^n, \quad 0 < \theta < 1 \quad (1.43)$$

が成り立つ。

定理 4 において, $a = 0$ としたものをマクローリン展開という。以下に, よく登場する初等関数のマクローリン展開をあげておく。

準備（高階導関数-5）

$$e^x = 1 + x + \frac{1}{2!}x^2 + \cdots + \frac{1}{n!}x^n + \cdots \quad (1.44)$$

$$\sin x = x - \frac{1}{3!}x^3 + \frac{1}{5!}x^5 - \cdots + (-1)^{n-1}\frac{1}{(2n-1)!}x^{2n-1} + \cdots \quad (1.45)$$

$$\cos x = 1 - \frac{1}{2!}x^2 + \frac{1}{4!}x^4 - \cdots + (-1)^n\frac{1}{(2n)!}x^{2n} + \cdots \quad (1.46)$$

$$\log(1 + x) = x - \frac{1}{2}x^2 + \frac{1}{3}x^3 - \frac{1}{4}x^4$$
$$+ \cdots + (-1)^{n-1}\frac{1}{n}x^n + \cdots, \quad -1 < x \leqq 1 \quad (1.47)$$

$$\frac{1}{1 - x} = 1 + x + x^2 + \cdots + x^n + \cdots \quad (1.48)$$

$$(1 + x)^\alpha = 1 + \alpha x + \frac{\alpha(\alpha - 1)}{2}x^2 + \cdots + \frac{\alpha^{\underline{n}}}{n!}x^n + \cdots, \ |x| < 1 \quad (1.49)$$

ここで, (1.49) において, $\alpha^{\underline{n}} = \alpha(\alpha - 1) \cdots (\alpha - n + 1)$ である。

準備（高階導関数-6）
関数 $f(x)$, $g(x)$ は, a の近くで微分可能であり, $g'(x) \neq 0$ とし, $\lim_{x \to a} f(x) = 0$ かつ $\lim_{x \to a} g(x) = 0$ とする。このとき, $\lim_{x \to a} \frac{f'(x)}{g'(x)}$ が存在すれば, $\lim_{x \to a} \frac{f(x)}{g(x)}$ も存在して

$$\lim_{x \to a} \frac{f'(x)}{g'(x)} = \lim_{x \to a} \frac{f(x)}{g(x)} \tag{1.50}$$

が成り立つ。

準備（高階導関数-7） 関数 $f(x)$, $g(x)$ は，区間 (b, ∞) で微分可能で，$g'(x) \neq 0$ とし，$\displaystyle\lim_{x \to \infty} f(x) = \infty$ かつ $\displaystyle\lim_{x \to \infty} g(x) = \infty$ とする。このとき，$\displaystyle\lim_{x \to \infty} \frac{f'(x)}{g'(x)}$ が存在すれば，$\displaystyle\lim_{x \to \infty} \frac{f(x)}{g(x)}$ も存在して

$$\lim_{x \to \infty} \frac{f'(x)}{g'(x)} = \lim_{x \to \infty} \frac{f(x)}{g(x)} \tag{1.51}$$

が成り立つ。

1.5 線形代数学からの準備

この節では，線形代数学からの基本性質を紹介する[7]。

1.5.1 行列

下の式のように，数を長方形の形に書き並べたものを行列という。

$$A = \begin{pmatrix} a_{11} & a_{12} & \cdots & a_{1n} \\ a_{21} & a_{22} & \cdots & a_{2n} \\ \vdots & \vdots & \ddots & \vdots \\ a_{m1} & a_{m2} & \cdots & a_{mn} \end{pmatrix} \tag{1.52}$$

横の並びを行といい，縦の並びを列という。(1.52) の行列 A は，行の数が m で，列の数が n の $m \times n$ 型行列である。特に，

---

7) 証明などの詳細は，たとえば，巻末の関連図書 [19], [30] などを参照のこと。

$$b = \begin{pmatrix} b_1 \\ b_2 \\ \vdots \\ b_n \end{pmatrix}, \quad c = (c_1 \, c_2 \cdots c_n)^{8)} \qquad (1.53)$$

のように，列数または行数が 1 の行列を，ベクトルという。(1.53) の b を列ベクトル，c を行ベクトルという。行列 A において第 i 行，第 j 列に属する成分 a_{ij} を (i, j) 成分という。行列 A は，(1.52) のように記述するかわりに $A = (a_{ij})$, $1 \leqq i \leqq m$, $1 \leqq j \leqq n$ と表される。行数と列数が等しい行列を正方行列という。

　以下では，しばらくの間，登場する行列は正方行列と仮定しておく。対角成分がすべて 1 で他の成分が 0 である行列 $a_{ij} = 1$, $i = j$, $a_{ij} = 0$, $i \neq j$ を単位行列といい，E で表す。また，すべての成分が 0 である行列を零行列といい，O で表すことにする。正方行列 A に対して，$AX = XA = E$ となる行列 X が存在すれば，これを A の逆行列といって A^{-1} と表す。正方行列 A が逆行列をもつとき，A は正則であるという[9]。

1.5.2 行列式

　自然数 $1, 2, \ldots, n$ を並び替える置換

$$\begin{pmatrix} 1 & 2 & \cdots & n \\ \sigma(1) & \sigma(2) & \cdots & \sigma(n) \end{pmatrix}$$

を σ と表し，σ の全体を S_n と表す。ここで，$\sigma(1), \sigma(2), \ldots, \sigma(n)$ は，1 から n までのいずれかの自然数であり，2 度現れることはない。

　上式の下の行 $(\sigma(1) \, \sigma(2) \, \cdots \, \sigma(n))$ において，2 つの数（1 つのペア）

---

8) 行ベクトルについては $c = (c_1, c_2, \ldots, c_n)$ と表すこともある。
9) 正則な行列で表現される連立方程式は一組の解をもつ。後述の学びの抽斗 7.1 を参照のこと。

を取り出して，左の数の方が大きくなっている場合に，このペアは転倒
しているという。この転倒しているペアの総数を転倒数という。たとえ
ば，3 つの自然数の置換において下の行が (3 2 1) であれば，転倒数は 3
である。転倒数が偶数のときこの置換を偶置換といい，転倒数が奇数の
ときこの置換を奇置換という。置換の符号 $\varepsilon(\sigma)$ とは，転倒数を k とする
とき，$\varepsilon(\sigma) = (-1)^k$ で定義する。したがって，σ が偶置換であれば符号
は 1 であり，奇置換であれば符号は -1 である。

n 次正方行列 $A = (a_{ij})$, $1 \leqq i \leqq n, 1 \leqq j \leqq n$ に対して，A の行列式を

$$|A| = \det A = \sum_{\sigma \in S_n} \varepsilon(\sigma) a_{1\sigma(1)} a_{2\sigma(2)} \cdots a_{n\sigma(n)} \tag{1.54}$$

と定義する。たとえば，

$$\begin{vmatrix} a_{11} & a_{12} \\ a_{21} & a_{22} \end{vmatrix} = \sum_{\sigma \in S_2} \varepsilon(\sigma) a_{1\sigma(1)} a_{2\sigma(2)} = a_{11}a_{22} - a_{12}a_{21} \tag{1.55}$$

となる。

準備（線形代数-1） n 次正方行列 A が逆行列をもつための同値な条件は，
$|A| \neq 0$ である。

1.5.3 行列の固有値
行列 A を n 次正方行列とする。

$$(A - \lambda E)\boldsymbol{x} = \boldsymbol{0} \tag{1.56}$$

となるようなベクトル $\boldsymbol{x} \neq \boldsymbol{0}$ が存在するとき，λ を行列 A の固有値とい
い，λ ごとに決まるベクトルを A の λ に対する固有ベクトルという。固
有値 λ を解にもつ n 次代数方程式

$$\det(A - \lambda E) = 0 \tag{1.57}$$

は A の固有方程式とよばれている。固有値と行列の対角化について，次の定理が成り立つことが知られている。

準備（線形代数-2） n 次正方行列 A が，異なる n 個の固有値 $\lambda_1, \lambda_2, \dots, \lambda_n$ をもつとし，それぞれに対応する固有ベクトルを $\boldsymbol{p}_1, \boldsymbol{p}_2, \dots, \boldsymbol{p}_n$ とする。このとき，行列 $P = (\boldsymbol{p}_1\,\boldsymbol{p}_2 \cdots \boldsymbol{p}_n)$ によって A は対角化される。すなわち

$$
P^{-1}AP = \begin{pmatrix} \lambda_1 & & & & \\ & \lambda_2 & & \text{\Large 0} & \\ & & \ddots & & \\ & & & \ddots & \\ \text{\Large 0} & & & & \lambda_n \end{pmatrix} \tag{1.58}
$$

とできる。

1.6 線形空間

　線形空間，またはベクトル空間とよばれる空間は，和と定数倍が定義された要素（元）からなる数学的構造である。本書では，x を独立変数とする関数 $y = y(x)$ のなす空間を考える。2 つの関数 y_1, y_2 に対して「関数の和 $(y_1 + y_2)(x)$」の値を $y_1(x) + y_2(x)$ で定義する。C を定数として，y の「定数 C 倍 $(Cy)(x)$」は $y(x)$ の値の C 倍，すなわち，$Cy(x)$ と定める。このように定義すると，たとえば，ある区間 I で定義された無限回微分可能な関数の全体は線形空間になる。

　関数を要素にもつ線形空間 $\mathcal{Y}$ を考える。関数 $y_1(x), y_2(x), \dots, y_n(x)$ を $\mathcal{Y}$ の要素とする。これらの関数の定数倍の和 $C_1y_1(x) + C_2y_2(x) + \dots + C_ny_n(x)$ を $y_1(x), y_2(x), \dots, y_n(x)$ の 1 次結合という。関係式

$$
C_1y_1(x) + C_2y_2(x) + \dots + C_ny_n(x) = 0 \tag{1.59}
$$

が，成り立つならば，$C_1 = C_2 = \cdots = C_n = 0$ であるとき，関数の組 $y_1(x), y_2(x), \ldots, y_n(x)$ は 1 次独立であるという。1 次独立でないとき，1 次従属であるという。(1.59) の係数の中に少なくとも 2 つの 0 にならない係数が含まれていれば，1 次従属である。

　線形空間 $\mathcal{Y}$ の任意の要素が，ある 1 次独立な関数の組の 1 次結合で表すことができるとき，この関数の組を $\mathcal{Y}$ の基底という。本書においては，$\mathcal{Y}$ として，微分方程式の解からなる線形空間[10) を考えて，基底を求める操作を学習することになる。

1.7　複素数

　本書では，登場する関数の独立変数は，特に断りのない限り，実数 x であり，とる値も実数としておく。しかし，証明のための手段などの都合で，複素変数の関数や複素数値の関数を取り扱う場面が出てくる。ここでは，複素数についての簡単な説明をしておく。

　x, y は実数として $z = x + yi$ なる形をした数を複素数という。ここで，i は，虚数単位 $i^2 = -1$ である。実数 x, y をそれぞれ z の実部，虚部といい，$x = \Re z, y = \Im z$ と書く。虚部 $\Im z = 0$ であれば，z は実数であり，$\Re z = 0$ かつ $\Im z \neq 0$ であるとき z を純虚数という。複素数 $z = x + yi$ に対して，複素数 $\bar{z} = x - yi$ を z の共役複素数という。実数を係数にもつ 2 次方程式が実数解をもたない場合は，共役な複素数解をもつことが知られている。

　実数は数直線に表すことができる。直線上に 0 を表す原点 O と 1 を表す点 E を定めることで，実数と数直線が 1 対 1 に対応する。複素数 $z = x + yi, x, y \in \mathbb{R}$ に対して，座標平面上の点 (x, y) を対応させる。こ

---

10)　解空間という。

のように，その点が複素数を表している平面を複素平面，あるいはガウス平面という。座標平面の x 軸に対応するものを実軸，y 軸に対応するものを虚軸という。

複素平面上で $z = x + yi$ と原点との距離は $\sqrt{x^2 + y^2}$ である。この長さを複素数 z の絶対値といい $|z|$ で表す。また，複素平面上で $z = x + yi$ と原点を結ぶ直線と，実軸正の向きのつくる角を θ として $r = |z|$ とおけば，$x = r\cos\theta$，$y = r\sin\theta$ であり，$z = r(\cos\theta + i\sin\theta)$ と表される。この形を z の極形式とい

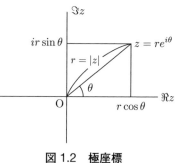

図 1.2　極座標

い，θ は z の偏角といい $\theta = \arg z$ と表す。θ は一般角で測られる。

オイラー[11]の公式

$$e^{i\theta} = \cos\theta + i\sin\theta \tag{1.60}$$

を用いれば，極形式は，$z = re^{i\theta}$ と表される。また，(1.60) を用いれば，

$$\cos\theta = \frac{e^{i\theta} + e^{-i\theta}}{2}, \quad \sin\theta = \frac{e^{i\theta} - e^{-i\theta}}{2i} \tag{1.61}$$

と表すことができる。

---

11) Leonhard Euler, 1707–1783, スイス

▥▥▥▥ 学びの広場—　**演習問題**　**1**　▥▥▥▥▥▥▥▥▥▥▥▥▥▥▥▥▥▥▥▥▥▥▥▥

1. 以下の式から任意定数 C を消去することで, y のみたす微分方程式を求めよ。

   (1) $y = Ce^{x^3}$　　　　　　　　　(2) $(x - C)^2 + y^2 = 1$

2. 以下の微分方程式の一般解を求めよ。

   (1) $\dfrac{dy}{dx} = \sin(2x + 3)$　　　　　(2) $(x^2 + 4)\dfrac{dy}{dx} = 2$

3. a を実数とする。行列 $\begin{pmatrix} a & 2 \\ 3 & a+1 \end{pmatrix}$ が実数の固有値をもつことを示せ。

4. オイラーの公式 (1.60) を用いて, 倍角の公式 $\cos 2\theta = \cos^2 \theta - \sin^2 \theta$, $\sin 2\theta = 2 \sin \theta \cos \theta$ を証明せよ。

2 │ 変数分離形

《**目標＆ポイント**》 求積可能な 1 階の微分方程式として，最も基本的な変数分離形微分方程式を学習する。解法に必要な微分積分学の公式を随時復習していく。適当な変換で変数分離形に帰着される微分方程式として，同次形などの方程式の解法を紹介する。

《**キーワード**》 求積法，変数分離形，置換積分，積分定数，同次形

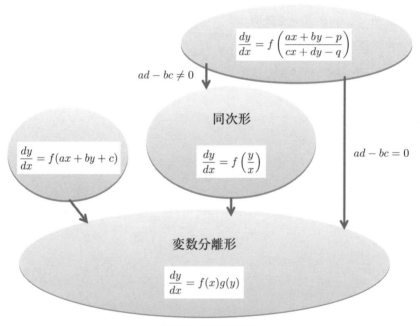

図 2.1　2 章の地図

2.1　求積法

　1章で述べたように，すべての微分方程式に共通に通じる解法は存在しない。微分方程式が特別な形で，有限回の不定積分を行うことで解が求められるとする。あたえられた方程式を有限回の変形でそのような特別な形に帰着させていくことが可能であれば，これらの微分方程式は求積可能であると紹介した。このような解法を求積法という。この章では，求積可能な微分方程式を，例題を交えながら紹介していく。

2.2　変数分離形

　独立変数を x，未知関数を y とする。$f(x)$, $g(y)$ はそれぞれ，x, y のみの関数とする。左辺を未知関数の導関数として

$$\frac{dy}{dx} = f(x)g(y) \tag{2.1}$$

のように右辺が独立変数の関数と未知関数の関数の積に分離できる形の微分方程式を変数分離形という。

　たとえば，$\dfrac{dy}{dx} = \dfrac{f(x)}{h(y)}$ であれば，$\dfrac{1}{h(y)}$ を (2.1) の $g(y)$ とみなすことで変数分離形であることがわかる。また，$f_1(x)\dfrac{dy}{dx} + g_1(y) = 0$ は，$\dfrac{dy}{dx} = -\dfrac{g_1(y)}{f_1(x)}$ と変形して，$\dfrac{1}{f_1(x)}$, $-g_1(y)$ をそれぞれ (2.1) の $f(x)$, $g(y)$ とみれば変数分離形である。

定理 2.1　変数分離形の微分方程式 (2.1) の一般解は，C を任意定数として

$$\int \frac{1}{g(y)}\, dy = \int f(x)\, dx + C \tag{2.2}$$

であたえられる。

証明　$g(y) \neq 0$ であれば，(2.1) を

$$\frac{1}{g(y)}\frac{dy}{dx} = f(x)$$

と変形して，両辺を x で積分する

$$\int \frac{1}{g(y)}\frac{dy}{dx}\, dx = \int f(x)\, dx$$

左辺を置換積分すれば，(2.2) を得る。$g(y_0) = 0$ となる y_0 が存在すれば，恒等的に y_0 である関数 $y = y_0$ は，(2.1) の解である。　□

▐▐▐ **学びのノート2.1** ▐▐▐▐▐▐▐▐▐▐▐▐▐▐▐▐▐▐▐▐▐▐▐▐▐▐▐▐▐▐▐▐▐▐▐▐▐▐

　定理の主張の (2.2) は，両辺がそれぞれ，y, x についての積分で表されている。したがって，別々に具体的な積分計算を行うことで一般解が求められる。すなわち，求積可能であることを意味している。もちろん，解の形を整理しておくことは重要なことである。(2.2) の両辺に不定積分が現れているが，任意定数 C が用意されているので，(2.2) を効率よく利用することを考えれば，それぞれの不定積分を1つ求めて当てはめればよい。証明の中で現れた $y = y_0$ は，一般解で特別な値を代入して得られる特殊解になることもあれば，特異解になることもある。

例 2.1　微分方程式

$$2x\frac{dy}{dx} - y^2 + 1 = 0 \tag{2.3}$$

の一般解を求めよ。

解答　変形すると，

$$\frac{dy}{dx} = \frac{y^2 - 1}{2x}$$

となるから，(2.3) は変数分離形である。したがって，定理 2.1 を用いれば，

$$\int \frac{2}{y^2 - 1} \, dy = \int \frac{1}{x} \, dx + C_1 \tag{2.4}$$

である。ここでは，(2.4) と変形する際に，$y = \pm 1$ は除外して考えている。この部分は別途，取り扱う。まずは，左辺・右辺の積分を行うが，学びのノート 2.1 に述べたように，それぞれの不定積分の 1 つを求めればよい。左辺の積分については，被積分関数を部分分数分解して

$$\int \frac{2}{y^2 - 1} \, dy = \int \left(\frac{1}{y - 1} - \frac{1}{y + 1} \right) \, dy$$
$$= \log |y - 1| - \log |y + 1| = \log \left| \frac{y - 1}{y + 1} \right|$$

となり，右辺の積分については，

$$\int \frac{1}{x} \, dx = \log |x|$$

である。したがって，(2.4) は，

$$\log \left| \frac{y - 1}{y + 1} \right| = \log |x| + C_1 \tag{2.5}$$

と積分計算が行われた。以下で，(2.5) を変形して関数の形を整えることをする。絶対値と対数をはらうために，$C = \pm e^{C_1}$, $C \neq 0$ とおくと，

$$\frac{y - 1}{y + 1} = Cx \tag{2.6}$$

となるから，これを y について解いて，

$$y = \frac{1 + Cx}{1 - Cx}, \quad C \neq 0 \tag{2.7}$$

を得る。一方，$y = \pm 1$ は，明らかに，(2.3) の解である。$y = 1$ は，(2.6) で，$C = 0$ を許した場合として表現できる。$y = -1$ は，(2.7) において，

$C \to \infty$ として得られるとみることもできるが，本書では，C は有限な任意の値として扱うことにしているので，(2.3) の一般解は，

$$y = \frac{1 + Cx}{1 - Cx}$$

と求めることができた。ちなみに，$y = -1$ は特異解である。　◁

▓▓▓▓▓ **学びのノート 2.2** ▓▓▓

　例 2.1 では，積分が終了して整理した式 (2.6) から y について解くことが容易で，(2.7) のように，$y = f(x)$ の形（陽関数表現）にすることができた。しかしながら，問題によっては，必ずしもこのような変形が可能とは限らない。本書では，特に断らない限り，積分が終了した式，またはこれを整えた式で，$F(x, y; C) = 0$, C は任意定数，の形（陰関数表現）も微分方程式の一般解として認めることにする。

▓▓▓ ■

定理 2.2　微分方程式

$$\frac{dy}{dx} = f(ax + by + c) \tag{2.8}$$

は，変数分離形に帰着できる。ここで，a, b, c は定数である。

証明　まず，$b = 0$ のときは，$f(ax + c) = \tilde{f}(x)$ とみれば，右辺は x のみの関数で，変数分離形である。$b \neq 0$ のときは，$u = ax + by + c$ とおいて，両辺を x で微分すれば，

$$\frac{du}{dx} = a + b\frac{dy}{dx}$$

となる。これと (2.8) より，u についての微分方程式

$$\frac{du}{dx} = a + bf(u) \tag{2.9}$$

を得る。(2.9) の右辺は u のみの関数であるから，u についての変数分離形の微分方程式に帰着された。　□

例 2.2　微分方程式

$$\frac{dy}{dx} = (4x + y - 1)^2 \tag{2.10}$$

の一般解を求めよ。

解答　あたえられた微分方程式 (2.10) において，$u = 4x + y - 1$ とおけば，(2.9) に従って，u についての微分方程式

$$\frac{du}{dx} = 4 + u^2 \tag{2.11}$$

を得る。変数分離形の (2.11) は，定理 2.1 によって，C_1 を任意定数として，

$$\int \frac{1}{u^2 + 4} \, du = \int 1 \, dx + C_1$$

となる。両辺を積分して，$\frac{1}{2} \tan^{-1} \frac{u}{2} = x + C_1$, すなわち，$u = 2 \tan(2x + C), C = 2C_1$ となる。変換式 $u = 4x + y - 1$ を思い出して，求める一般解

$$y = 2 \tan(2x + C) - 4x + 1$$

を得る。　◁

2.3　同次形

変数 x, y の有理関数 $\tilde{R}(x, y) = \dfrac{P(x, y)}{Q(x, y)}$ の次数を $n \geqq 1$ とする。多項式 $P(x, y), Q(x, y)$ の各項の次数がすべて n であるとき，$\tilde{R}(x, y)$ は，$u = \dfrac{y}{x}$ で表現できる。たとえば，

$$\tilde{R}(x, y) = \frac{a_1 x^2 + a_2 xy + a_3 y^2}{b_1 x^2 + b_2 xy + b_3 y^2} = \frac{a_1 + a_2 \left(\frac{y}{x}\right) + a_3 \left(\frac{y}{x}\right)^2}{b_1 + b_2 \left(\frac{y}{x}\right) + b_3 \left(\frac{y}{x}\right)^2} = R(u)$$

と表される。この節では，有理関数に限らず，変数 x, y の関数 $\tilde{f}(x, y)$ が，$\frac{y}{x}$ の関数 $f\left(\frac{y}{x}\right)$ と表されるとき，この関数が，未知関数の導関数 y' と等しくなる場合を取り扱う。すなわち，微分方程式

$$\frac{dy}{dx} = f\left(\frac{y}{x}\right) \tag{2.12}$$

を考える。この形の微分方程式を同次形という。

定理 2.3 微分方程式 (2.12) は，変数分離形に帰着できる。

証明 (2.12) において，$u = \frac{y}{x}$ とおけば，u は x の関数であるから，$xu = y$ と表して，この式の両辺を x で微分すれば，

$$u + x\frac{du}{dx} = \frac{dy}{dx}$$

となる。これと (2.12) より，u についての変数分離形の微分方程式

$$\frac{du}{dx} = \frac{f(u) - u}{x} \tag{2.13}$$

に帰着される。　□

例 2.3 微分方程式

$$2xy\frac{dy}{dx} - x^2 + y^2 = 0 \tag{2.14}$$

の一般解を求めよ。

解答 変形して，

$$\frac{dy}{dx} = \frac{x^2 - y^2}{2xy} \tag{2.15}$$

と表せば，題意の微分方程式は同次形である．実際，(2.15) の右辺は
$\frac{1}{2}\left(\frac{x}{y}-\frac{y}{x}\right)$ であるから，$u=\frac{y}{x}$ とおけば，$\frac{1}{2}\left(\frac{1}{u}-u\right)=\frac{1-u^2}{2u}=f(u)$
となる．ここで，(2.13) を応用する．$f(u)-u=\frac{1-u^2}{2u}-u=\frac{1-3u^2}{2u}$
であるから，u のみたす変数分離形の微分方程式

$$\frac{du}{dx}=\frac{1-3u^2}{2ux} \tag{2.16}$$

を得る．$u\neq\pm\frac{1}{\sqrt{3}}$ とすれば，定理 2.1 によって，C_1 を任意定数として，

$$-\int\frac{2u}{3u^2-1}\,du=\int\frac{1}{x}\,dx+C_1$$

となる．両辺の積分計算を行って，$-\frac{1}{3}\log|3u^2-1|=\log|x|+C_1$，すなわち，$x^3(3u^2-1)=C$，$C=\pm e^{-3C_1}(\neq 0)$ となる．したがって，求める一般解は，

$$x(3y^2-x^2)=C \tag{2.17}$$

と表される．(2.16) を求積する際に除外した，$u=\pm\frac{1}{\sqrt{3}}$ は，(2.17) では $C=0$ とおいたものである．(2.17) を解く過程では $C\neq 0$ であったが，除外した 2 つの解を含めて (2.17) で一般解を表しているとしてよい．ここでは，学びのノート 2.2 で述べたように，陰関数表現を採用した．　◁

　同次形の微分方程式 (2.12) において，$f(u)$ が有理関数でない場合の例をあげておく．

例 2.4　微分方程式

$$x\frac{dy}{dx}-y=\sqrt{x^2+y^2} \tag{2.18}$$

の一般解を求めよ．

解答 まず，(2.18) が同次形であることを確認する。実際，

$$\frac{dy}{dx} = \frac{y}{x} + \sqrt{1 + \left(\frac{y}{x}\right)^2} \tag{2.19}$$

と表すことができる。次に，(2.13) を応用することを考える。$u = \dfrac{y}{x}$ とおけば，(2.19) の右辺は，$u + \sqrt{1 + u^2}$ であるから，u のみたす変数分離形の微分方程式は，

$$\frac{du}{dx} = \frac{\sqrt{1 + u^2}}{x} \tag{2.20}$$

となる。定理 2.1 によって，C_1 を任意定数として，

$$\int \frac{1}{\sqrt{1 + u^2}} \, du = \int \frac{1}{x} \, dx + C_1$$

となる。左辺の不定積分は，準備（積分-7）(1.26) にあるように，$\log|u + \sqrt{1 + u^2}|$ になることに注意して $\log|u + \sqrt{1 + u^2}| = \log|x| + C_1$，すなわち，$u + \sqrt{1 + u^2} = Cx$，$C = \pm e^{C_1}(\neq 0)$ となる。$(u - Cx)^2 = 1 + u^2$ と変形して，x, y の陰関数表現を用いて一般解を表せば，

$$(y - Cx^2)^2 = x^2 + y^2$$

となる。　◁

　適当な変換で，同次形に帰着できる微分方程式を紹介する。a, b, c, d, p, q は，定数とし，微分方程式

$$\frac{dy}{dx} = f\left(\frac{ax + by - p}{cx + dy - q}\right) \tag{2.21}$$

を考える。

定理 2.4 微分方程式 (2.21) は，$ad - bc \neq 0$ ならば，同次形の微分方程式に帰着できる。

証明　連立 1 次方程式

$$\begin{cases} ax + by = p \\ cx + dy = q \end{cases}$$

は，$ad - bc \neq 0$ であるから，1 組の解をもつ。これを，(α, β) とする。このとき，

$$\begin{cases} x - \alpha = \xi \\ y - \beta = \eta \end{cases}$$

とおくと，

$$ax + by - p = a(\xi + \alpha) + b(\eta + \beta) - p = a\xi + b\eta$$

$$cx + dy - q = c(\xi + \alpha) + d(\eta + \beta) - q = c\xi + d\eta$$

であり，

$$\frac{dy}{dx} = \frac{dy}{d\eta} \cdot \frac{d\eta}{d\xi} \cdot \frac{d\xi}{dx} = \frac{d\eta}{d\xi}$$

となる。したがって，(2.21) は，

$$\frac{d\eta}{d\xi} = f\left(\frac{a\xi + b\eta}{c\xi + d\eta}\right) = f\left(\frac{a + b\left(\frac{\eta}{\xi}\right)}{c + d\left(\frac{\eta}{\xi}\right)}\right) \tag{2.22}$$

となり，題意は証明された。　□

例 2.5　微分方程式

$$\frac{dy}{dx} = \frac{-2x - y}{x + y - 1} \tag{2.23}$$

の一般解を求めよ。

解答　定理 2.4 の証明の議論に従って，(2.23) を同次形の微分方程式に帰着させる。実際，連立方程式

$$\begin{cases} -2x - y = 0 \\ x + y = 1 \end{cases}$$

を解いて, $x = -1$, $y = 2$ を得る。変数変換 $\xi = x + 1$, $\eta = y - 2$ を行うと,

$$\frac{d\eta}{d\xi} = \frac{-2\xi - \eta}{\xi + \eta} \tag{2.24}$$

となる。同次形の微分方程式を解く手順に従って, $u = \dfrac{\eta}{\xi}$ とおけば, (2.24) の右辺は, $\dfrac{-2-u}{1+u}$ であるから, (2.13) より, u のみたす変数分離形の微分方程式は,

$$\frac{du}{d\xi} = -\frac{u^2 + 2u + 2}{\xi(u+1)}$$

となる。定理 2.1 によって, C_1 を任意定数として,

$$\int \frac{u+1}{u^2 + 2u + 2} \, du = -\int \frac{1}{\xi} \, d\xi + C_1$$

となる。両辺の不定積分を計算すると, $\dfrac{1}{2}\log|u^2 + 2u + 2| = -\log|\xi| + C_1$, すなわち, $\xi^2(u^2 + 2u + 2) = C$, $C = \pm e^{2C_1}(\neq 0)$ となる。ξ, η の陰関数表現を用いて一般解を表せば, $\eta^2 + 2\eta\xi + 2\xi^2 = C$ である。したがって, 求める一般解は,

$$(y - 2)^2 + 2(y - 2)(x + 1) + 2(x + 1)^2 = C$$

となる。　◁

定理 2.5　微分方程式 (2.21) は, $ad - bc = 0$ ならば, 変数分離形の微分方程式に帰着できる。

証明　条件 $ad - bc = 0$ から, $c = 0$ であれば, $a = 0$ または $d = 0$ である。$c = 0$, $a = 0$ のときは, (2.21) の右辺は, y のみの関数であるから, (2.21) は変数分離形である。$c = 0$, $d = 0$ のときは, (2.21) の右辺は, $-\left(\dfrac{a}{q}\right)x - \left(\dfrac{b}{q}\right)y$ の関数であるから, (2.21) は, (2.8) の形をしてい

る。ゆえに，定理 2.2 より，(2.21) は変数分離形の微分方程式に帰着できる。$a = 0$ の場合も同様に取り扱うことができる。

　以下では，$c \neq 0$ かつ $a \neq 0$ の場合を考える。条件 $ad - bc = 0$ から，$u = ax + by$ とおけば，

$$\frac{ax + by - p}{cx + dy - q} = \frac{u - p}{c(x + \frac{d}{c}y - \frac{q}{c})} = \frac{u - p}{c(x + \frac{b}{a}y - \frac{q}{c})}$$
$$= \frac{u - p}{\frac{c}{a}\left(ax + by - \frac{aq}{c}\right)} = \frac{u - p}{\frac{c}{a}u - q}$$

となるから，(2.21) の右辺は，u のみの関数である。変換式 $u = ax + by$ から，u は x の関数なので，両辺を x で微分して，$\dfrac{du}{dx} = a + b\dfrac{dy}{dx}$ となる。したがって，(2.21) は変数分離形の微分方程式

$$\frac{du}{dx} = bf\left(\frac{u - p}{\frac{c}{a}u - q}\right) + a \tag{2.25}$$

に帰着される。　□

例 2.6　微分方程式

$$\frac{dy}{dx} = \frac{x - 3y + 1}{3x - 9y - 2} \tag{2.26}$$

の一般解を求めよ。

解答　変数変換 $u = x - 3y$ を行って，(2.26) から，(2.25) の形に帰着させれば

$$\frac{du}{dx} = -3\frac{u + 1}{3u - 2} + 1 = -\frac{5}{3u - 2}$$

となる。定理 2.1 によって，C を任意定数として，

$$\int (3u - 2)\, du = -\int 5dx + C$$

となる。両辺の不定積分を計算すると，$\dfrac{3}{2}u^2 - 2u = -5x + C$ となる。

したがって，求める一般解は，

$$\frac{3}{2}(x-3y)^2 - 2(x-3y) + 5x = C$$

となる。　◁

############ 学びのノート 2.3 ############

　本章では，変数分離形や同次形の微分方程式の一般解を求める方法を学習してきた。公式の利用方法なども一定の理解を得られたと考えている読者が多いであろう。一方で，微分方程式の問題について，特有の解答の仕方があって，"気がかり" なところがある読者もいるかもしれない。この学びのノートでは，例 2.1 の解答を辿りながら，その "気がかり" を取り除けるような技法を紹介しておく。

(i) **任意定数**　微分方程式の解法では，積分操作から現れる任意定数（積分定数）は，落としてはいけないものと理解したと思う。では，どの場所でどのように書かれるべきであろうか。実際には，積分記号がすべて外されたとき（積分計算がすべて行われたとき）が適切である。しかしながら，このような制約を重視すると，定理の主張が表現しにくい場合がある。たとえば，学びのノート 2.1 にも書いたように，(2.2) や (2.4) の両辺の積分は，任意定数がそれぞれ用意されているので，原始関数の1 つを表していると理解してよい。実際には，(2.5) になる。

　慣れてしまうと気にしなくなるのだが，(2.4) で C ではなく，C_1 と標記したのは，(2.5) を整理して見やすくしようという考えがあるからである。数学的内容ではない。学びのノート 2.2 でも述べたように本書では，微分方程式の解は，陽関数表現にこだわらず，陰関数表現も許している。その意味において，実際には，(2.5) をもって，$y = \pm 1$ の吟味を除けば，微分方程式 (2.3) は解けているといってよい。また，解の形を整理してい

く過程で任意定数を，$C_1, C_2, \ldots, C$ とおきかえていくが，任意定数に条件がついていることもあるので注意したい。(2.6) では，$C \neq 0$ がついている。

(ii) **一般解**　1 章で解の定義をしたときに，任意定数を含むものを一般解といって，この表現で表すことのできない解を特異解と定義した。この任意定数を含む解の表現は，その形に至る経路は何通りかあってもよい。数学的な理由で，場合分けをして議論することは，しばしば必要であるし，路は違えども，最後には統一された表現にまとめられることもある。例 2.1 では，(2.4) を出すときに，$y = 1$ と $y = -1$ を除外した。もう少し詳しく述べると，恒等的に $y(x) = 1$ となる関数と恒等的に $y(x) = -1$ となる関数が解になるかどうかは別途，調べることにした。実際には，両方とも (2.3) の解であることがわかる。除外して議論を進めて得られた解 (2.7) は，$C = 0$ を含んでいない。これらの (2.7) と $y = 1$ をあわせた表現が，例 2.1 の最終的な一般解の表現になっている。例 2.1 の本論の中でも書いたが，特異解となった $y = -1$ は，$C \to \infty$ として得られる。本書では，C は任意に有限な値として扱うことにしたが，文献によっては $C \to \infty$ を許して，$y = -1$ も一般解として表現されているので注意されたい。

(iii) **解の定義域**　先ほどから，例 2.1 の中で，$y = \pm 1$ を，別途，議論する必要性について説明してきた。読者の中には，(2.4) を考える際に，$x = 0$ は除外しなくてよいのかと感じた人もいるであろう。ここで，x と y の役割を考えてみる。x は独立変数であり，局所的な解を考えるのであれば，ある範囲で自由に制限したりすることが可能である。式変形において不都合な，たとえば，x についての不連続点は除外して考えればよい。それに対して従属変数 y の方は，自由に範囲を選ぶわけにはいかない。

実際，例 2.1 の中では，値の変化しないものを考える必要が生じていたので，別途，議論する必要が出てきたのである。

◢◢ ■

▦▦▦▦ **学びの扉 2.1** ▦▦▦▦▦▦▦▦▦▦▦▦▦▦▦▦▦▦▦▦▦▦▦▦

　この学びの扉では，微分方程式の描く解の曲線群について紹介する。微分方程式の一般解は，任意定数 C を固定するごとに，xy 平面上で曲線を描く。この曲線を解曲線という。解曲線は C を変えるごとに定義されるから，これらの曲線の集まりを解曲線群という。例 2.1 の一般解において，C を変化させてグラフを表現すると，図 2.2 のようになる。

　一方で，曲線群

$$y = \frac{1 + Cx}{1 - Cx}$$

があたえられているとする。

$$\frac{dy}{dx} = \frac{2C}{(1 - Cx)^2}$$

であるから，これらの 2 つの式から C を消去すれば，

$$\frac{dy}{dx} = \frac{y^2 - 1}{2x}$$

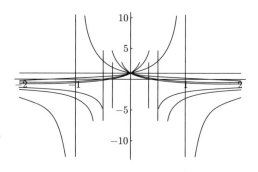

図 2.2　解曲線群

すなわち，あたえられた曲線群を一般解にもつ，微分方程式 (2.3) を得る。

▦▦▦▦▦▦▦▦▦▦▦▦▦▦▦▦▦▦▦▦▦▦▦▦▦▦▦▦▦▦▦▦▦▦▦▦▦▦ ■

IIIIIIIII 学びの広場 ― 演習問題 **2** IIIIIIIIIIIIIIIIIIIIIIIIIIIIIIIIIIIIIIIIIIIIIIIIIIIIIIIIIIIIIIIIIIII

1. 以下の微分方程式の一般解を求めよ。

   (1) $\dfrac{dy}{dx} = \dfrac{x}{y}$

   (2) $(x^2 + 1)\dfrac{dy}{dx} = y^3$

2. 以下の微分方程式の一般解を求めよ。

   (1) $\dfrac{dy}{dx} = x + y - 1$

   (2) $(x + y)^2 \dfrac{dy}{dx} = 1$

3. 次の微分方程式の一般解を求めよ。

$$(x^2 - y^2)\frac{dy}{dx} - 2xy = 0$$

4. 次の微分方程式の一般解を求めよ。

$$(3x + 2y - 5)\frac{dy}{dx} = 2x - 3y + 1$$

3 │1階線形微分方程式

《目標＆ポイント》 定数変化法を用いて1階線形微分方程式を解く公式を導出する。1階線形微分方程式に帰着されるベルヌーイ方程式を学習する。また，ある条件の下に1階線形方程式に帰着されるリッカチ方程式の解法を理解する。
《キーワード》 1階線形微分方程式，定数変化法，ベルヌーイ方程式，リッカチ方程式

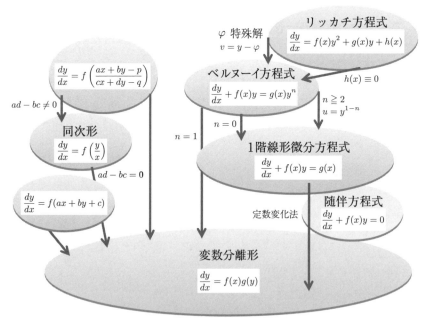

図3.1　3章の地図

3.1　1 階線形微分方程式

関数 $f(x)$, $g(x)$ は，あたえられた関数とする。微分方程式

$$\frac{dy}{dx} + f(x)y = g(x) \tag{3.1}$$

は，未知関数 y と導関数 $y' = \dfrac{dy}{dx}$ についての 1 次式であるから 1 階線形微分方程式とよばれている。微分方程式の左辺は，y' と y の 1 次式であるが，右辺には，未知関数とその導関数は現れていない。そこで，$g(x) \equiv 0$ とおいた方程式

$$\frac{dy}{dx} + f(x)y = 0 \tag{3.2}$$

を考える。この方程式は，すべての項が未知関数とその導関数の 1 次式である。ここでは，同次微分方程式 (3.2) を (3.1) の随伴方程式とよぶことにする。随伴方程式 (3.2) は，変数分離形であるから，y が恒等的に 0 であるものを除いて

$$\frac{1}{y}\frac{dy}{dx} = -f(x)$$

と変形して，

$$\log|y| = -\int f(x)\,dx + C_1$$

となる。ここで，C_1 は任意定数であり，$\displaystyle\int f(x)\,dx$ は $f(x)$ の原始関数の 1 つである。$\pm e^{C_1} = C$ と書いて

$$y = Ce^{-\int f(x)\,dx} \tag{3.3}$$

となる。解の表現 (3.3) は，恒等的に 0 であるものを含んでいる。これが，(3.2) の解になっていることを確認してみる。実際，

$$\left(Ce^{-\int f(x)\ dx}\right)' + f(x)\left(Ce^{-\int f(x)\ dx}\right)$$

$$= \left(-\int f(x)\ dx\right)'\left(Ce^{-\int f(x)\ dx}\right) + f(x)\left(Ce^{-\int f(x)\ dx}\right)$$

$$= -f(x)\left(Ce^{-\int f(x)\ dx}\right) + f(x)\left(Ce^{-\int f(x)\ dx}\right) = 0$$

である。計算上では，合成関数の微分法と指数関数の性質が機能していることが理解される。そこで，(3.1) の解を

$$y = \phi(x)e^{-\int f(x)\ dx} \tag{3.4}$$

とおいて，関数 $\phi(x)$ を求めていくことを考える。(3.4) を (3.1) に代入して

$$\left(\phi(x)e^{-\int f(x)\ dx}\right)' + f(x)\left(\phi(x)e^{-\int f(x)\ dx}\right)$$

$$= \phi'(x)e^{-\int f(x)\ dx} - f(x)\left(\phi(x)e^{-\int f(x)\ dx}\right) + f(x)\left(\phi(x)e^{-\int f(x)\ dx}\right)$$

$$= \phi'(x)e^{-\int f(x)\ dx} = g(x)$$

であるから，$\phi'(x) = e^{\int f(x)\ dx}g(x)$ となり

$$\phi(x) = \int e^{\int f(x)\ dx}g(x)\ dx + A$$

を得る。ここで，A は任意定数である。したがって，次の定理を得る。

定理 3.1 1 階線形微分方程式 (3.1) の一般解は，A を任意定数として

$$y = e^{-\int f(x)\ dx}\left(\int e^{\int f(x)\ dx}g(x)\ dx + A\right) \tag{3.5}$$

であたえられる。

定理 3.1 の証明では，随伴方程式 (3.2) の解における定数 C を関数 $\phi(x)$ におきかえて計算することで，(3.5) を導くことができた。このような方法は，定数変化法とよばれている。

############# **学びのノート 3.1** #############

　具体的にあたえられた 1 階線形微分方程式の解法については，定理 3.1 の (3.5) を公式として利用する方法がある。手順としては，

(1)　あたえられた微分方程式を (3.1) の形に書いて，$f(x)$ と $g(x)$ が何であるかを確認する。

(2)　関数 $f(x)$ の原始関数の 1 つ $\displaystyle\int f(x)\,dx$ を求め，$e^{\int f(x)\,dx}$, $e^{-\int f(x)\,dx}$ をできるだけ簡単な形に変形しておく。

(3)　関数 $e^{\int f(x)\,dx}g(x)$ の原始関数の 1 つ $\displaystyle\int e^{\int f(x)\,dx}g(x)\,dx$ を求め，(3.5) に代入する。

である。

############# **学びのノート 3.2** #############

　定理 3.1 の (3.5) は，

$$y = Ae^{-\int f(x)\,dx} + e^{-\int f(x)\,dx}\int e^{\int f(x)\,dx}g(x)\,dx$$

と書くことができる。これは，(3.1) の一般解は，随伴方程式の一般解に，(3.1) の特殊解を加えたもので表されることを意味している。何らかの方法で (3.1) の解の 1 つが見つかれば，随伴方程式を解くことで (3.1) の一般解が求められることを意味している。

例 3.1　微分方程式

$$x\frac{dy}{dx} - y + x^3 = 0 \tag{3.6}$$

の一般解を求めよ。

解答 ここでは，学びのノート 3.1 に述べた手順に従って解答をあたえる。(3.6) を変形をすると，

$$\frac{dy}{dx} - \frac{1}{x}y = -x^2$$

となる。(3.1) との対応を考えると，$f(x) = -\frac{1}{x}$，$g(x) = -x^2$ である。関数 $-\frac{1}{x}$ の原始関数の 1 つ $\int -\frac{1}{x}\,dx$ は，$-\log x$ であるから，$e^{\int -\frac{1}{x}\,dx} = e^{-\log x} = \frac{1}{e^{\log x}} = \frac{1}{x}$ となる。ちなみに，$e^{-\int f(x)\,dx} = e^{\int \frac{1}{x}\,dx} = e^{\log x} = x$ である。よって，$e^{\int f(x)\,dx}g(x) = \frac{1}{x} \cdot (-x^2) = -x$ となるから，この関数の原始関数の 1 つとして $\int e^{\int f(x)\,dx}g(x)\,dx = \int -x\,dx = -\frac{x^2}{2}$ を得る。以上の結果を (3.5) へ代入して，求める一般解は，

$$y = x\left(-\frac{x^2}{2} + A\right) = -\frac{x^3}{2} + Ax$$

となる。ここで，A は任意定数である。　◁

例 3.2 微分方程式

$$\frac{dy}{dx} + 3y = e^{2x} \tag{3.7}$$

の一般解を求めよ。

解答 この例題では，(3.1) の $f(x)$ にあたる関数が定数関数である。この場合は，随伴方程式の一般解 $y_0(x)$ が，

$$y_0(x) = Ce^{-3x} \tag{3.8}$$

と容易に求めることができる。ここで，C は任意定数である。そこで，学びのノート 3.2 によれば，(3.7) の 1 つの解 $\varphi(x)$（特殊解）が見つかれば，(3.7) の一般解を $y_0(x) + \varphi(x)$ として得ることができる。求める特殊

解を $\varphi(x) = ae^{2x}$ とおく。この式を (3.7) に代入して，解となるように a を定めればよい。実際，$(ae^{2x})' + 3(ae^{2x}) = e^{2x}$ であるから，$2a + 3a = 1$ となり，$a = \dfrac{1}{5}$ を得る。したがって，求める一般解は，

$$y = Ce^{-3x} + \frac{1}{5}e^{2x}$$

となる。このような解法を，未定係数法という。この方法は，(3.1) の $f(x)$ にあたる関数が定数関数の場合には有効な場合がある。しかし，(3.1) の $g(x)$ にあたる関数によっては，必ずしも機能するとは限らない。また，$g(x)$ によって特殊解 $\varphi(x)$ のおき方を工夫する必要がある。　◁

3.2　ベルヌーイ方程式

次に紹介する 1 階微分方程式

$$\frac{dy}{dx} + f(x)y = g(x)y^n \tag{3.9}$$

は，ベルヌーイ[1]方程式とよばれている。ここで，$f(x)$, $g(x)$ はあたえられた関数とし，n は定数である。微分方程式 (3.9) は，$n = 0$ の場合には，前節で取り扱った 1 階線形微分方程式である。また，$n = 1$ のときは，$\dfrac{dy}{dx} + (f(x) - g(x))y = 0$ であるから，変数分離形である。以下では，$n \neq 0, 1$ と仮定しておくことにする[2]。また，y が恒等的に 0 になる自明な解も除外しておく。

定理 3.2　ベルヌーイ方程式 (3.9) は，$u = y^{1-n}$ とおくことで，1 階線形微分方程式

$$\frac{du}{dx} + (1 - n)f(x)u = (1 - n)g(x) \tag{3.10}$$

---

1)　Jacob Bernoulli, 1655–1705, スイス
2)　$n \neq 0, 1$ の場合に，(3.9) をベルヌーイ方程式とよぶ場合もある。

に帰着される。

証明 未知関数が $y = y(x)$ であるから，$u = y^{1-n}$ とおけば，u は x の関数である。そこで，$u = y^{1-n}$ の両辺を x で微分すれば，

$$\frac{du}{dx} = (1-n)\frac{dy}{dx}y^{-n}$$

すなわち，$\frac{dy}{dx} = \frac{1}{(1-n)}\frac{du}{dx}y^n$ となる。これを (3.9) に代入して整理をすれば，

$$\frac{du}{dx}y^n + (1-n)f(x)y = (1-n)g(x)y^n$$

となり，両辺を y^n で割って，$y^{1-n} = u$ を用いれば，(3.10) を得る。　□

例 3.3 微分方程式

$$\frac{dy}{dx} - y = 2xy^3 \tag{3.11}$$

の一般解を求めよ。

解答 微分方程式 (3.11) はベルヌーイ方程式 (3.9) であり，$n = 3$ の場合である。定理 3.2 に従って解答する。微分方程式 (3.11) において $u = y^{-2}$ とし，u についての1階線形微分方程式を求めれば，$f(x) = -1$，$g(x) = 2x$ なので，

$$\frac{du}{dx} + 2u = -4x \tag{3.12}$$

となる。ここで，学びのノート 3.1 に述べた手順に従って (3.12) の一般解を求める。(3.1) との対応を考えると，$f(x) = 2$，$g(x) = -4x$ である。$e^{\int f(x)dx} = e^{2x}$，$e^{-\int f(x)\,dx} = e^{-2x}$ である。ゆえに

$$\int e^{\int f(x)\,dx}g(x)\,dx = \int -4xe^{2x}\,dx = -2xe^{2x} + \int 2e^{2x}\,dx$$
$$= (-2x+1)e^{2x}$$

これを，(3.5) へ代入して (3.12) の一般解

$$u = e^{-2x}((-2x+1)e^{2x} + A) = -2x + 1 + Ae^{-2x}$$

を得る。ここで，A は任意定数である。関係式 $u = y^{-2}$ を思い出せば，求める (3.11) の一般解は，

$$(-2x + 1 + Ae^{-2x})y^2 = 1 \tag{3.13}$$

となる[3]。　◁

3.3　リッカチ方程式

関数 $f(x), g(x), h(x)$ をあたえられた関数として，

$$\frac{dy}{dx} = f(x)y^2 + g(x)y + h(x) \tag{3.14}$$

を考える。$f(x) \equiv 0$ であれば (3.14) は 1 階線形微分方程式であるから，すでに求積可能とし，ここでは，$f(x) \not\equiv 0$ としておく。方程式 (3.14) の特徴の 1 つは，右辺が未知関数 $y(x)$ についての 2 次式になっていることである。この方程式は，リッカチ[4]方程式とよばれている。$h(x) \equiv 0$ の場合を考える。この場合は，$y = 0$ が (3.14) の解であることがわかる。また，(3.14) は，$\frac{dy}{dx} - g(x)y = f(x)y^2$ と書けるので，ベルヌーイ方程式（$n = 2$）になっていることがわかる。そこで，リッカチ方程式については，1 つの解が求められていれば，適当な変換でベルヌーイ方程式に帰着されることが期待される。実際，次の定理が成り立つ。

---

3)　本書では，解としての関数表現は陰関数表現を許しているので (3.13) の形を一般解としたが，$y = \pm\sqrt{\dfrac{1}{-2x + 1 + Ae^{-2x}}}$ と表してもよい。

4)　Jacopo Francesco Riccati，1676–1754，イタリア

定理 3.3 リッカチ方程式 (3.14) の特殊解 $\varphi(x)$ がわかっているとする。このとき，$v = y - \varphi(x)$ とおくことで，(3.14) は，ベルヌーイ方程式

$$\frac{dv}{dx} - (2f(x)\varphi(x) + g(x))v = f(x)v^2 \tag{3.15}$$

に帰着される。

証明 $y = v + \varphi(x)$, $\dfrac{dy}{dx} = \dfrac{dv}{dx} + \dfrac{d\varphi}{dx}$ を (3.14) に代入すると，

$$\begin{aligned}
\frac{dv}{dx} + \frac{d\varphi}{dx} &= f(x)(v + \varphi(x))^2 + g(x)(v + \varphi(x)) + h(x) \\
&= f(x)\varphi(x)^2 + g(x)\varphi(x) + h(x) \\
&\quad + 2f(x)\varphi(x)v + f(x)v^2 + g(x)v
\end{aligned}$$

となる。ここで，$\varphi(x)$ が，(3.14) の解であることを用いれば，

$$\frac{dv}{dx} = f(x)v^2 + (2f(x)\varphi(x) + g(x))v$$

を得る。これは，(3.15) にほかならない。　　□

例 3.4 関数 $y = 2x$ が，微分方程式

$$\frac{dy}{dx} = -\frac{1}{x}y^2 + \frac{1}{x}y + 4x \tag{3.16}$$

の解であることを利用して，(3.16) の一般解を求めよ。

解答 微分方程式 (3.16) はリッカチ方程式 (3.14) である。この問題では，$f(x) = -\dfrac{1}{x}$, $g(x) = \dfrac{1}{x}$, $h(x) = 4x$ が対応する。問題にある $y = 2x$ が，(3.16) の解になっていることを確かめる。左辺は，$(2x)' = 2$ であり，右辺は，$-\dfrac{1}{x}(2x)^2 + \dfrac{1}{x}(2x) + 4x = -4x + 2 + 4x = 2$ である。したがって，確かに $y = 2x$ は (3.16) の解である。定理 3.3 に従って解答する。微分方

程式 (3.16) において $v = y - 2x$ とすれば，v についてのベルヌーイ方程式が得られる。実際，$2f(x) \cdot (2x) + g(x) = -4 + \dfrac{1}{x}$ であるから

$$\frac{dv}{dx} + \left(4 - \frac{1}{x}\right) v = -\frac{1}{x} v^2 \tag{3.17}$$

となる。定理 3.2 を用いて (3.17) の一般解を求める。(3.17) は，(3.9) の $n = 2$ の場合であるから $u = v^{-1}$ とおいて，u についての 1 階線形微分方程式を導くと，

$$\frac{du}{dx} + \left(\frac{1}{x} - 4\right) u = \frac{1}{x} \tag{3.18}$$

となる。ここで，学びのノート 3.1 に述べた手順に従って (3.18) の一般解を求める。(3.1) との対応を考え，定理 3.1 の (3.5) を適用すると $e^{\int(\frac{1}{x}-4)dx} = e^{\log x - 4x} = xe^{-4x}$，$e^{-\int f(x)\ dx} = x^{-1}e^{4x}$ である。ゆえに，(3.5) の中の積分は，

$$\int xe^{-4x} \cdot \frac{1}{x}\ dx = \int e^{-4x}\ dx = -\frac{1}{4}e^{-4x}$$

である。これを，(3.5) へ代入して (3.18) の一般解

$$u = \frac{1}{x}e^{4x}\left(-\frac{1}{4}e^{-4x} + A_1\right) = -\frac{1}{4x} + \frac{A_1}{x}e^{4x} = \frac{-1 + Ae^{4x}}{4x}$$

を得る。ここで，$A = 4A_1$ は任意定数である。関係式 $y = v + 2x = \dfrac{1}{u} + 2x$ を用いれば，(3.16) の一般解，

$$y = \frac{4x}{-1 + Ae^{4x}} + 2x = \frac{2x(1 + Ae^{4x})}{-1 + Ae^{4x}}$$

を得る。 ◁

学びの扉 3.1

リッカチ方程式 (3.14) は，非線形微分方程式の最も基本的なものとして，さまざまな角度から研究が行われてきた。特に，2 階線形方程式へ

の架け橋としての性質は重要であるが，この部分は 7 章で詳しく学習する。以下では，リッカチ方程式の解のもつ性質について紹介する。

互いに異なる 4 つの関数 $y_1,\ y_2,\ y_3,\ y_4$ に対して，次の式で非調和比

$$
\begin{aligned}
\mathcal{R}_C(y_1, y_2, y_3, y_4) &= \frac{y_1 - y_3}{y_1 - y_4} \Big/ \frac{y_2 - y_3}{y_2 - y_4} \\
&= \frac{(y_1 - y_3)(y_2 - y_4)}{(y_1 - y_4)(y_2 - y_3)}
\end{aligned}
\tag{3.19}
$$

を定義する。このとき，次の定理が成り立つ。

定理 3.4 リッカチ方程式 (3.14) の異なる 4 つの解 $y_1,\ y_2,\ y_3,\ y_4$ の非調和比は定数である。

証明 非調和比 $\mathcal{R}_C = \mathcal{R}_C(y_1, y_2, y_3, y_4)$ の導関数が 0 であることを示せばよい。(3.19) の対数微分を考えて，

$$
\frac{\mathcal{R}_C'}{\mathcal{R}_C} = \frac{y_1' - y_3'}{y_1 - y_3} + \frac{y_2' - y_4'}{y_2 - y_4} - \frac{y_1' - y_4'}{y_1 - y_4} - \frac{y_2' - y_3'}{y_2 - y_3}
\tag{3.20}
$$

を得る。$y_i,\ y_j$ を異なる (3.14) の解とすれば，

$$
\begin{aligned}
\frac{y_i' - y_j'}{y_i - y_j} &= \frac{(f(x)y_i^2 + g(x)y_i + h(x)) - (f(x)y_j^2 + g(x)y_j + h(x))}{y_i - y_j} \\
&= f(x)(y_i + y_j) + g(x)
\end{aligned}
\tag{3.21}
$$

である。(3.20), (3.21) より，

$$
\begin{aligned}
\frac{\mathcal{R}_C'}{\mathcal{R}_C} &= (f(x)(y_1 + y_3) + g(x)) + (f(x)(y_2 + y_4) + g(x)) \\
&\quad - (f(x)(y_1 + y_4) + g(x)) - (f(x)(y_2 + y_3) + g(x)) \\
&= 0
\end{aligned}
$$

となる。したがって，$\mathcal{R}_C' = 0$ となり，定理は証明された。 $\square$

▌▌▌▌▌▌ **学びのノート 3.3** ▌▌

　リッカチ方程式 (3.14) の異なる 3 つの解 y_1, y_2, y_3 がわかっていると
する。(3.14) の他の解を y とすれば，定理 3.4 から，ある定数 $C = C_y$ が
あって

$$\mathcal{R}_{\mathsf{C}}(y_1, y_2, y_3, y) = C$$

となる。これを，y について解けば，

$$y = \frac{y_2(y_1 - y_3) - Cy_1(y_2 - y_3)}{y_1 - y_3 - C(y_2 - y_3)}$$

と表せる。このことは，3 つの解 y_1, y_2, y_3 がわかれば，(3.14) は積分を
することなく，一般解を求めることができることを示している。

▌▌▌■

例 3.5　3 つの関数 1, -1, $\tanh x$ が，微分方程式

$$\frac{dy}{dx} = 1 - y^2 \tag{3.22}$$

の解であることを利用して，(3.22) の一般解を求めよ。

解答　微分方程式 (3.22) はリッカチ方程式であり，定数関数 1, -1 が，
(3.22) の解であることは自明である。関数 $\tanh x = \dfrac{e^x - e^{-x}}{e^x + e^{-x}}$ が (3.22)
の解であることを確かめる。商の微分公式から，(3.22) の左辺は，

$$\left(\frac{e^x - e^{-x}}{e^x + e^{-x}}\right)' = \frac{(e^x + e^{-x})^2 - (e^x - e^{-x})^2}{(e^x + e^{-x})^2} = \frac{4}{(e^x + e^{-x})^2}$$

であり，右辺は，

$$1 - \left(\frac{e^x - e^{-x}}{e^x + e^{-x}}\right)^2 = \frac{4}{(e^x + e^{-x})^2}$$

となるから，$\tanh x$ は，(3.22) の解である。したがって，学びのノート3.3 より，求める (3.22) の一般解は，

$$y = \frac{-(1 - \tanh x) - C(-1 - \tanh x)}{1 - \tanh x - C(-1 - \tanh x)}$$
$$= \frac{(\tanh x - 1) + C(1 + \tanh x)}{1 - \tanh x + C(1 + \tanh x)}$$

である。 ◁

◼◼◼◼ 学びの広場 — 演習問題 **3** ◼◼◼

1. 以下の微分方程式の一般解を求めよ。

   (1) $\dfrac{dy}{dx} - \dfrac{1}{x}y = x \sin x$ 　　　(2) $\dfrac{dy}{dx} + y = -x$

2. 以下の微分方程式の一般解を求めよ。

   (1) $\dfrac{dy}{dx} + \dfrac{1}{x}y = x^2 y^3$ 　　　(2) $\dfrac{dy}{dx} + y = e^{2x} y^4$

3. 次の微分方程式

   $$\frac{dy}{dx} = -y^2 - \frac{4}{x}y - \frac{2}{x^2}$$

   は，関数 $-\dfrac{2}{x}$ を解にもつ。この方程式の一般解を求めよ。

4. 次の微分方程式は，一次関数 $y = Ax$ を解にもつことが知られている。

   $$\frac{dy}{dx} = y^2 - (2x + 1)y + x^2 + x + 1$$

   定数 A を定め，この微分方程式の一般解を求めよ。

4 | 完全微分方程式

《**目標＆ポイント**》 微分形式で表現された微分方程式を学習する。完全微分方程式の解法を理解する。必要に応じて，偏微分法の復習を行う。積分因子を用いて完全微分方程式に帰着される方程式を取り扱う。

《**キーワード**》 偏微分法，微分形式，全微分方程式，完全微分方程式，積分因子

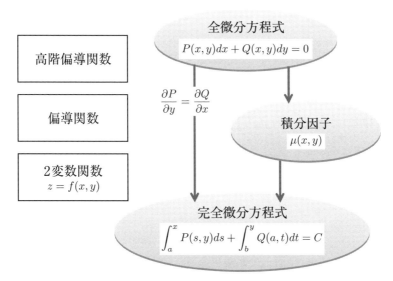

図 4.1 4 章の地図

4.1　偏微分法

　本節では，完全微分方程式を学習するために必要な 2 変数関数の性質を紹介する[1]。2 つの独立変数 x, y があって，x と y の値を定めるとき，変数 z の値が定まるならば，z は 2 変数 x，y の関数であるといい

$$z = f(x, y) \tag{4.1}$$

と表す。関数 (4.1) は，xy 平面上の点 $P(x, y)$ を実数 z に対応させる関数とみることもできる。そこで，(4.1) のかわりに $z = f(P)$ と表すこともある。

　2 変数関数 $z = f(x, y)$ が定義されている範囲を定義域という。すべての 2 変数関数の定義域が xy 平面全体にとれるとは限らない。たとえば，$z = \sqrt{1 - x - y}$ の定義域は，$\{(x, y) \mid x + y \leqq 1\}$ に含まれなければならない。

　集合 X の任意の要素 P, Q, R に対して，実数値関数 d が

(1)　$d(P, P) = 0, P \neq Q$ ならば $d(P, Q) > 0$

(2)　$d(P, Q) = d(Q, P)$

(3)　$d(P, Q) + d(Q, R) \geqq d(P, R)$

もみたすとき，d を X 上の距離という。たとえば，数直線 $\mathbb{R}$ 上の 2 点 $P(x_1), Q(x_2)$ に対して，$d(P, Q) = |x_1 - x_2|$ とおけば d は $\mathbb{R}$ 上の距離になる。また，xy 平面上の 2 点 $P(x_1, y_1), Q(x_2, y_2)$ に対して，

$$d(P, Q) = \sqrt{(x_1 - x_2)^2 + (y_1 - y_2)^2} \tag{4.2}$$

とおけば，d は xy 平面上の距離になる。これらの距離は，ユークリッド

---

1)　一般の多変数関数については，たとえば巻末の関連図書の文献 [16], [17], [31] などを参照のこと。

距離とよばれている。ここでは，特に断らない限り，xy 平面上の距離は (4.2) であたえられるものとする。

　xy 平面において，P_0 を中心とし，半径 ε の開球を

$$U_\varepsilon(P_0) = \{P \in xy \text{ 平面} \mid d(P_0, P) < \varepsilon\}$$

と書いて，P_0 の ε 近傍という。実際，$U_\varepsilon(P_0)$ は，P_0 を中心とする半径 ε の円の内部である。集合 $\{P \in xy \text{ 平面} \mid d(P_0, P) \leqq \varepsilon\}$ は閉球とよばれ，ここでは，$\overline{U_\varepsilon(P_0)}$ と表すことにする。xy 平面の部分集合 V において，任意の $P \in V$ に対して，

$$\text{ある開近傍 } U_\varepsilon(P) \text{ があって } U_\varepsilon(P) \subset V \tag{4.3}$$

とできるとき，V は開集合であるという。(4.3) をみたす点 P を V の内点という。開集合とは内点のみからなる集合とみることもできる。一方，点 P' に対して，開近傍 $U_\varepsilon(P')$ がとれて $U_\varepsilon(P') \cap V = \emptyset$ とできるとき，P' を V の外点という。境界点とは，内点でも外点でもない点のことをいう。すなわち，P'' が V の境界点であるとは，どんなに小さい ε に対しても $U_\varepsilon(P'')$ が V に属する点も V に属さない点も含むことである。V の境界点の集合を ∂V で表す。すべての境界点が V に属すとき，すなわち $\partial V \subset V$ であるとき，V を閉集合という。一般に，V が閉集合であれば，V の補集合 V^c は，開集合になる。また，V が開集合であれば，V の補集合 V^c は，閉集合になる。

　集合 D は，xy 平面上の開集合とする。D の任意の 2 点 P, Q が D 内にある曲線で結ばれるとき，D は連結であるという。連結な開集合を領域という。ここでは，$z = f(x, y)$ の定義域としては，特に断らない限り，領域を選ぶことにする。

　xy 平面上の点 $P(x, y)$ が定点 $A(a, b)$ に，一致することなく，限りなく

近づく，すなわち $d(P, A) \to 0$ であるとき，$P \to A$，または $(x, y) \to (a, b)$ と表す。関数 $z = f(x, y)$ の定義域を D とし，定点 $A(a, b)$ を考える。ただし A は必ずしも D には含まれず，その境界にあってもよいものとしておく。定義域 D 内の点 $P(x, y)$ に対して $P(x, y) \to A(a, b)$ となるとき，$f(x, y)$ の値が，ある一定の値 α に近づくならば，$P(x, y)$ が $A(a, b)$ に近づくときの $f(x, y)$ の極限値は α であるといい

$$\lim_{(x,y) \to (a,b)} f(x, y) = \alpha \quad \text{または} \quad f(P) \to \alpha, \ P \to A \qquad (4.4)$$

と表す。

点 $A(a, b)$ は，関数 $f(x, y)$ の定義域内にあるとする。このとき，

(i) $\displaystyle \lim_{(x,y) \to (a,b)} f(x, y)$ が存在する

(ii) $\displaystyle \lim_{(x,y) \to (a,b)} f(x, y) = f(a, b)$

であるとき，$f(x, y)$ は，点 A で連続であるという。関数 $f(x, y)$ が領域 D 内のすべての点で連続であるとき，$f(x, y)$ は D で連続という。連続性について，次の定理が成り立つ。

定理 4.1 関数 $f(x, y)$，$g(x, y)$ は，点 $A(a, b)$ で連続とする。このとき，以下の関数も点 A で連続である。

$$Cf(x, y), \quad f(x, y) \pm g(x, y), \quad f(x, y)g(x, y), \quad \frac{f(x, y)}{g(x, y)} \ \ (g(a, b) \neq 0)$$

ここで，C は任意の定数である。

関数 $z = f(x, y)$ の定義域を D とし，点 $A(a, b)$ は，D の内部にあるとする。極限値

$$\lim_{h \to 0} \frac{f(a + h, b) - f(a, b)}{h} \qquad (4.5)$$

が存在するとき，$f(x,y)$ は A で，x について偏微分可能であるという。これは，1 変数関数 $f(x,b)$ が，$x = a$ で微分可能であることと同じである。また，(4.5) の極限値を $f(x,y)$ の A における，x についての偏微分係数といい，$f_x(a,b)$ と表す。

同様に，

$$\lim_{k \to 0} \frac{f(a,b+k) - f(a,b)}{k} \tag{4.6}$$

が存在するとき，$f(x,y)$ は点 A で，y について偏微分可能であるといい，(4.6) の極限値を $f(x,y)$ の点 A における，y についての偏微分係数とよび，$f_y(a,b)$ と表す。偏微分係数は，それぞれ以下のような表現もある。

$$f_x(a,b), \quad z_x(a,b), \quad \frac{\partial f(a,b)}{\partial x}$$

$$f_y(a,b), \quad z_y(a,b), \quad \frac{\partial f(a,b)}{\partial y}$$

関数 $z = f(x,y)$ が領域 D のそれぞれの点で偏微分可能であるとき，D で偏微分可能であるという。このとき，それぞれの点 (x_0, y_0) に偏微分係数 $f_x(x_0, y_0), f_y(x_0, y_0)$ を対応させることによって D 内に関数が定義される。これを $z = f(x,y)$ の偏導関数といい

$$f_x, \quad z_x, \quad \frac{\partial f}{\partial x}, \quad \frac{\partial z}{\partial x}, \quad f_x(x,y), \quad \frac{\partial f(x,y)}{\partial x}$$

$$f_y, \quad z_y, \quad \frac{\partial f}{\partial y}, \quad \frac{\partial z}{\partial y}, \quad f_y(x,y), \quad \frac{\partial f(x,y)}{\partial y}$$

などと表す。以下では，偏導関数を求めることを，単に「偏微分する」ということにする。

例 4.1 2 変数関数

$$f(x,y) = x^3 - 3xy + x \tag{4.7}$$

を偏微分せよ。

解答　偏微分の計算においては，微分に無関係な変数は定数扱いをすればよい。

$$f_x(x,y) = 3x^2 - 3y + 1, \quad f_y(x,y) = -3x$$

となる。　◁

　偏導関数 $f_x(x,y)$, $f_y(x,y)$ もまた，2 変数の関数になる。これらの偏導関数がともに領域 D で連続であるとき，$f(x,y)$ は連続偏微分可能，または C^1 であるという。

　関数 $z = f(x,y)$ の偏導関数 $f_x(x,y) = \dfrac{\partial f}{\partial x}$, $f_y(x,y) = \dfrac{\partial f}{\partial y}$ が，さらに微分可能であればこれを偏微分して，2 階偏導関数

$$\frac{\partial}{\partial x}\left(\frac{\partial f}{\partial x}\right), \quad \frac{\partial}{\partial y}\left(\frac{\partial f}{\partial x}\right), \quad \frac{\partial}{\partial x}\left(\frac{\partial f}{\partial y}\right), \quad \frac{\partial}{\partial y}\left(\frac{\partial f}{\partial y}\right)$$

を考えることができる。これらは，それぞれ

$$\frac{\partial^2 f}{\partial x^2}, \quad \frac{\partial^2 f}{\partial y \partial x}, \quad \frac{\partial^2 f}{\partial x \partial y}, \quad \frac{\partial^2 f}{\partial y^2},$$

$$f_{xx}(x,y), \quad f_{xy}(x,y), \quad f_{yx}(x,y), \quad f_{yy}(x,y)$$

と表される[2]。

例 4.2　2 変数関数

$$f(x,y) = e^x y + \sin y \tag{4.8}$$

の 2 階偏導関数を求めよ。

解答　まず，1 階の偏導関数を求める。

$$f_x(x,y) = e^x y, \quad f_y(x,y) = e^x + \cos y$$

---

2)　2 通りの表記法，特に，x と y の順番を混同しないように注意する。

これらを，それぞれ偏微分して

$$f_{xx}(x,y) = e^x y, \quad f_{xy}(x,y) = e^x, \quad f_{yx}(x,y) = e^x, \quad f_{yy}(x,y) = -\sin y$$

を得る。　◁

　偏微分の順序について，次の定理が知られている。

定理 4.2　関数 $z = f(x,y)$ が 2 回偏微分可能であり，$f_{xy}(x,y)$，$f_{yx}(x,y)$ がそれぞれ連続であれば，

$$f_{xy}(x,y) = f_{yx}(x,y) \tag{4.9}$$

が成り立つ。

　関数 $z = f(x,y)$ は領域 D において定義されていて，(x_0, y_0) は D 内の点として，x_0，y_0 がそれぞれ微少量 h，k 変化するときの z の変化 $f(x_0 + h, y_0 + k) - f(x_0, y_0)$ を考える。ある定数 H，K があり

$$f(x_0 + h, y_0 + k) - f(x_0, y_0) = Hh + Kk + \varepsilon(h, k) \tag{4.10}$$

と表せるとき，$f(x,y)$ は，点 (x_0, y_0) で全微分可能[3]という。ここで，H，K は，点 (x_0, y_0) に依存してもよく，$\varepsilon(h, k)$ は，$\displaystyle \lim_{(h,k) \to (0,0)} \frac{\varepsilon(h, k)}{\sqrt{h^2 + k^2}} = 0$ をみたす量である。また，(4.10) の右辺の $Hh + Kk$ を dz と書いて，$z = f(x,y)$ の全微分という。全微分可能性について，次の定理が成り立つことが知られている。

定理 4.3　関数 $f(x,y)$ は，C^1 であるとする。このとき，$f(x,y)$ は全微分可能である。

　3）単に，微分可能ということもある。

実際，(4.10) においては，$H = f_x(x_0, y_0)$，$K = f_y(x_0, y_0)$ として成り立つ。したがって，関数 $z = f(x, y)$ が領域 D で C^1 とすれば，それぞれの点 (x, y) において (4.10) を考え，$h = \Delta x$，$k = \Delta y$ と書いて極限を考えれば

$$dz = f_x(x, y)dx + f_y(x, y)dy \tag{4.11}$$

と表すことができる。

合成関数の公式について紹介をしておく。

定理 4.4 関数 $z = f(x, y)$ は全微分可能で，偏導関数が連続とする。変数 t の関数 $x = \phi(t)$，$y = \psi(t)$ は微分可能な関数とする。このとき，合成関数 $z(t) = f(\phi(t), \psi(t))$ は微分可能で

$$\frac{dz}{dt} = f_x(\phi(t), \psi(t))\frac{d\phi(t)}{dt} + f_y(\phi(t), \psi(t))\frac{d\psi(t)}{dt} \tag{4.12}$$

が成り立つ。

▥▥▥ **学びのノート 4.1** ▥▥▥

連鎖法則 (4.12) は，次のように表すこともできる。

$$\frac{dz}{dt} = \frac{\partial z}{\partial x}\frac{dx}{dt} + \frac{\partial z}{\partial y}\frac{dy}{dt} \tag{4.13}$$

また，関数 $z = f(x, y)$ が，変数 ξ, η の偏微分可能な関数を用いて，$x = \phi(\xi, \eta)$, $y = \psi(\xi, \eta)$ と表せるならば，合成関数 $z(\xi, \eta) = f(\phi(\xi, \eta), \psi(\xi, \eta))$ に対して，

$$\frac{\partial z}{\partial \xi} = \frac{\partial z}{\partial x}\frac{\partial x}{\partial \xi} + \frac{\partial z}{\partial y}\frac{\partial y}{\partial \xi}, \quad \frac{\partial z}{\partial \eta} = \frac{\partial z}{\partial x}\frac{\partial x}{\partial \eta} + \frac{\partial z}{\partial y}\frac{\partial y}{\partial \eta} \tag{4.14}$$

が成立することが知られている。

4.2 完全微分方程式

1 階の微分方程式

$$\frac{dy}{dx} = -\frac{P(x,y)}{Q(x,y)}$$

を次の形

$$P(x,y)dx + Q(x,y)dy = 0 \tag{4.15}$$

と表すことがある。方程式 (4.15) の左辺のような形 $P(x,y)dx + Q(x,y)dy$ を 1 次の微分形式とよぶ。前節で学習した $z = f(x,y)$ の全微分 $dz = f_x(x,y)dx + f_y(x,y)dy$ は 1 次の微分形式である。方程式 (4.15) を全微分方程式という。

ある 2 変数関数 $u(x,y)$ があって，$u(x,y)$ の全微分 $du = u_x(x,y)dx + u_y(x,y)dy$ が (4.15) の左辺と一致するとき，すなわち，

$$P(x,y) = u_x(x,y), \quad Q(x,y) = u_y(x,y) \tag{4.16}$$

であるとき，方程式 (4.15) は完全微分方程式であるという。

定理 4.5 方程式 (4.15) が完全微分方程式であるとする。このとき，(4.15) の一般解は，(4.16) をみたす $u(x,y)$ を用いて

$$u(x,y) = C \tag{4.17}$$

と表せる。ここで，C は任意定数である。

証明 (4.17) において，$y = y(x)$ とみて，両辺を x で微分すれば，

$$u_x(x,y) + u_y(x,y)\frac{dy}{dx} = 0$$

この式と (4.16) を用いれば，(4.15) を得る。 □

例 4.3 微分方程式

$$ydx + xdy = 0 \qquad (4.18)$$

の一般解を求めよ。

解答 $u(x,y) = xy$ とすれば, $u_x(x,y) = y$, $u_y(x,y) = x$ である。ゆえに, $u(x,y)$ は (4.16) をみたす。したがって, (4.18) の一般解は,

$$xy = C, \quad C は任意定数$$

となる。 ◁

定理 4.6 2 変数関数 $P(x,y)$, $Q(x,y)$ は, C^1 級の関数とする。全微分方程式 (4.15) が完全微分方程式であるための必要十分条件は,

$$\frac{\partial P}{\partial y} = \frac{\partial Q}{\partial x} \qquad (4.19)$$

が成り立つことである。

証明 まず, 方程式 (4.15) が完全微分方程式であるとする。このとき, (4.16) をみたす $u(x,y)$ が存在する。仮定から, $P(x,y)$, $Q(x,y)$ は, C^1 級の関数なので, $u(x,y)$ は, 2 回偏微分可能で 2 階偏導関数もそれぞれ連続である。ゆえに, 定理 4.2 によって

$$\frac{\partial P}{\partial y} = \frac{\partial^2 u}{\partial y \partial x} = \frac{\partial^2 u}{\partial x \partial y} = \frac{\partial Q}{\partial x}$$

となり, (4.19) を得る。

次に, (4.19) を仮定して, (4.15) が完全微分方程式であることを示す。そのためには, (4.16) をみたす 2 変数関数 $u(x,y)$ を構成すればよい。実際, $P(x,y)$, $Q(x,y)$ の定義域に属する点 (a,b) を固定し

$$u(x,y) = \int_a^x P(s,y)ds + \int_b^y Q(a,t)dt \tag{4.20}$$

とおいて，$u(x,y)$ が (4.16) をみたすことを示す。ここで，右辺の第 1 式は，y を定数とみた s についての積分である。微分積分学基本定理から，

$$u_x(x,y) = \frac{\partial u}{\partial x} = P(x,y) \tag{4.21}$$

を得る。また，$P(x,y)$ は連続な偏導関数をもつから，微分と積分の順序が交換できて

$$\begin{aligned}
u_y(x,y) &= \frac{\partial u}{\partial y} = \frac{\partial}{\partial y}\int_a^x P(s,y)ds + Q(a,y) \\
&= \int_a^x \frac{\partial}{\partial y}P(s,y)ds + Q(a,y)
\end{aligned} \tag{4.22}$$

となる。ここで，(4.22) の右辺の積分は，(4.19) を用いて

$$\begin{aligned}
\int_a^x \frac{\partial}{\partial y}P(s,y)ds &= \int_a^x \frac{\partial}{\partial s}Q(s,y)ds = \Big[Q(s,y)\Big]_{s=a}^{s=x} \\
&= Q(x,y) - Q(a,y)
\end{aligned}$$

となる。したがって，(4.22) とあわせると

$$u_y(x,y) = Q(x,y) - Q(a,y) + Q(a,y) = Q(x,y) \tag{4.23}$$

となる。得られた (4.21), (4.23) は，(4.16) にほかならない。　□

定理 4.6 の証明の中で登場した (4.20) と定理 4.5 をあわせることで完全微分方程式 (4.15) の一般解の公式が得られる。

定理 4.7　方程式 (4.15) が完全微分方程式であるとする。このとき，一般解は，

$$\int_a^x P(s,y)ds + \int_b^y Q(a,t)dt = C \tag{4.24}$$

であたえられる。ここで，a, b は定数で，C は任意定数である。

━━━━━━ **学びのノート 4.2** ━━━━━━

定理 4.6 の証明から理解できるように，定理 4.7 における定数 a, b は，点 (a, b) が $P(x, y)$, $Q(x, y)$ の定義域に属していれば，任意に選んでよい。実際の計算を単純にするために，原点が $P(x, y)$, $Q(x, y)$ の定義域に属していれば，$a = 0$, $b = 0$ とすることが多い。また，(4.24) から，初期条件 $x = a$, $y = b$ をみたす解は，

$$\int_a^x P(s, y)ds + \int_b^y Q(a, t)dt = 0 \qquad (4.25)$$

である。

━━━━━━━━━━━━━━━━━━━━━━━━

例 4.4 全微分方程式

$$(3x^2 - 3y + 1)dx + (4y - 3x + 2)dy = 0 \qquad (4.26)$$

の一般解を求めよ。

解答 方程式 (4.26) が，完全微分方程式かどうか確認する。

$$\frac{\partial}{\partial y}(3x^2 - 3y + 1) = -3, \quad \frac{\partial}{\partial x}(4y - 3x + 2) = -3$$

であるから，(4.26) は，完全微分方程式である。$3x^2 - 3y + 1$, $4y - 3x + 2$ はともに x, y についての多項式であるから，原点を定義域に含むとしてよい。そこで，定理 4.7 の (4.24) を適用して

$$\int_0^x (3s^2 - 3y + 1)ds + \int_0^y (4t - 3 \cdot 0 + 2)dt = C$$

左辺の積分を計算して，

$$x^3 - 3xy + x + 2y^2 + 2y = C$$

を得る。ここで，C は任意定数である。　◁

例 4.5 全微分方程式

$$(e^x y + \sin y)dx + (e^x + x\cos y)dy = 0 \tag{4.27}$$

の初期条件 $x = 0$, $y = 1$ をみたす解を求めよ。

解答 方程式 (4.27) が，完全微分方程式であるかを調べる。

$$\frac{\partial}{\partial y}(e^x y + \sin y) = e^x + \cos y, \quad \frac{\partial}{\partial x}(e^x + x\cos y) = e^x + \cos y$$

であるから，(4.27) は，完全微分方程式である。$e^x y + \sin y$, $e^x + x\cos y$ は xy 平面全体で定義可能であるから，点 $(0,1)$ を定義域に含むとしてよい。そこで，(4.25) を適用して

$$\int_0^x (e^s y + \sin y)ds + \int_1^y (e^0 + 0 \cdot \cos t)dt = 0$$

左辺の積分を計算すれば

$$\left[e^s y + s\sin y\right]_{s=0}^{s=x} + \left[t\right]_{t=1}^{t=y} = e^x y + x\sin y - y + y - 1 = e^x y + x\sin y - 1$$

となる。したがって，求める解は

$$e^x y + x\sin y - 1 = 0$$

である。　◁

4.3　積分因子

前節の考察で，全微分方程式が完全微分方程式であれば，解くことができることを学んだ。それでは，完全微分方程式でない場合は解法がないのであろうか。1 つの例から始めることにする。全微分方程式

$$(x^2 + y)dx - xdy = 0 \tag{4.28}$$

については,

$$\frac{\partial}{\partial y}(x^2 + y) = 1, \quad \frac{\partial}{\partial x}(-x) = -1$$

であるから,(4.19) をみたさず,完全微分方程式ではない。関数 $\frac{1}{x^2}$ を (4.28) の両辺にかけて得られる全微分方程式

$$\left(1 + \frac{y}{x^2}\right) dx - \frac{1}{x} dy = 0 \tag{4.29}$$

を調べると,

$$\frac{\partial}{\partial y}\left(1 + \frac{y}{x^2}\right) = \frac{1}{x^2}, \quad \frac{\partial}{\partial x}\left(-\frac{1}{x}\right) = \frac{1}{x^2}$$

となって,(4.29) は,完全微分方程式であることがわかる。このように,ある適当な関数 $\mu(x, y)$ をかけることで,完全微分方程式でない方程式を完全微分方程式に変換できる場合がある。このような関数 $\mu(x, y)$ は積分因子とよばれている。

定理 4.8 全微分方程式 (4.15) において,

(i) $\dfrac{P_y(x, y) - Q_x(x, y)}{Q(x, y)}$ が x のみの関数 $\varphi(x)$ ならば,$e^{\int \varphi(x)\,dx}$ は,

(4.15) の積分因子である。

(ii) $\dfrac{P_y(x, y) - Q_x(x, y)}{P(x, y)}$ が y のみの関数 $\psi(y)$ ならば,$e^{\int -\psi(y)\,dy}$ は,

(4.15) の積分因子である。

証明 ここでは,(i) のみを証明する。方程式 (4.15) の両辺に $e^{\int \varphi(x)\,dx}$ をかけて

$$\left(e^{\int \varphi(x)\,dx} P(x, y)\right) dx + \left(e^{\int \varphi(x)\,dx} Q(x, y)\right) dy = 0 \tag{4.30}$$

として (4.19) が成立するかどうかを確認する。まず,

$$\frac{\partial}{\partial y}\left(e^{\int \varphi(x)\ dx}P(x,y)\right) = e^{\int \varphi(x)\ dx}P_y(x,y) \tag{4.31}$$

となる。一方，(i) の仮定から

$$\frac{\partial}{\partial x}\left(e^{\int \varphi(x)\ dx}Q(x,y)\right) = \varphi(x)e^{\int \varphi(x)\ dx}Q(x,y) + e^{\int \varphi(x)\ dx}Q_x(x,y)$$

$$= e^{\int \varphi(x)\ dx}\left(\varphi(x)Q(x,y) + Q_x(x,y)\right)$$

$$= e^{\int \varphi(x)\ dx}\left(P_y(x,y) - Q_x(x,y) + Q_x(x,y)\right)$$

$$= e^{\int \varphi(x)\ dx}P_y(x,y) \tag{4.32}$$

を得る。したがって，(4.31), (4.32) より (4.19) が成立することが示された。同様の方法で，(ii) も証明できる。　□

例 4.6　全微分方程式

$$(y-x)y^2dx + (xy^2-1)dy = 0 \tag{4.33}$$

の一般解を求めよ。

解答　$P(x,y) = (y-x)y^2, Q(x,y) = xy^2 - 1$ とおく。方程式 (4.27) が，完全微分方程式であるかを調べる。

$$\frac{\partial P(x,y)}{\partial y} = 3y^2 - 2xy, \quad \frac{\partial Q(x,y)}{\partial x} = y^2$$

であるから，(4.33) は，完全微分方程式ではない。

$$\frac{P_y(x,y) - Q_x(x,y)}{Q(x,y)} = \frac{3y^2 - 2xy - y^2}{xy^2 - 1} = \frac{2y(y-x)}{xy^2 - 1}$$

は，x のみの関数にはならないが，

$$\frac{P_y(x,y) - Q_x(x,y)}{P(x,y)} = \frac{2y(y-x)}{(y-x)y^2} = \frac{2}{y}$$

は, y のみの関数である。方程式 (4.33) に, 定理 4.8 の (ii) を適用する。上記の考察から, $\psi(y) = \dfrac{2}{y}$ なので, 積分因子は, $e^{\int -\psi(y)\,dy} = e^{\int -\frac{2}{y}\,dy} = \dfrac{1}{y^2}$ である。したがって, (4.33) の両辺に $\dfrac{1}{y^2}$ をかけて

$$(y - x)dx + \left(x - \frac{1}{y^2}\right) dy = 0 \tag{4.34}$$

とすれば, (4.34) は, 完全微分方程式になる。実際, $\dfrac{\partial(y - x)}{\partial y} = 1$, $\dfrac{\partial\left(x - \frac{1}{y^2}\right)}{\partial x} = 1$ である。ここで, $y - x$, $x - \dfrac{1}{y^2}$ の定義域に含まれる点として $(0, 1)$ を選んで, 定理 4.7 の (4.24) を適用すれば,

$$\int_0^x (y - s)ds + \int_1^y \left(0 - \frac{1}{t^2}\right) dt = C_0$$

を得る。左辺の積分を計算すれば。

$$\left[ys - \frac{s^2}{2}\right]_{s=0}^{s=x} + \left[\frac{1}{t}\right]_{t=1}^{t=y} = xy - \frac{x^2}{2} - 1 + \frac{1}{y}$$

となる。したがって, 求める解は

$$xy - \frac{x^2}{2} + \frac{1}{y} = C$$

である。ここで, $C = C_0 + 1$ は, 任意定数である。　◁

▥▥▥▥ 学びの広場 ― 演習問題 **4** ▥▥▥▥▥▥▥▥▥▥▥▥▥▥▥▥▥▥▥

1. 以下の 2 変数関数の偏導関数を求めよ。

　　(1) $f(x, y) = x^3 - 4x^2y - y^2$

　　(2) $f(x, y) = e^{x+y} - \cos(x - y)$

2. 以下の完全微分方程式の一般解を求めよ。

　(1)　$(x^2 - 2y)dx + (y^2 - 2x + 1)dy = 0$

　(2)　$(e^x \cos y + 2e^y \cos x)dx + (2e^y \sin x - e^x \sin y)dy = 0$

3. 完全微分方程式

$$\left(2xy + \frac{1}{y^2} \right) dx + \left(x^2 - \frac{2x}{y^3} \right) dy = 0$$

　の初期条件 $x = 1,\ y = 1$ をみたす解を求めよ。

4. 全微分方程式

$$y(2 + 3y)dx + x(1 + 3y)dy = 0$$

　を積分因子を用いて一般解を求めよ。

5 | 数理モデル

《目標＆ポイント》 自然現象や社会現象を数理的に表現する方法としての微分方程式を学習する。具体例を通して，微分方程式で記述される数理科学モデルの構成法を紹介する。ここでは，生物個体群の成長モデル，放射性物質の崩壊モデル，物体の落下モデル，電気回路のモデルなどを考察する。また，関数のグラフの特徴を利用して記述される微分方程式も学習する。

《キーワード》 数理モデル，生物個体群の成長モデル，マルサス方程式，ロジスティック方程式，1階微分方程式の応用

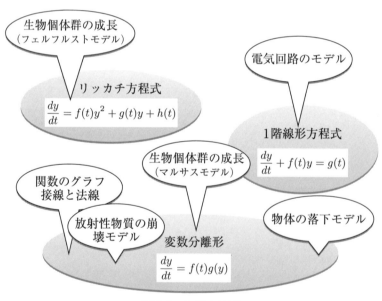

図 5.1　5章の地図

5.1　変数分離形の応用

　この節では，2.2 節で学習した変数分離形 (2.1) で記述される数理モデルを紹介する。まず，ある量 y について，時間 t に対して変化する速度が，自分自身に比例する現象を考える。この現象は，独立変数を t，未知関数を $y = y(t)$ とみて，変数分離形の微分方程式

$$\frac{dy}{dt} = ky \tag{5.1}$$

によって，表されるとしてよい。ここで，k は比例定数である。定理 2.1 の (2.2) を用いて求積すれば，$y(t) \not\equiv 0$ の場合の解については，

$$\int \frac{1}{y}\, dy = \int k\, dt = kt + \tilde{C}, \quad \tilde{C} \text{ は任意定数}$$

を経て

$$y(t) = Ce^{kt} \tag{5.2}$$

を得る。ここで，$C = \pm e^{\tilde{C}}$ である。この式で $C = 0$ とおきかえた場合を $y(t) \equiv 0$ の場合とみなせば，(5.2) が (5.1) の一般解としてよい。初期条件「$t = t_0$ のとき，$y = y_0$」すなわち，

$$y(t_0) = y_0 \tag{5.3}$$

をみたす解を求めることにする。(5.2) より，$y_0 = y(t_0) = Ce^{kt_0}$ であるから，$C = y_0 e^{-kt_0}$ を得る。したがって，初期条件 (5.3) をみたす微分方程式 (5.1) の解は，

$$y(t) = y_0 e^{k(t-t_0)} \tag{5.4}$$

である。

例 5.1　ある生物個体群の成長モデルを考える。最も単純なものの１つ
としてマルサス[1]によるものがある。もし，食料（えさ）が十分に供給さ
れ，敵もいなければ，その個体数の増加率は，個体群の数に比例すると
考えられ，時間 t における個体数を $y(t)$ とすれば，このモデルは，(5.1)
によって記述されると考えられる。この場合，比例定数 k は，

$$k = 出生率 - 死亡率$$

としてよい。また，初期条件は，$t_0 \geqq 0$, $y_0 > 0$ としてよい。比例定数
の仮定が $k > 0$ のもとでは，$y(t)$ が増加することが (5.4) によって示され
る。したがって，この生物個体群は，指数関数的に成長することになる。
実際，$y(t)$ は，$t \to \infty$ のとき，正の無限大に発散する。一方，何らかの
理由で $k < 0$ である場合は，初期条件によらず，$y(t)$ が減少することが
(5.4) によって示される。したがって，この場合は，指数関数的に衰退す
ることになる。実際，$y(t)$ は，$t \to \infty$ のとき，0 に収束する。　　◁

例 5.2　ある放射性物質は，崩壊の割合が放射性物質の量に比例する。時
間 t におけるこの物質の量を $y(t)$ とすれば，このモデルは，$k = -\lambda$ とし
て (5.1) の形の微分方程式

$$\frac{dy}{dt} = -\lambda y, \ \lambda > 0$$

によって記述されると考えられる。時刻 $t = 0$ におけるこの物質の量を
M として，この物質の量が半分 $\frac{M}{2}$ になるまでの時間を求めたい。半分
になる時刻を T とすれば，(5.4) より，

$$\frac{M}{2} = Me^{-\lambda T}$$

---

1)　Thomas Robert Malthus, 1766–1834, イギリス

であるから，$T = \dfrac{\log 2}{\lambda}$ となる。λ は崩壊定数ともよばれ，放射性物質に固有の数値である。また，T は半減期とよばれ，崩壊定数に反比例することがわかる。実際に，古い建造物の年代測定に放射性炭素が応用されている。　◁

　方程式 (5.1) は，(2.1) における右辺の $f(x)$ が定数で，右辺は x に無関係な形をしていた。このように，右辺が y のみの関数である場合，すなわち，

$$\frac{dy}{dt} = g(y) \tag{5.5}$$

を自励系という。ある量 y の，時間 t に対して変化する割合が，自分自身によって表される現象については，自励系の方程式 (5.5) によって記述されるとしてよい。この場合は，$\dfrac{1}{g(y)}$ の原始関数を求める操作が解を求めることにつながる。以下では具体例をあげながら考察していくことにする。

例 5.3　例 5.1 で，生物個体群の成長モデルを取り扱った。例 5.1 では，個体数の増加率は個体群の数に比例するとして，(5.1) の形の微分方程式を採用した。ここでは，個体数の増加率は，個体群の数に依存するという考え方を継承して，成長モデルが，自励系の方程式

$$\frac{dy}{dt} = \beta y^\alpha \tag{5.6}$$

に従うとして考察する。ここで，$\alpha > 0$, $\beta \neq 0$ は定数である。定数 $\alpha = 1$ の場合は例 5.1 に相当するので，ここでは $\alpha \neq 1$ を仮定し，初期条件「$t = 0$ のとき $y = M > 0$」となる解を求めることにする。このとき，$y(t) \not\equiv 0$ であるから，(2.2) より一般解は，

$$\int \frac{1}{y^\alpha}\,dy = \int \beta\,dt = \beta t + C, \quad C \text{ は任意定数}$$

となる。上式の左辺は，$\displaystyle\int \frac{1}{y^\alpha}\,dy = \frac{1}{1-\alpha}y^{1-\alpha}$ であるから，求める解は，

$$y(t) = ((1-\alpha)\beta t + (1-\alpha)C)^{\frac{1}{1-\alpha}}$$

と表せる。初期条件をみたすように $C = \dfrac{M^{1-\alpha}}{1-\alpha}$ とすれば，求める解は

$$y(t) = \left((1-\alpha)\beta t + M^{1-\alpha}\right)^{\frac{1}{1-\alpha}} \tag{5.7}$$

である。

以下で，$\beta = 1$ に固定して，(i) $0 < \alpha < 1$ と (ii) $\alpha > 1$ の場合に分けて考察する。

(i) $0 < \alpha < 1$ の場合は，生物個体群の成長モデルが個体数の増加に伴って増殖の割合が抑えられるモデルとみることができる。実際に，(5.7) において，$M = 2$，$\alpha = \dfrac{1}{2}$ として描いたグラフは，図 5.2 のようになる。時間 t についての増加関数であり，$t \to \infty$ のとき，無限大に発散するが，指数関数と比べて，増大が緩慢になることがわかる。

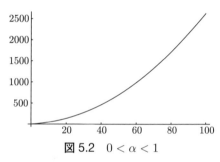

図 5.2　$0 < \alpha < 1$

(ii) $\alpha > 1$ の場合は，個体数の増加に伴って，さらに増殖の割合が増えるモデルと考えられる。しかしながら，(5.7) から，

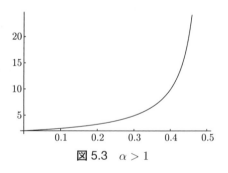

図 5.3　$\alpha > 1$

$t = \dfrac{M^{1-\alpha}}{\alpha - 1}$ において，正の無限大に爆発的に増加しているモデルになっていることがわかる。実際に，(5.7) において，$M = 2, \alpha = 2$ として描いたグラフは図 5.3 のようになり，$t \to \dfrac{1}{2} - 0$ のとき，無限大に発散している。　◁

例 5.4　ある物体が垂直に落下する現象を考える。このとき，物体は速さの 2 乗に比例する抵抗力を受ける。物体の質量を m，落下距離 x のときの速さを $y = y(x)$，抵抗力を ky^2，k は定数とすると，この運動は自励系の微分方程式

$$\frac{dy}{dx} = \frac{mg - ky^2}{my} \tag{5.8}$$

によって記述されることが知られている。ここで，g は重力加速度である。移動距離が 0 のときは，速さを 0 とする。すなわち，初期条件「$x = 0$ のとき $y = 0$」のもとで，(5.8) の解 $y(x)$ を求めることにする。対数微分の公式を意識しながら (5.8) を変形すれば

$$-\frac{m}{2k} \int \frac{-2ky}{mg - ky^2} \, dy = \int 1 \, dx$$

となる。積分を行って，

$$-\frac{m}{2k} \log(mg - ky^2) = x + \tilde{C}$$

を得る。ここで，$\tilde{C}$ は積分定数である。したがって，

$$y^2 = \frac{mg}{k} - Ce^{-\frac{2k}{m}x}, \quad C = \frac{1}{k}e^{-\frac{2k}{m}\tilde{C}} \tag{5.9}$$

初期条件「$x = 0$ のとき $y = 0$」をみたすように，(5.9) を用いて C を決めれば，$C = \dfrac{mg}{k}$ となる。以上より，求める解は，

$$y = \sqrt{\frac{mg}{k}\left(1 - e^{-\frac{2k}{m}x}\right)}$$

である。　◁

5.2　1階線形方程式の応用

この節では，3.1 節で学習した1階線形方程式

$$\frac{dy}{dt} + f(t)y = g(t) \tag{5.10}$$

を応用した数理モデルを学習する。ここでは，独立変数を t で表現しておく。定理 3.1 で紹介したように，(5.10) に関する公式は，A を積分定数として

$$y = e^{-\int f(t)\ dt} \left(\int e^{\int f(t)\ dt} g(t)\ dt + A \right) \tag{5.11}$$

である。

例 5.5　図 5.4 のような電気回路を考える。抵抗値 R の抵抗 R とインダクタンス L のコイル L を直列につないであり，電圧 $E(t)$ の交流電源がある。時刻 $t = 0$ でスイッチを入れると，t 秒後に流れる電流 $y(t)$ は，1階微分線形方程式

$$L\frac{dy}{dt} + Ry = E(t) \tag{5.12}$$

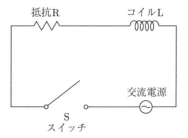

図 5.4　電気回路

で記述されることが知られている。初期条件は「$t = 0$ のとき $y = 0$」とする。

ここでは，具体的に $E(t) = K\sin t$ として，$y(t)$ を求めることにする。公式 (5.11) を利用する。$f(t) = \dfrac{R}{L}$，$g(t) = \dfrac{K}{L}\sin t$ である。まず，次の積分を考える。

$$\int e^{\int f(t)\ dt} g(t)\ dt = \int e^{\frac{R}{L}t}\frac{K}{L}\sin t\ dt = \frac{K}{L}\int e^{\frac{R}{L}t}\sin t\ dt \tag{5.13}$$

ここで，$a \neq 0$ を定数として $J_1 = \displaystyle\int e^{at} \sin t \, dt$，$J_2 = \displaystyle\int e^{at} \cos t \, dt$ とおく。部分積分を行って

$$J_1 = \int e^{at} \sin t \, dt = \frac{1}{a} e^{at} \sin t - \int \frac{1}{a} e^{at} \cos t \, dt$$
$$= \frac{1}{a} e^{at} \sin t - \frac{1}{a} J_2$$

また，

$$J_2 = \int e^{at} \cos t \, dt = \frac{1}{a} e^{at} \cos t + \int \frac{1}{a} e^{at} \sin t \, dt$$
$$= \frac{1}{a} e^{at} \cos t + \frac{1}{a} J_1$$

である。これらの式を連立させて J_1 を求めれば，

$$J_1 = \frac{e^{at}}{a^2 + 1} (a \sin t - \cos t) \tag{5.14}$$

となる。ここで，$a = \dfrac{R}{L}$ とみれば，(5.13)，(5.14) より

$$\int e^{\int f(t) \, dt} g(t) \, dt = \frac{K}{L} \frac{e^{\frac{R}{L} t}}{\left(\frac{R}{L}\right)^2 + 1} \left(\frac{R}{L} \sin t - \cos t \right)$$
$$= \frac{K}{R^2 + L^2} e^{\frac{R}{L} t} (R \sin t - L \cos t)$$

と計算できる。したがって，(5.11) から

$$y(t) = e^{-\frac{R}{L} t} \left(\frac{K}{R^2 + L^2} e^{\frac{R}{L} t} (R \sin t - L \cos t) + A \right) \tag{5.15}$$
$$= \frac{K}{R^2 + L^2} (R \sin t - L \cos t) + A e^{-\frac{R}{L} t}$$

となる。初期条件「$t = 0$ のとき $y = 0$」をみたすように，積分定数 A を定めると，$A = \dfrac{KL}{R^2 + L^2}$ である。以上より，求める解は，

$$y(t) = \frac{K}{R^2 + L^2}\left(R\sin t - L\cos t\right) + \frac{KL}{R^2 + L^2}e^{-\frac{R}{L}t}$$

となる。　◁

5.3　リッカチ方程式の応用

3.3 節で学習したように，関数 $f(t) \not\equiv 0$, $g(t)$, $h(t)$ をあたえられた関数として，リッカチ方程式

$$\frac{dy}{dt} = f(t)y^2 + g(t)y + h(t) \tag{5.16}$$

は，1 つの解が求められていれば，適当な変換でベルヌーイ方程式に帰着される。ここでは，$\gamma(t)$ をあたえられた関数，a, b を異なる定数として

$$\frac{dy}{dt} = \gamma(t)(y - a)(y - b) \tag{5.17}$$

と表される，特別なリッカチ方程式を考察する。明らかに，定数関数 $y(t) = a$, $y(t) = b$ は (5.17) の解であるから，3.3 節で学んだ方法で求積できることがわかる。ここでは，

$$u(t) = \frac{y(t) - a}{y(t) - b} \tag{5.18}$$

とおいて，(5.17) を u の方程式に書き換えることを考える。実際，

$$\frac{du}{dt} = \frac{a - b}{(y - b)^2}\frac{dy}{dt}$$

であるから，(5.17) より

$$\frac{(y - b)^2}{a - b}\frac{du}{dt} = \gamma(t)(y - a)(y - b)$$

すなわち，

$$\frac{du}{dt} = (a-b)\gamma(t)\frac{y-a}{y-b} = \tilde{\gamma}(t)u, \quad \tilde{\gamma}(t) = (a-b)\gamma(t) \tag{5.19}$$

に帰着される。この方程式は，変数分離形であるから，両辺を u で割って，さらに t で積分をすれば，$\tilde{C}$ を積分定数として $\log|u| = \int \tilde{\gamma}(t)\,dt + \tilde{C}$ となる。ここでは，$\tilde{\gamma}(t)$ の不定積分の 1 つ $\int_0^t \tilde{\gamma}(s)\,ds$ を固定して，

$$\log|u| = \int_0^t \tilde{\gamma}(s)\,ds + \tilde{C}$$

と表しておく。この式から，

$$u(t) = Ce^{\int_0^t \tilde{\gamma}(s)\,ds}, \quad C = \pm e^{\tilde{C}}$$

を得る。(5.18) を思い出して，

$$y(t) = \frac{bu(t)-a}{u(t)-1} = \frac{bCe^{\int_0^t \tilde{\gamma}(s)\,ds}-a}{Ce^{\int_0^t \tilde{\gamma}(s)\,ds}-1} \tag{5.20}$$

となる。

例 5.6 例 5.1，例 5.3 で，生物個体群の成長モデルを学習した。ともに成長を続ける場合は，常に増大の割合も増えていくモデルになっていた。しかしながら，さまざまな要因から増大の割合は抑制されることが一般的である。ここで紹介する例は，生物個体群のどこかに個体数の上限があり，時間における増大の割合はその時間における個体数にのみ依存するのではなく，上限までの増加の許容率にも比例するというものである。記号を整理しておく。時間 t における個体数を $y(t)$，この例で設定される個体数の上限を y_∞，許容率を $1 - \dfrac{y(t)}{y_\infty}$ とする。時間に依存する関数 $\beta(t)$ によって，ここでの生物個体群の成長モデルは，微分方程式

$$\frac{dy}{dt} = \beta(t)y\left(1-\frac{y}{y_\infty}\right) = \tilde{\beta}(t)y(y-y_\infty), \quad \tilde{\beta}(t) = -\frac{\beta(t)}{y_\infty} \tag{5.21}$$

によって記述されるとする。方程式 (5.21) は，リッカチ方程式 (5.17) において，$\gamma(t) = \tilde{\beta}(t)$，$a = 0$，$b = y_\infty$ としたものである。したがって，(5.19) における $\tilde{\gamma}(t)$ は，$\tilde{\gamma}(t) = \beta(t)$ である。初期条件「$t = 0$ のとき $y = M$」をあたえれば，(5.20) より，$C = \dfrac{M}{M - y_\infty}$ となる。したがって，

$$y(t) = \frac{y_\infty}{1 + \left(\frac{y_\infty}{M} - 1\right) e^{-\int_0^t \tilde{\gamma}(s)\,ds}}, \quad \tilde{\gamma}(t) = \beta(t) \tag{5.22}$$

となる。この成長モデルはフェルフルスト[2]モデルとよばれ，また，(5.21) の形のリッカチ方程式は，ロジスティック方程式とよばれている。図 5.5 は，$M = 2$，$y_\infty = 10$，$\beta(t) \equiv 1$ として描いたグラフである。　◁

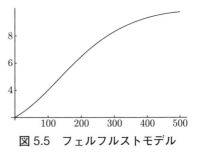

図 5.5　フェルフルストモデル

5.4　関数のグラフからの問題

この章の最後に，関数のグラフの特徴から定義される 2 つの自励系の方程式について紹介をする。

関数 $f(x)$ は，a で微分可能とし，点 $P(a, f(a))$ における接線と法線を考える。法線とは，点 P を通り，この点での接線と直交する直線のことである。ここでは，点 P での接線が x 軸と平行になる場合をのぞいて考察する。すなわち接線の傾き $f'(a) \neq 0$ を仮定する。このとき，$y = f(x)$ のグラフの点 $P(a, f(a))$ での接線と法線の方程式は，それぞれ

$$y = f'(a)(x - a) + f(a) \tag{5.23}$$

---

2)　Pierre-François Verhulst，1804–1849，ベルギー

$$y = -\frac{1}{f'(a)}(x - a) + f(a), \quad f'(a) \neq 0 \tag{5.24}$$

であたえられる。

例 5.7 点 P における接線と x 軸との交点を T とすれば，(5.23) より，T の座標は，$\left(a - \frac{f(a)}{f'(a)}, 0\right)$ となる。線分 PT の長さ ℓ は，

$$\ell = \sqrt{\left(a - \frac{f(a)}{f'(a)} - a\right)^2 + (0 - f(a))^2} = \sqrt{\left(\frac{f(a)}{f'(a)}\right)^2 + f(a)^2} \tag{5.25}$$

と表される。一般に，ℓ は，関数 $f(x)$ と P の座標に依存して決まる。ここでは，P の座標に依存せず ℓ が一定になるような関数 $y = f(x)$ を求めることを問題意識とする。このような関数は (5.25) から，微分方程式

$$(y')^2 = \frac{y^2}{\ell^2 - y^2} \tag{5.26}$$

をみたすことがわかる。以下では，$y > 0$ を仮定して，微分方程式 (5.26) を解くことを考える。グラフによる考察と (5.26) より，$0 < y < \ell$ であり，

$$y' = -\frac{y}{\sqrt{\ell^2 - y^2}}, \quad x > 0 \tag{5.27}$$

$$y' = \frac{y}{\sqrt{\ell^2 - y^2}}, \quad x < 0 \tag{5.28}$$

であることが理解される。まずは，(5.27) を解くことを考える。

$$\int \frac{\sqrt{\ell^2 - y^2}}{y} \, dy = -\int 1 \, dx = -x + C \tag{5.29}$$

と変形する。左辺の不定積分については，$t = \sqrt{\ell^2 - y^2}$ とおいて置換積分を行う。このとき，

$$t^2 = \ell^2 - y^2, \quad \frac{dy}{dt} = -\frac{t}{y}, \quad \frac{t - \ell}{t + \ell} = -\left(\frac{\ell - \sqrt{\ell^2 - y^2}}{y}\right)^2 \tag{5.30}$$

が成り立ち，

$$\int \frac{\sqrt{\ell^2 - y^2}}{y}\, dy = \int \frac{t}{y}\left(-\frac{t}{y}\right)\, dt$$

$$= -\int \frac{t^2}{y^2}\, dt$$

$$= \int \left(1 - \frac{\ell^2}{\ell^2 - t^2}\right)\, dt$$

$$= t + \ell^2 \int \frac{1}{t^2 - \ell^2}\, dt$$

$$= t + \frac{\ell}{2} \int \left(\frac{1}{t - \ell} - \frac{1}{t + \ell}\right)\, dt$$

$$= t + \frac{\ell}{2} \log\left|\frac{t - \ell}{t + \ell}\right|$$

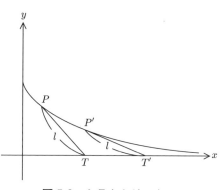

図 5.6　トラクトリックス

となる。これと (5.29), (5.30) を用いて，$\ell - t > 0$ に注意して，

$$\sqrt{\ell^2 - y^2} + \ell \log\left(\frac{\ell - \sqrt{\ell^2 - y^2}}{y}\right) = -x + C \tag{5.31}$$

を得る。ここで，C は積分定数である。あたえられた条件から y が限りなく ℓ に近づくとき，x は 0 に限りなく近づくから，条件をみたす (5.31) の積分定数 C は，0 でなければならない。

　同様に，$x < 0$ の場合も議論をすることで，求める解は

$$x = -\sqrt{\ell^2 - y^2} - \ell \log\left(\frac{\ell - \sqrt{\ell^2 - y^2}}{y}\right), \quad x > 0$$

$$x = \sqrt{\ell^2 - y^2} + \ell \log\left(\frac{\ell - \sqrt{\ell^2 - y^2}}{y}\right), \quad x < 0$$

となり，$x > 0$ のときのグラフは図 5.6 のようになる[3]。　◁

---

3)　この曲線は，トラクトリックス，または犬曲線などとよばれている。後者のよび名は，犬の首に長さ ℓ のリードをつけて，直線の道から ℓ だけ離れたところにいる犬を歩きながら引っ張るときの曲線であることに由来している。

例 **5.8** 点 P における法線と x 軸との交点を N とすれば，(5.24) より，N の座標は $\left(a + f(a)f'(a), 0\right)$ となる。点 $H(a,0)$ と N との距離 ℓ は，$|f(a)f'(a)|$ である[4]。点 P の座標に依存せず，ℓ が一定になるような関数 $y = f(x)$ を求める。このような関数は微分方程式

$$|y'y| = \ell \tag{5.32}$$

をみたす。ここでは，$y > 0, y' > 0$ である解を求めることにする。このとき，$yy' > 0$ であるから，(5.32) は，$y'y = \ell$ となる。両辺を x で積分すれば，$\dfrac{y^2}{2} = \ell x + \tilde{C}$，すなわち，

$$y^2 = 2\ell x + C, \quad C = 2\tilde{C} \tag{5.33}$$

を得る。　◁

　微分方程式の自然科学・社会学などへの応用は，枚挙にいとまがない。このほかの数理モデルに興味のある読者は，たとえば，巻末の関連図書 [11]，[35] などを参考にされるとよい。

▏▎▎▎▎▎ 学びの広場 — 演習問題 **5** ▎▎▎▎▎▎▎▎▎▎▎▎▎▎▎▎▎▎▎▎▎▎▎▎▎▎▎

1. 以下の自励系の微分方程式の一般解を求めよ。

　　(1) $\dfrac{dy}{dx} = y^2 + 9$　　　　(2) $\dfrac{dy}{dx} = \sqrt{y^2 - 4}$

2. 以下の微分方程式の一般解を求めよ。

　　(1) $\dfrac{dy}{dx} = xy(y - 1)$　　　(2) $\dfrac{dy}{dx} = (y^2 - 1)\cos x$

3. ある種のバクテリアの増加率は時刻 t での個体数 $y(t)$ の平方根に比例する。このバクテリアがはじめの 4 時間で 3 倍になるとすると，16 時間後には何倍になるか。

4. 接線と x 軸との交点の x 座標が常に，接点の x 座標の 2 倍になる関数で，グラフが点 $(2,2)$ を通る関数を求めよ。

---

[4] NH の長さを，点 P における曲線 $y = f(x)$ の法線影という。

6 | 高階線形微分方程式

《目標＆ポイント》 高階線形微分方程式についての概論を述べる。一般論として，微分作用素，関数の1次独立性などを学習する。線形同次方程式の解の存在と一意性，1次独立性や基本解の性質を学ぶ。また，ロンスキー行列式を用いた一次独立性の判定法や微分方程式の構成法を説明する。

《キーワード》 高階微分方程式，微分作用素，1次独立性，ロンスキー行列式，基本解

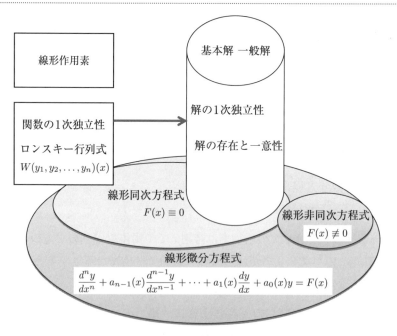

図 6.1　6 章の地図

6.1　一般的性質

独立変数を x, 未知関数を $y = y(x)$ として, 微分方程式

$$\frac{d^n y}{dx^n} + a_{n-1}(x)\frac{d^{n-1}y}{dx^{n-1}} + \cdots + a_1(x)\frac{dy}{dx} + a_0(x)y = F(x) \qquad (6.1)$$

を考える。ここで, $a_j(x)$, $j = 0, 1, \ldots, n-1$, $F(x)$ は, あたえられた関数とする。微分方程式 (6.1) は, 未知関数とその j 階導関数 $j = 1, 2, \ldots, n$ に関して線形 (1 次式) であり, 最も階数の高い導関数の階数は n であるから, n 階線形常微分方程式である。$F(x) \equiv 0$ であるとき, (6.1) は同次であるといい, $F(x) \not\equiv 0$ であるとき, (6.1) は非同次であるという。この節では, 微分方程式の解に限らず, 一般的性質として, 線形作用素と関数の 1 次独立性について述べることにする。

6.1.1　線形作用素

関数 $f(x)$ はある区間において微分可能とする。関数 $f(x)$ を微分して導関数 $f'(x) = \dfrac{df}{dx} = \dfrac{d}{dx}f$ を求めることは, 「関数 f に対して, 関数 $\dfrac{d}{dx}f$ を対応させる」ことであって, $\dfrac{d}{dx}$ は 1 つの演算を表しているとみることができる。このように, 任意の関数 f に対して, 1 つの関数 Tf を対応させる T を作用素, もしくは, 演算子とよぶ。特に, $D = \dfrac{d}{dx}$ を微分演算子という。

2 つの演算子 T, U に対して, 演算子としての和と積を考える。まず, 和に関して $T + U$ を, 任意の関数 f に対して,

$$(T + U)f = Tf + Uf \qquad (6.2)$$

を対応させる演算子と定義する。次に, 積に関して TU を, 任意の関数 f に対して,

$$(TU)f = T(Uf) \qquad (6.3)$$

を対応させる演算子と定義する。ここで，(6.3) の右辺は，まず関数 f に演算子 U を作用させて Uf を考え，さらに Uf に対して演算子 T を作用させて $T(Uf)$ をつくることを意味している。演算子 T を続けて f に作用させる場合は，(6.3) において $U = T$ とみて $T^2 f = (TT)f = T(Tf)$ と表すことにする。同様に，自然数 n に対して，n 回続けて f に T を作用させる演算子は T^n と書くことにする。微分演算子 D を f に n 回作用させることは，f の n 階導関数を求めることであるから，$D^n f = \dfrac{d^n f}{dx^n} = f^{(n)}$ である。

　関数 $a(x)$ を考えて，任意の関数 f に対して $a(x)$ 倍，すなわち，$a(x)f$ をつくり，f に対して $a(x)f$ を対応させる操作では，関数 $a(x)$ を 1 つの演算子とみなすことができる。関数 $a(x)$ は定数関数でもよい。演算子 $T = a(x)D^n$ を f に作用させるということは，f の n 階導関数を求め，$a(x)$ 倍するということであるから，$Tf = a(x)D^n f = a(x)f^{(n)}$ となる。ここでは，$a(x)D^n$ のような微分演算子 D の関数を微分作用素とよぶことにする。微分作用素

$$L = D^n + a_{n-1}(x)D^{n-1} + \cdots + a_1(x)D + a_0(x) \tag{6.4}$$

を導入すると，微分方程式 (6.1) は，

$$Ly = F(x) \tag{6.5}$$

と表すことができる。微分作用素 L の定義から，任意の定数 α, β と任意の関数 f, g に対して

$$L(\alpha f + \beta g) = \alpha Lf + \beta Lg \tag{6.6}$$

が成り立つ。すなわち，微分作用素 L は線形性をもっていることがわかる。このように，(6.6) をみたす作用素を線形作用素という。

6.1.2　関数の 1 次独立性

区間 I 上で定義された関数 $f_1(x), f_2(x), \dots, f_n(x), n \geqq 2$ が 1 次独立であるとは，$C_1, C_2, \cdots, C_n$ を定数として，関係式

$$C_1 f_1(x) + C_2 f_2(x) + \cdots + C_n f_n(x) = 0 \tag{6.7}$$

が，任意の $x \in I$ に対して成立するのは，$C_1 = C_2 = \cdots = C_n = 0$ の場合に限る，ということである。関数 $f_1(x), f_2(x), \dots, f_n(x), n \geqq 2$ が 1 次独立でないとき，1 次従属であるという。すなわち，少なくとも 2 つの $C_j \neq 0, 1 \leqq j \leqq n$ があって，関係式 (6.7) が任意の $x \in I$ に対して成立することである。特に，$n = 2$ の場合は，一方が他方の定数倍にならないときが 1 次独立で，ある定数に対して，一方が他方の定数倍になるとき 1 次従属である。また，関数 $f_1(x), f_2(x), \dots, f_n(x)$ に対して，(6.7) の左辺のように，それぞれの関数の定数倍の和を $f_1(x), f_2(x), \dots, f_n(x)$ の 1 次結合とよぶ。

例 6.1　以下の関数の組はそれぞれ，1 次独立である。

（i）　$e^{\alpha x}, e^{\beta x}, \ \alpha \neq \beta$

（ii）　$e^{\alpha x}, xe^{\alpha x}$

（iii）　$\cos ax, \sin ax, \ a$ 定数

（iv）　$x^m, x^n, \ m \neq n$　$\lhd$

上の例でわかるように，$n = 2$ の場合の 1 次独立性・従属性の判定は比較的容易であるが，$n \geqq 3$ の場合には，上記の定義にもとづく関数の 1 次独立性・従属性の判定は必ずしも容易ではない。以下で，1 次独立性・従属性の判定に有効な定理を紹介する。準備として，ロンスキー行列式とよばれる関数行列式を用意する。関数 $f_1(x), f_2(x), \dots, f_n(x)$ は，区間 I において，少なくとも $n - 1$ 回微分可能とする。

$$W(f_1, f_2, \ldots, f_n)(x)$$

$$= \begin{vmatrix} f_1(x) & f_2(x) & \cdots & f_n(x) \\ f_1'(x) & f_2'(x) & \cdots & f_n'(x) \\ f_1''(x) & f_2''(x) & \cdots & f_n''(x) \\ \vdots & \vdots & \ddots & \vdots \\ f_1^{(n-1)}(x) & f_2^{(n-1)}(x) & \cdots & f_n^{(n-1)}(x) \end{vmatrix} \quad (6.8)$$

定理 6.1　$W(f_1, f_2, \ldots, f_n)(x) \not\equiv 0$ ならば，$f_1(x), f_2(x), \ldots, f_n(x)$ は，1 次独立である。

関数 $f_1(x), f_2(x), \ldots, f_n(x)$ が 1 次従属とすると，行列式の性質を用いれば，$W(f_1, f_2, \ldots, f_n)(x) \equiv 0$ が得られるが，ここでは，定義にもとづいた証明をあたえておく。

定理 6.1 の証明　関係式 (6.7) の両辺を $n-1$ 回微分して，

$$\begin{cases} C_1 f_1(x) + C_2 f_2(x) + \cdots + C_n f_n(x) = 0 \\ C_1 f_1'(x) + C_2 f_2'(x) + \cdots + C_n f_n'(x) = 0 \\ \cdots \quad\quad \cdots \quad\quad \cdots \quad\quad \cdots \\ C_1 f_1^{(n-1)}(x) + C_2 f_2^{(n-1)}(x) + \cdots + C_n f_n^{(n-1)}(x) = 0 \end{cases} \quad (6.9)$$

仮定の $W(f_1, f_2, \ldots, f_n)(x) \not\equiv 0$ より，ある $W(f_1, f_2, \ldots, f_n)(x_0) \neq 0$ をみたす x_0 が存在する。したがって，(6.9) に x_0 を代入して得られる $C_1, C_2, \ldots, C_n$ についての連立方程式の解は，$C_1 = C_2 = \cdots = C_n = 0$ のみである。以上より，$f_1(x), f_2(x), \ldots, f_n(x)$ は，1 次独立である。　□

|||||||||| **学びのノート 6.1** ||||||||||||||||||||||||||||||||||||||||||||||||

一般に, $f_1(x), f_2(x), \ldots, f_n(x)$ は 1 次独立であっても, $W(f_1, f_2, \ldots, f_n)(x) \not\equiv 0$ とはいえない[1]。たとえば,

$$f_1(x) = \begin{cases} 0, & -1 < x < 0 \\ x^2, & 0 \leqq x < 1 \end{cases}, \quad f_2(x) = \begin{cases} x^2, & -1 < x < 0 \\ 0, & 0 \leqq x < 1 \end{cases}$$

とすれば, 関数 $f_1(x), f_2(x)$ は区間 $(-1, 1)$ において微分可能であり, 1 次独立である。実際,

$$C_1 f_1(x) + C_2 f_2(x) = \begin{cases} C_2 x^2, & -1 < x < 0 \\ C_1 x^2, & 0 \leqq x < 1 \end{cases}$$

となり, $C_1 f_1(x) + C_2 f_2(x) = 0$ とすれば, $C_1 = C_2 = 0$ となる。

一方, $W(f_1, f_2)(x)$ は任意の x に対して,

$$\begin{cases} W(f_1, f_2)(x) = \begin{vmatrix} 0 & x^2 \\ 0 & 2x \end{vmatrix} = 0, & -1 < x \leqq 0 \\[4mm] W(f_1, f_2)(x) = \begin{vmatrix} x^2 & 0 \\ 2x & 0 \end{vmatrix} = 0, & 0 \leqq x < 1 \end{cases}$$

であるから, 区間 $(-1, 1)$ において, $W(f_1, f_2)(x) \equiv 0$ である。

|||||||||||||||||||||||||||||||||||||||||||||||||||||||||||||||||||||||||||||

|||||||||| **学びの抽斗 6.1** |||||||||||||||||||||||||||||||||||||||||||||||||

関数の 1 次独立性の学習に, ロンスキー行列式が登場してきた。微分方程式に限らず線形の関数方程式を扱う際には, 行列式の計算がしばし

---

1)　いいかえれば, $W(f_1, f_2, \ldots, f_n)(x) \equiv 0$ であっても必ずしも $f_1(x), f_2(x), \ldots, f_n(x)$ は 1 次従属とはいえない。

ば必要になる。次の，ファンデルモンド（Vandermonde）行列式は有用なので，知識の抽斗に入れておくとよい。

$$
\begin{vmatrix}
1 & 1 & \cdots & 1 \\
x_1 & x_2 & \cdots & x_n \\
x_1^2 & x_2^2 & \cdots & x_n^2 \\
\vdots & \vdots & \ddots & \vdots \\
x_1^{n-1} & x_2^{n-1} & \cdots & x_n^{n-1}
\end{vmatrix}
= \prod_{1 \leqq k < j \leqq n} (x_j - x_k) \tag{6.10}
$$

各 $x_j, j = 1, 2, \ldots, n$ が互いに異なるのであれば，ファンデルモンド行列式の値は 0 にならないことが理解できる。

例 6.2 $\lambda_1, \lambda_2, \ldots, \lambda_n, n \geq 2$ は相異なる数とする。このとき，$f_1(x) = e^{\lambda_1 x}, f_2(x) = e^{\lambda_2 x}, \ldots, f_n(x) = e^{\lambda_n x}$ は 1 次独立である。実際，学びの抽斗 6.1 の (6.10) を利用することで，任意の x に対して，

$$
W(f_1, f_2, \ldots, f_n)(x) =
\begin{vmatrix}
e^{\lambda_1 x} & e^{\lambda_2 x} & \cdots & e^{\lambda_n x} \\
\lambda_1 e^{\lambda_1 x} & \lambda_2 e^{\lambda_2 x} & \cdots & \lambda_n e^{\lambda_n x} \\
\lambda_1^2 e^{\lambda_1 x} & \lambda_2^2 e^{\lambda_2 x} & \cdots & \lambda_n^2 e^{\lambda_n x} \\
\vdots & \vdots & \ddots & \vdots \\
\lambda_1^{n-1} e^{\lambda_1 x} & \lambda_2^{n-1} e^{\lambda_2 x} & \cdots & \lambda_n^{n-1} e^{\lambda_n x}
\end{vmatrix}
$$

$$
= e^{(\lambda_1 + \lambda_2 + \cdots + \lambda_n)x}
\begin{vmatrix}
1 & 1 & \cdots & 1 \\
\lambda_1 & \lambda_2 & \cdots & \lambda_n \\
\lambda_1^2 & \lambda_2^2 & \cdots & \lambda_n^2 \\
\vdots & \vdots & \ddots & \vdots \\
\lambda_1^{n-1} & \lambda_2^{n-1} & \cdots & \lambda_n^{n-1}
\end{vmatrix}
$$

$$= e^{(\lambda_1 + \lambda_2 + \cdots + \lambda_n)x} \prod_{1 \leqq k < j \leqq n} (\lambda_j - \lambda_k) \neq 0$$

となるから，定理 6.1 によって，関数 $f_1(x) = e^{\lambda_1 x}$, $f_2(x) = e^{\lambda_2 x}, \ldots,$ $f_n(x) = e^{\lambda_n x}$ は，1 次独立であることが示される。　◁

6.2　線形同次微分方程式

この節では，(6.1) が線形同次微分方程式

$$\frac{d^n y}{dx^n} + a_{n-1}(x)\frac{d^{n-1} y}{dx^{n-1}} + \cdots + a_1(x)\frac{dy}{dx} + a_0(x)y = 0 \tag{6.11}$$

である場合を取り扱う。ここでは，係数 $a_j(x), j = 0, 1, \ldots, n-1$ に連続性を仮定しておく。(6.4) であたえられる微分作用素 L を用いた表現は，$Ly = 0$ である。

定理 6.2　線形同次微分方程式 (6.11) の解の 1 次結合は，(6.11) の解である。

証明　関数 $y_1(x), y_2(x), \ldots, y_m(x)$ を (6.11) の解とし，これらの 1 次結合を $y(x) = C_1 y_1(x) + C_2 y_2(x) + \cdots + C_m y_m(x)$ とおく。ここで，$C_1, C_2, \ldots,$ C_m は定数である。微分作用素 L の性質 (6.6) から

$$\begin{aligned} Ly &= L(C_1 y_1 + C_2 y_2 + \cdots + C_m y_m) \\ &= C_1 Ly_1 + C_2 Ly_2 + \cdots + C_m Ly_m \end{aligned} \tag{6.12}$$

である。関数 $y_j(x), j = 1, 2, \ldots, m$ は，線形微分同次方程式 (6.11) の解であるから，$Ly_j = 0, j = 1, 2, \ldots, m$ である。したがって，(6.12) より，$Ly = 0$ を得る。　□

次に述べる線形同次微分方程式の解の存在と一意性についての定理は，基本解の定義に不可欠であるが，証明は 15 章の学習を必要とする[2]。ここでは，定理の主張のみを述べることにする。

定理 6.3 線形同次微分方程式 (6.11) において，係数 $a_j(x)$, $j = 0, 1, \ldots,$ $n-1$ は，区間 I において連続であるとする。x_0 を I の内部の点とする。初期条件

$$y(x_0) = b_0,\ y'(x_0) = b_1, \ldots,\ y^{(n-1)}(x_0) = b_{n-1} \tag{6.13}$$

をみたす (6.11) の解は一意的に存在する。

▐▐▐▐▐ **学びのノート 6.2** ▐▐▐▐▐▐▐▐▐▐▐▐▐▐▐▐▐▐▐▐▐▐▐▐▐▐▐▐▐▐▐▐▐▐▐▐▐▐

恒等的に 0 である関数 $\eta(x) \equiv 0$ は，明らかに (6.11) の解であり，$\eta(x_0) = \eta'(x_0) = \cdots = \eta^{(n-1)}(x_0) = 0$ をみたす。定理 6.3 から，初期条件 $y(x_0) = y'(x_0) = \cdots = y^{(n-1)}(x_0) = 0$ をみたす解は $y(x) \equiv 0$ に限る。

線形同次微分方程式 (6.11) の n 個の解からなるロンスキー行列式は，1 階線形同次微分方程式をみたすことが示される。

定理 6.4 $y_1(x), y_2(x), \ldots, y_n(x)$ は (6.11) の解とする。このとき，$W(x) = W(y_1, y_2, \ldots, y_n)(x)$ は微分方程式

$$\frac{dW}{dx} + a_{n-1}(x)W = 0 \tag{6.14}$$

をみたす。

証明 行列式の定義 (1.54) から，

---

2) 学びの扉 15.1 を参照のこと。

$$W(y_1, y_2, \ldots, y_n)(x) = \sum_{\sigma \in S_n} \varepsilon(\sigma) y_{\sigma(1)} y'_{\sigma(2)} \cdots y^{(n-1)}_{\sigma(n)}$$

である。ゆえに，

$$\frac{dW}{dx} = \frac{d}{dx} \left(\sum_{\sigma \in S_n} \varepsilon(\sigma) y_{\sigma(1)} y'_{\sigma(2)} \cdots y^{(n-1)}_{\sigma(n)} \right)$$

$$= \sum_{\sigma \in S_n} \varepsilon(\sigma) y'_{\sigma(1)} y'_{\sigma(2)} \cdots y^{(n-1)}_{\sigma(n)} + \sum_{\sigma \in S_n} \varepsilon(\sigma) y_{\sigma(1)} y''_{\sigma(2)} y''_{\sigma(3)} \cdots y^{(n-1)}_{\sigma(n)}$$

$$+ \cdots + \sum_{\sigma \in S_n} \varepsilon(\sigma) y_{\sigma(1)} y'_{\sigma(2)} \cdots y^{(n-2)}_{\sigma(n-1)} y^{(n)}_{\sigma(n)}$$

$$= \begin{vmatrix} y'_1 & \cdots & y'_n \\ y'_1 & \cdots & y'_n \\ y''_1 & \cdots & y''_n \\ \vdots & \ddots & \vdots \\ y^{(n-1)}_1 & \cdots & y^{(n-1)}_n \end{vmatrix} + \begin{vmatrix} y_1 & \cdots & y_n \\ y''_1 & \cdots & y''_n \\ y''_1 & \cdots & y''_n \\ \vdots & \ddots & \vdots \\ y^{(n-1)}_1 & \cdots & y^{(n-1)}_n \end{vmatrix}$$

$$+ \cdots + \begin{vmatrix} y_1 & \cdots & y_n \\ y'_1 & \cdots & y'_n \\ \vdots & \ddots & \vdots \\ y^{(n-2)}_1 & \cdots & y^{(n-2)}_n \\ y^{(n)}_1 & \cdots & y^{(n)}_n \end{vmatrix}$$

すなわち，

$$\frac{dW}{dx} = \begin{vmatrix} y_1 & \cdots & y_n \\ y'_1 & \cdots & y'_n \\ \vdots & \ddots & \vdots \\ y^{(n-2)}_1 & \cdots & y^{(n-2)}_n \\ y^{(n)}_1 & \cdots & y^{(n)}_n \end{vmatrix} \tag{6.15}$$

となる。関数 $y_j(x)$, $j = 1, 2, \ldots, n$ は，(6.11) の解なので，(6.15) の第 n 行に $y_j^{(n)} = -a_{n-1}(x)y_j^{(n-1)} - a_{n-2}(x)y_j^{(n-2)} - \cdots - a_0(x)y_j$, $j = 1, 2, \ldots, n$ を代入すれば，行列式の性質から

$$\frac{dW}{dx}$$

$$= \begin{vmatrix} y_1 & \cdots & y_n \\ y_1' & \cdots & y_n' \\ \vdots & \ddots & \vdots \\ y_1^{(n-2)} & \cdots & y_n^{(n-2)} \\ -a_{n-1}(x)y_1^{(n-1)} - \cdots - a_0(x)y_1 & \cdots & -a_{n-1}(x)y_n^{(n-1)} - \cdots - a_0(x)y_n \end{vmatrix}$$

$$= -a_{n-1}(x)\begin{vmatrix} y_1 & \cdots & y_n \\ y_1' & \cdots & y_n' \\ \vdots & \ddots & \vdots \\ y_1^{(n-2)} & \cdots & y_n^{(n-2)} \\ y_1^{(n-1)} & \cdots & y_n^{(n-1)} \end{vmatrix} = -a_{n-1}(x)W(y_1, \cdots, y_n)$$

を得る。上式は，(6.14) にほかならない。 □

============ 学びのノート 6.3 ============

区間 I で (6.11) を考える。$y_1(x), y_2(x), \ldots, y_n(x)$ を (6.11) の I における解とする。定理 6.4 の (6.14) から，$x_0 \in I$ を内部の点とすると，$W(x) = W(y_1, y_2, \ldots, y_n)(x)$ は，

$$W(x) = W(x_0)e^{-\int_{x_0}^{x} a_{n-1}(t)\,dt} \tag{6.16}$$

と表すことができる。この式から，(6.11) の解からなるロンスキー行列式 $W(y_1, y_2, \ldots, y_n)(x)$ は I において恒等的に 0 になるか，零点[3]をもた

---
3) $W(x) = 0$ をみたす x のこと。

ないかのいずれかである。(6.16) はアーベル[4]の公式とよばれている。

定理 6.5　線形同次微分方程式 (6.11) の n 個の解 $y_1(x), y_2(x), \ldots, y_n(x)$
が 1 次独立であることと $W(x) = W(y_1, y_2, \ldots, y_n)(x) \not\equiv 0$ は同値である。

証明　定理 6.1 から，$W(x) = W(y_1, y_2, \ldots, y_n)(x) \not\equiv 0$ ならば，$y_1(x)$,
$y_2(x), \ldots, y_n(x)$ は 1 次独立である。したがって，$W(x) \equiv 0$ を仮定して
$y_1(x), y_2(x), \ldots, y_n(x)$ が 1 次従属であることを示せばよい。x_0 を 1 つと
る。$W(x_0) = W(y_1, y_2, \ldots, y_n)(x_0) = 0$ であるから，$C_1, C_2, \ldots, C_n$ につ
いての連立方程式

$$
\begin{cases}
C_1 y_1(x_0) + C_2 y_2(x_0) + \cdots + C_n y_n(x_0) = 0 \\
C_1 y_1'(x_0) + C_2 y_2'(x_0) + \cdots + C_n y_n'(x_0) = 0 \\
\quad \cdots \qquad \cdots \qquad \cdots \qquad \cdots \\
C_1 y_1^{(n-1)}(x_0) + C_2 y_2^{(n-1)}(x_0) + \cdots + C_n y_n^{(n-1)}(x_0) = 0
\end{cases}
\tag{6.17}
$$

は，非自明な解 $(C_1, C_2, \ldots, C_n) \neq (0, 0, \ldots, 0)$ をもつ。この $C_1, C_2, \ldots,$
C_n を用いて，1 次結合 $y(x) = C_1 y_1(x) + C_2 y_2(x) + \cdots + C_n y_n(x)$ を考えれ
ば，定理 6.2 から，$y(x)$ もまた (6.11) の解で，初期条件 $y(x_0) = y'(x_0) =$
$\cdots = y^{(n-1)}(x_0) = 0$ をみたす。定理 6.3 から，このような解は $y(x) \equiv 0$
以外には存在しない。したがって

$$
C_1 y_1(x) + C_2 y_2(x) + \cdots + C_n y_n(x) \equiv 0
$$

となり，$y_1(x), y_2(x), \ldots, y_n(x)$ が 1 次従属であることが示された。　□

---

4)　Niels Henrik Abel, 1802–1829, ノルウェー

線形同次微分方程式 (6.11) の 1 次独立な n 個の解の組 $y_1(x), y_2(x), \ldots,$ $y_n(x)$ を (6.11) の基本解という。基本解の組は一意的に定まるわけではない。次の定理は重要である。

定理 6.6 線形同次微分方程式 (6.11) の任意の解は基本解の 1 次結合で表される。

証明 基本解を $y_1(x), y_2(x), \ldots, y_n(x)$ として固定する。任意の (6.11) の解を $y(x)$ とする。定理 6.5, 学びのノート 6.3 より, 任意の x に対して, $W(y_1, y_2, \ldots, y_n)(x) \neq 0$ であるから, $C_1(x), C_2(x), \ldots, C_n(x)$ についての連立方程式

$$\begin{cases} C_1(x)y_1(x) + C_2(x)y_2(x) + \cdots + C_n(x)y_n(x) = y(x) \\ C_1(x)y_1'(x) + C_2(x)y_2'(x) + \cdots + C_n(x)y_n'(x) = y'(x) \\ \quad \cdots \qquad \cdots \qquad \cdots \qquad \cdots \qquad \cdots \qquad \cdots \\ C_1(x)y_1^{(n-1)}(x) + C_2(x)y_2^{(n-1)}(x) + \cdots + C_n(x)y_n^{(n-1)}(x) \\ \hspace{8cm} = y^{(n-1)}(x) \end{cases}$$

$$(6.18)$$

は, 非自明な解 $(C_1(x), C_2(x), \ldots, C_n(x)) \neq (0, 0, \ldots, 0)$ をもつ。この $C_1(x), C_2(x), \ldots, C_n(x)$ がすべて x に依存しない定数であることが示されれば, 定理は示されたことになる。(6.18) の第 1 式の両辺を微分すれば,

$$\begin{aligned} C_1'(x)y_1(x) + C_2'(x)y_2(x) + \cdots + C_n'(x)y_n(x) \\ + C_1(x)y_1'(x) + C_2(x)y_2'(x) + \cdots + C_n(x)y_n'(x) = y'(x) \end{aligned}$$

である。これと (6.18) の第 2 式をあわせれば,

$$C_1'(x)y_1(x) + C_2'(x)y_2(x) + \cdots + C_n'(x)y_n(x) = 0$$

となる。さらに，(6.18) の第 2 式の両辺を微分して第 3 式とあわせれば，

$$C_1'(x)y_1'(x) + C_2'(x)y_2'(x) + \cdots + C_n'(x)y_n'(x) = 0$$

を得る。同様に，(6.18) の第 j, $j = 1, 2, \ldots, n-1$ 式の両辺を微分して第 $j+1$ 式とあわせる操作を行うことで

$$
\begin{cases}
C_1'(x)y_1(x) + C_2'(x)y_2(x) + \cdots + C_n'(x)y_n(x) = 0 \\
C_1'(x)y_1'(x) + C_2'(x)y_2'(x) + \cdots + C_n'(x)y_n'(x) = 0 \\
\cdots \quad \cdots \quad \cdots \quad \cdots \quad \cdots \quad \cdots \\
C_1'(x)y_1^{(n-2)}(x) + C_2'(x)y_2^{(n-2)}(x) + \cdots + C_n'(x)y_n^{(n-2)}(x) \\
\hphantom{C_1'(x)y_1^{(n-2)}(x) + C_2'(x)y_2^{(n-2)}(x) + \cdots + C_n'(x)} = 0
\end{cases}
\tag{6.19}
$$

を得る。(6.18) の第 n 式（最後の式）から，

$$
C_1'(x)y_1^{(n-1)}(x) + C_2'(x)y_2^{(n-1)}(x) + \cdots + C_n'(x)y_n^{(n-1)}(x)
$$
$$
+ C_1(x)y_1^{(n)}(x) + C_2(x)y_2^{(n)}(x) + \cdots + C_n(x)y_n^{(n)}(x) = y^{(n)}(x) \quad (6.20)
$$

を得る。関数 $y(x)$ は，(6.11) の解であるから，(6.18) であたえられる $y(x), y'(x), \ldots, y^{(n-1)}(x)$ の表現と (6.20) にある $y^{(n)}(x)$ の表現を (6.11) へ代入すれば，$y_j(x), j = 1, 2, \ldots, n$ が (6.11) の解であることから，

$$
C_1'(x)y_1^{(n-1)}(x) + C_2'(x)y_2^{(n-1)}(x) + \cdots + C_n'(x)y_n^{(n-1)}(x) = 0 \quad (6.21)
$$

が導かれる。(6.19) の第 1 式から第 $n-1$ 式に (6.21) を加えて得られる n 個の式を $C_1'(x), C_2'(x), \ldots, C_n'(x)$ についての連立方程式とみれば，$W(y_1, y_2, \ldots, y_n)(x) \neq 0$ であることから，

$$C_1'(x) = C_2'(x) = \cdots = C_n'(x) = 0$$

を得る。したがって，$C_1(x), C_2(x), \ldots, C_n(x)$ は定数である。 □

▭▭▭▭ **学びのノート 6.4** ▭▭▭▭

証明の中で示した，基本解の 1 次結合 $y(x) = C_1 y_1(x) + C_2 y_2(x) + \cdots + C_n y_n(x)$ は，線形同次微分方程式 (6.11) の一般解になっている。また，任意の解がこの表現で書かれることから，(6.11) は特異解をもたないことがわかる。

例 6.3 2 階線形同次微分方程式

$$\frac{d^2 y}{dx^2} + y = 0 \tag{6.22}$$

は，1 次独立な解 $y_1(x) = \cos x$, $y_2(x) = \sin x$ をもつ。実際，$y_1(x), y_2(x)$ が解であることは自明であろう。また，1 次独立性については，

$$W(y_1, y_2)(x) = \begin{vmatrix} \cos x & \sin x \\ (\cos x)' & (\sin x)' \end{vmatrix} = \cos^2 x + \sin^2 x = 1 \neq 0$$

から，定理 6.5 より確かめられる。方程式 (6.22) は定数係数であるから，任意の実数 α に対して，$y_1(x+\alpha), y_2(x+\alpha)$ もまた (6.22) の解になっている。特に，$\phi(x) = \cos(x+\alpha)$ は解である。定理 6.2 から，任意の定数 C_1, C_2 に対して，1 次結合 $C_1 y_1(x) + C_2 y_2(x)$ もまた解である。特に，$C_1 = \cos\alpha$, $C_2 = -\sin\alpha$ とした関数 $\psi(x) = \cos\alpha\cos x - \sin\alpha\sin x$ は (6.22) の解である。ここで，$\phi(-\alpha) = 1$ であり，$\psi(-\alpha) = \cos^2\alpha + \sin^2\alpha = 1$ である。さらに，$\phi'(x) = -\sin(x+\alpha)$, $\psi'(x) = -\cos\alpha\sin x - \sin\alpha\cos x$, なので $\phi'(-\alpha) = \psi'(-\alpha) = 0$ とあわせれば，定理 6.3 によって 2 つの解 $\phi(x)$ と $\psi(x)$ は一致する。これは，三角関数の余弦の加法定理

$$\cos(x + \alpha) = \cos x \cos \alpha - \sin x \sin \alpha$$

にほかならない。　◁

例 6.4　あたえられた n 個の関数 $\varphi_1(x), \varphi_2(x), \dots, \varphi_n(x)$ を解にもつ n 階線形同次微分方程式は,

$$W(y, \varphi_1, \varphi_2, \dots, \varphi_n) = 0 \tag{6.23}$$

から構成することができる。実際，行列式の性質から $\varphi_j, j = 1, 2, \dots, n$ が解であることは自明であり，行列式は $n + 1$ 次であるから $y, y', \dots, y^{(n)}$ について線形であることも理解できる。たとえば，e^x, $x + e^x$ を解にもつ 2 階線形同次微分方程式であれば,

$$W(y, e^x, x + e^x) = \begin{vmatrix} y & e^x & x + e^x \\ y' & (e^x)' & (x + e^x)' \\ y'' & (e^x)'' & (x + e^x)'' \end{vmatrix} = -e^x((x-1)y'' - xy' + y) = 0$$

であるから，(6.11) の形に表せば

$$\frac{d^2 y}{dx^2} - \frac{x}{x-1}\frac{dy}{dx} + \frac{1}{x-1}y = 0 \tag{6.24}$$

となる。$W(e^x, x + e^x) = \begin{vmatrix} e^x & x + e^x \\ (e^x)' & (x + e^x)' \end{vmatrix} = e^x(1 - x)$ であるから，$x = 1$ を含まない区間 I では，e^x, $x + e^x$ は (6.24) の基本解になっている。また，I では (6.24) の係数も連続であることが確認できる。　◁

6.3　線形非同次微分方程式

この節では，(6.1) が線形非同次微分方程式

$$\frac{d^n y}{dx^n} + a_{n-1}(x)\frac{d^{n-1}y}{dx^{n-1}} + \cdots + a_1(x)\frac{dy}{dx} + a_0(x)y = F(x) \qquad (6.25)$$

$F(x) \not\equiv 0$ である場合を取り扱う。ここでも，係数 $a_j(x), j = 0, 1, \ldots, n-1$ に連続性を仮定しておく。また，(6.4) における微分作用素 L を用いた表現は，$Ly = F$ となる。

線形非同次微分方程式 (6.25) を取り扱う場合は，右辺を 0 とおいた線形同次微分方程式 (6.11) を (6.25) の随伴方程式と称して，あわせて考察することが有効である。

定理 6.7　線形非同次微分方程式 (6.25) が特殊解をもつとする。このとき，任意の (6.25) の解は，随伴方程式の基本解の 1 次結合と特殊解の和で表される。

この定理から，線形非同次微分方程式 (6.25) の一般解は，$\varphi(x)$ を特殊解，$y_1(x), y_2(x), \ldots, y_n(x)$ を随伴方程式の基本解として

$$y(x) = C_1 y_1(x) + C_2 y_2(x) + \cdots + C_n y_n(x) + \varphi(x)$$

と表すことができる。

定理 6.7 の証明　任意の (6.25) の解を $y(x)$，特殊解を $\varphi(x)$ とおく。関数 $u(x) = y(x) - \varphi(x)$ を考える。微分作用素 L を (6.4) で定義されたものとすると，(6.25) より $Ly = F$, $L\varphi = F$ なので

$$Lu = L(y - \varphi) = Ly - L\varphi = F - F = 0$$

これは，$u(x)$ が (6.25) の随伴方程式の解であることを示している。定理 6.6 によって，$u(x)$ は随伴方程式の基本解の 1 次結合で表すことができる。したがって，定理は証明された。　□

■■■■ **学びの扉 6.1** ■■■

　本章では，ロンスキー行列式が関数の 1 次独立性を示すことに有効であることを学習した。この学びの扉では，ロンスキー行列式に関係する性質を紹介する。関数 $f_1(x), f_2(x), \ldots, f_n(x), g(x)$ は，少なくとも n 回微分可能とし，$b_1, b_2, \ldots, b_n$ は定数とする。ロンスキー行列式 $W(f_1, f_2, \ldots, f_n)(x)$ の第 $j+1$ 行 $(f_1^{(j)}, f_2^{(j)}, \ldots, f_n^{(j)})$ を $(f_1^{(n)}, f_2^{(n)}, \ldots, f_n^{(n)})$ におきかえた関数行列式を $W_j^*(f_1, f_2, \ldots, f_n)(x)$ と書くことにする。このとき，以下の等式 (i)～(iv) が成り立つ[5]。

(ⅰ)　$\displaystyle W(b_1 f_1, b_2 f_2, \ldots, b_n f_n)(x) = \prod_{j=1}^{n} b_j \cdot W(f_1, f_2, \ldots, f_n)(x)$

(ⅱ)　$W(g f_1, g f_2, \ldots, g f_n)(x) = g^n W(f_1, f_2, \ldots, f_n)(x)$

(ⅲ)　$\displaystyle W(f_1, f_2, \ldots, f_n)(x) = f_1^n W\left(\left(\frac{f_2}{f_1}\right)', \ldots, \left(\frac{f_n}{f_1}\right)'\right)(x)$

(ⅳ)　$\displaystyle \frac{d}{dx} W(f_1, f_2, \ldots, f_n)(x) = W_{n-1}^*(f_1, f_2, \ldots, f_n)(x)$

　証明に関しては，微分演算と行列式の性質から導かれる部分が多いが，ここでは省略する。ただし，(iv) は，定理 6.4 の証明の中で登場した (6.14) に相当する。

■■■ ■

■■■■ **学びの広場 ―** **演習問題** **6** ■■■

1. 以下の関数のロンスキー行列式を計算せよ。

　(1) x^m, x^n　　　　　　　　　(2) $e^{\alpha x}, x e^{\alpha x}$

---

　5) 証明などの詳細は，たとえば，巻末の関連図書 [5] などを参照のこと。

2. 以下の関数を解にもつ線形同次微分方程式を構成せよ。

   (1) $x,\, x^2$ (2) $e^x,\, e^{x^2}$

3. 2階線形同次微分方程式 $\dfrac{d^2y}{dx} + y = 0$ を利用して，三角関数の正弦の加法定理 $\sin(x+\alpha) = \sin x \cos\alpha + \cos x \sin\alpha$ を証明せよ。

4. $x > 0$ とする。 $x,\, x\log x,\, x^2$ を解にもつ3階線形同次微分方程式を構成せよ。

7 │ 2階線形微分方程式

《**目標＆ポイント**》 2階線形微分方程式の基本性質を理解する。ここでは，ある形の2階線形微分方程式の一般解の求め方として，定数変化法，階数降下法，独立変数の変換を学ぶ。また，2階線形微分方程式とリッカチ方程式との関係や基本解の積・商のみたす微分方程式を紹介する。

《**キーワード**》 2階線形微分方程式，定数変化法，階数降下法，独立変数の変換，基本解の積・商

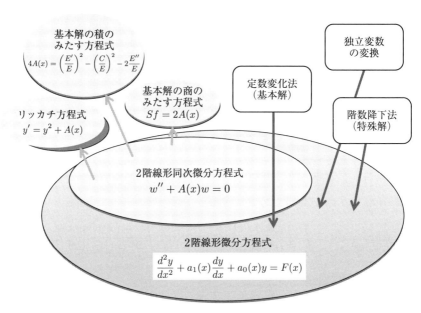

図 7.1　7 章の地図

本章では，線形微分方程式 (6.1) において，$n = 2$ の場合

$$\frac{d^2y}{dx^2} + a_1(x)\frac{dy}{dx} + a_0(x)y = F(x) \tag{7.1}$$

について考察する。ここで紹介する内容は，2 階の方程式に特有な性質，(6.1) においても一般論が展開できるが計算などが複雑になるもの，数理モデルとして登場するものなどを紹介していく。この章においても，(7.1) が線形同次微分方程式でないとき，すなわち $F(x) \not\equiv 0$ であるときは，(7.1) の随伴方程式

$$\frac{d^2y}{dx^2} + a_1(x)\frac{dy}{dx} + a_0(x)y = 0 \tag{7.2}$$

が重要な役割を演じる。また，6 章で定義した関数 $f_1(x)$, $f_2(x)$ のロンスキー行列式

$$W(f_1, f_2)(x) = \begin{vmatrix} f_1(x) & f_2(x) \\ f_1'(x) & f_2'(x) \end{vmatrix} = f_1(x)f_2'(x) - f_1'(x)f_2(x) \tag{7.3}$$

は，(7.3) の右辺のように具体的な形で登場してくる。

7.1　定数変化法

定理 7.1　2 階線形微分方程式 (7.1) において，随伴方程式 (7.2) の基本解 $y_1(x)$, $y_2(x)$ が既知であるとする。このとき，(7.1) は解

$$\varphi(x) = y_2(x)\int \frac{y_1(x)F(x)}{W(y_1, y_2)(x)}\, dx - y_1(x)\int \frac{y_2(x)F(x)}{W(y_1, y_2)(x)}\, dx \tag{7.4}$$

をもつ。

定理 6.7 とあわせることで，(7.1) の一般解は，$C_1 y_1(x) + C_2 y_2(x) + \varphi(x)$ として求められる。ここで，C_1, C_2 は任意定数である。

　3.1 節では，1 階の線形非同次微分方程式の随伴方程式の一般解 (3.3) の定数部分 C を関数 $\phi(x)$ におきかえて，$\phi(x)$ を求める方法（定数変化法）を学習した。

定理 7.1 の証明　求める (7.1) の解を

$$\varphi(x) = \phi_1(x)y_1(x) + \phi_2(x)y_2(x) \tag{7.5}$$

とおく。ここで，$\phi_j(x), j = 1, 2$ は，2 回微分可能な関数で

$$\phi_1'(x)y_1(x) + \phi_2'(x)y_2(x) = 0 \tag{7.6}$$

をみたすと仮定しておく[1]。(7.5) を微分して，(7.6) を用いると，

$$\varphi'(x) = \phi_1'(x)y_1(x) + \phi_2'(x)y_2(x) + \phi_1(x)y_1'(x) + \phi_2(x)y_2'(x)$$
$$= \phi_1(x)y_1'(x) + \phi_2(x)y_2'(x)$$

となる。さらに微分して，

$$\varphi''(x) = \phi_1'(x)y_1'(x) + \phi_2'(x)y_2'(x) + \phi_1(x)y_1''(x) + \phi_2(x)y_2''(x)$$

を得る。これらの $\varphi(x), \varphi'(x), \varphi''(x)$ の表現を (7.1) に代入すれば，

$$\phi_1(x)\big(y_1''(x) + a_1(x)y_1'(x) + a_0(x)y_1(x)\big)$$
$$+ \phi_2(x)\big(y_2''(x) + a_1(x)y_2'(x) + a_0(x)y_2(x)\big)$$
$$+ \phi_1'(x)y_1'(x) + \phi_2'(x)y_2'(x) = F(x)$$

$y_j(x), j = 1, 2$ が随伴方程式 (7.2) の解であることから，

---

1)　(7.1) の特殊解を少なくとも 1 つ構成することが問題意識にある。ここでは，(7.6) をみたす $\phi_j, j = 1, 2$ から構成する。

$$\phi_1'(x)y_1'(x) + \phi_2'(x)y_2'(x) = F(x) \tag{7.7}$$

となる。関係式, (7.6), (7.7) を $\phi_1'(x)$, $\phi_2'(x)$ の連立方程式とみれば, $W(y_1, y_2)(x)$ が 0 をもたないことから, クラメル[2]の公式[3]を適用して,

$$\phi_1'(x) = -\frac{y_2(x)F(x)}{W(y_1, y_2)(x)}, \quad \phi_2'(x) = \frac{y_1(x)F(x)}{W(y_1, y_2)(x)} \tag{7.8}$$

を得る。これらの式を積分し, (7.5) に代入すれば, (7.4) が得られる。　□

▌▌▌▌ **学びの抽斗 7.1** ▌▌

未知数 $x_1, x_2, ..., x_n$ とする n 元 1 次連立方程式

$$\begin{cases} a_{11}x_1 + a_{12}x_2 + \cdots + a_{1n}x_n = b_1 \\ a_{21}x_1 + a_{22}x_2 + \cdots + a_{2n}x_n = b_2 \\ \cdots \quad\quad \cdots \quad\quad\quad \cdots \quad\quad \cdots \\ a_{n1}x_1 + a_{n2}x_2 + \cdots + a_{nn}x_n = b_n \end{cases} \tag{7.9}$$

は, 係数行列を A, b, 未知数を表す行列を x, すなわち,

$$A = \begin{pmatrix} a_{11} & a_{12} & \cdots & a_{1n} \\ a_{21} & a_{22} & \cdots & a_{2n} \\ \vdots & \vdots & \ddots & \vdots \\ a_{n1} & a_{n2} & \cdots & a_{nn} \end{pmatrix}, \quad b = \begin{pmatrix} b_1 \\ b_2 \\ \vdots \\ b_n \end{pmatrix}, \quad x = \begin{pmatrix} x_1 \\ x_2 \\ \vdots \\ x_n \end{pmatrix}$$

として,

$$Ax = b$$

と表すことができる。連立方程式 (7.9) は, A の行列式 $\det A$ を調べることで解の存在を調べることができる。実際, $\det A \neq 0$ であれば, (7.9) は

---

2) Gabriel Cramer, 1704–1752, スイス
3) 学びの抽斗 7.1, 線形代数の教科書 [19] などを参照のこと。

ただ 1 つの解の組 $x_1, x_2, \ldots, x_n$ をもつ。したがって，$\det A \neq 0$，$\boldsymbol{b} = \boldsymbol{0}$ であれば，$\boldsymbol{x} = \boldsymbol{0}$ のみが解になる。この性質は，6.2 節の定理 6.6 の証明の中でも用いられた。また，$\boldsymbol{b} = \boldsymbol{0}$ であるときに，$\det A = 0$ であれば (7.9) が非自明な解 $\boldsymbol{x} \neq \boldsymbol{0}$ をもつ。この性質は，6.2 節の定理 6.5 の証明の中でも用いられている。それでは，具体的に解 $\boldsymbol{x}$ を書き出す方法にはどのようなものがあるだろうか。以下で，$\det A \neq 0$ の場合に，$\boldsymbol{x}$ を求める方法（クラメルの公式）を紹介する。係数行列 A の第 j 列を $\boldsymbol{b}$ におきかえた行列を $A_{j\boldsymbol{b}}$ と書くことにすれば，

$$
x_j = \frac{\det A_{j\boldsymbol{b}}}{\det A} = \frac{\begin{vmatrix} a_{11} & \cdots & b_1 & \cdots & a_{1n} \\ a_{21} & \cdots & b_2 & \cdots & a_{2n} \\ \vdots & \vdots & \vdots & \vdots & \vdots \\ a_{n1} & \cdots & b_n & \cdots & a_{nn} \end{vmatrix}}{\begin{vmatrix} a_{11} & \cdots & a_{1j} & \cdots & a_{1n} \\ a_{21} & \cdots & a_{2j} & \cdots & a_{2n} \\ \vdots & \vdots & \vdots & \vdots & \vdots \\ a_{n1} & \cdots & a_{nj} & \cdots & a_{nn} \end{vmatrix}}, \quad j = 1, 2, \ldots, n \quad (7.10)
$$

である。特に，$n = 2$ の場合は，

$$
x_1 = \frac{\begin{vmatrix} b_1 & a_{12} \\ b_2 & a_{22} \end{vmatrix}}{\det A}, \quad x_2 = \frac{\begin{vmatrix} a_{11} & b_1 \\ a_{21} & b_2 \end{vmatrix}}{\det A} \tag{7.11}
$$

となる。特に，定理 7.1 の証明の中で (7.8) を導く際に，(7.11) を用いている。

▌▌▌▌ **学びの扉 7.1** ▌▌

定理 7.1 は，n 階の線形非同次微分方程式 (6.1) に対して一般化が可能である。(6.1) の随伴方程式 (6.11) の基本解を $y_1(x), y_2(x), \ldots, y_n(x)$ とする。ロンスキー行列式 $W(y_1, y_2, \ldots, y_n)(x)$ の第 j 列を列ベクトル $^t(0, 0, \ldots, F(x))^{4)}$ に入れかえて得られる行列式を $W_j(y_1, y_2, \ldots, y_n)(x)$ とすれば，(6.1) の解 $\varphi(x)$ は，

$$\varphi(x) = \sum_{j=1}^{n} y_j(x) \int \frac{W_j(y_1, y_2, \ldots, y_n)(t)}{W(y_1, y_2, \ldots, y_n)(t)} \, dt \tag{7.12}$$

と表すことができる。

▌▌▌■

例 7.1 2 階線形非同次微分方程式

$$\frac{d^2 y}{dx^2} + y = \frac{1}{\cos x} \tag{7.13}$$

の一般解を求めよ。

解答 例 6.3 で考察したように，(7.13) の随伴方程式

$$\frac{d^2 y}{dx^2} + y = 0 \tag{7.14}$$

は，基本解 $y_1(x) = \cos x$, $y_2(x) = \sin x$ をもつ。このとき，

$$W(y_1, y_2)(x) \equiv 1$$

である。定理 7.1 の (7.4) を用いて，(7.13) の 1 つの解を求めると

---

4) $^t(0, 0, \ldots, F(x))$ は $(0, 0, \ldots, F(x))$ の転置行列 $\begin{pmatrix} 0 \\ 0 \\ \vdots \\ F(x) \end{pmatrix}$ のことである。

$$\sin x \int \cos x \cdot \frac{1}{\cos x} \, dx - \cos x \int \sin x \cdot \frac{1}{\cos x} \, dx$$
$$= x \sin x + \cos x \log |\cos x|$$

したがって，(7.13) の一般解は，C_1, C_2 を任意定数として

$$C_1 \cos x + C_2 \sin x + x \sin x + \cos x \log |\cos x|$$

と表すことができる。　◁

7.2　階数降下法

随伴方程式 (7.2) の基本解が得られれば，(7.1) の一般解を記述することができることを学んだ。しかしながら，階数が 2 以上の線形同次微分方程式の基本解を見つけることは，一般には容易ではない。本節では，ある条件の下に，(7.1) の一般解を見つける方法を紹介する。

定理 7.2　2 階線形微分方程式 (7.1) は，随伴方程式 (7.2) の特殊解がわかれば，1 階線形微分方程式に帰着できる。

▩▩▩▩▩ **学びのノート** 7.1 ▩▩▩▩▩▩▩▩▩▩▩▩▩▩▩▩▩▩▩▩▩▩▩▩▩▩▩▩▩▩▩▩▩▩

未知関数や独立変数の適当な変換によって微分方程式の階数を降下させることは，問題解決のために重要であるが，一般には，必ずしも可能ではない。一方，階数を上げる操作は，未知関数の変換を行うことなく，微分計算で行うことができる。たとえば，1 階線形微分方程式 (3.1) の解 $y(x)$ が 2 階線形同次微分方程式をみたすことは計算によって確かめられる。実際，$y(x)$ は，

$$\frac{d^2 y}{dx^2} + \left(f(x) - \frac{g'(x)}{g(x)} \right) \frac{dy}{dx} + \left(f'(x) - \frac{g'(x)}{g(x)} f(x) \right) y = 0$$

をみたす。

定理 7.2 の証明　(7.2) の特殊解を $\psi(x)$ として

$$y(x) = \psi(x)u(x) \tag{7.15}$$

とおく。(7.15) より,

$$y'(x) = \psi'(x)u(x) + \psi(x)u'(x) \tag{7.16}$$

$$y''(x) = \psi''(x)u(x) + 2\psi'(x)u'(x) + \psi(x)u''(x) \tag{7.17}$$

であるから,　(7.15), (7.16), (7.17) を (7.1) へ代入して,

$$\psi(x)u''(x) + (2\psi'(x) + a_1(x)\psi(x))u'(x)$$
$$+ (\psi''(x) + a_1(x)\psi'(x) + a_0(x)\psi(x))u(x) = F(x)$$

$\psi(x)$ が随伴方程式 (7.2) の解であることから,　$u'(x) = v(x)$ と書けば,

$$v'(x) + \left(2\frac{\psi'(x)}{\psi(x)} + a_1(x)\right)v(x) = \frac{F(x)}{\psi(x)} \tag{7.18}$$

となり,　$v(x)$ についての 1 階線形微分方程式を得る。　□

例 7.2　2 階線形微分方程式

$$\frac{d^2y}{dx^2} - \frac{2}{x}\frac{dy}{dx} + \frac{2}{x^2}y = x \tag{7.19}$$

の随伴方程式は $\psi(x) = x^2$ を解にもつ。これを利用して (7.19) の一般解を求めよ。

解答　まず, 関数 $\psi(x) = x^2$ については, $\psi'(x) = 2x$, $\psi''(x) = 2$ だから, (7.19) の左辺に代入すれば 0 になる。よって, $\psi(x)$ が随伴方程式をみたすことは確かめられた。定理 7.2 の中で用いた方法によって $y(x) = x^2u(x)$,

$v(x) = u'(x)$, $a_1(x) = -\dfrac{2}{x}$ として (7.18) に対応する 1 階線形微分方程式を導くと，

$$v'(x) + \frac{2}{x}v(x) = \frac{1}{x} \tag{7.20}$$

となる。定理 3.1 の (3.5) を用いると，$e^{\int \frac{2}{x}\,dx} = x^2$, $e^{-\int \frac{2}{x}\,dx} = \dfrac{1}{x^2}$ であるから，$\tilde{C}$ を任意定数として，

$$v(x) = \frac{1}{x^2}\left(\int x^2 \cdot \frac{1}{x}\,dx + \tilde{C}\right) = \frac{1}{2} + \frac{\tilde{C}}{x^2} \tag{7.21}$$

となる。これを積分して，$u(x) = \dfrac{1}{2}x - \dfrac{\tilde{C}}{x} + C_1$ を得る。したがって，求める一般解は，

$$y(x) = x^2 u(x) = \frac{1}{2}x^3 + C_1 x^2 + C_2 x$$

となる。ここで，C_1, $C_2(= -\tilde{C})$ は任意定数である。　◁

▎▎▎▎　**学びのノート 7.2**　▏▏▏

定理 7.2 の証明で用いた方法は，階数降下法とよばれ，n 階の線形微分方程式 (6.1), $n \geqq 2$ についても適用できる。実際，随伴方程式 (6.11) の特殊解がわかれば，$n - 1$ 階線形微分方程式に帰着できる。

7.3　独立変数の変換

この節では，2 階線形微分方程式 (7.1) において，独立変数の変換によって，一般解が求積可能な微分方程式へ帰着させる方法を紹介する。独立変数を

$$t = \xi(x) \tag{7.22}$$

によって，x から t にかえると，合成関数の微分法から，

$$\frac{dy}{dx} = \frac{dy}{dt}\frac{dt}{dx} = \frac{dy}{dt}\xi'(x) \tag{7.23}$$

$$\frac{d^2y}{dx^2} = \frac{d^2y}{dt^2}\left(\frac{dt}{dx}\right)^2 + \frac{dy}{dt}\xi''(x) = \frac{d^2y}{dt^2}(\xi'(x))^2 + \frac{dy}{dt}\xi''(x) \tag{7.24}$$

となる。これらを，(7.1) に代入して，

$$\frac{d^2y}{dt^2} + \left(\frac{\xi''(x) + a_1(x)\xi'(x)}{(\xi'(x))^2}\right)\frac{dy}{dt} + \frac{a_0(x)}{(\xi'(x))^2}y = \frac{F(x)}{(\xi'(x))^2} \tag{7.25}$$

となる。変換の表現 (7.22) を

$$x = \eta(t) \tag{7.26}$$

にすると，合成関数の微分法から

$$\frac{dy}{dt} = \frac{dy}{dx}\eta'(t), \quad \frac{d^2y}{dt^2} = \frac{d^2y}{dx^2}(\eta'(t))^2 + \frac{dy}{dx}\eta''(t)$$

なので，

$$\frac{dy}{dx} = \frac{1}{\eta'(t)}\frac{dy}{dt}, \quad \frac{d^2y}{dx^2} = \frac{1}{(\eta'(t))^2}\left(\frac{d^2y}{dt^2} - \frac{\eta''(t)}{\eta'(t)}\frac{dy}{dt}\right)$$

となる。これらを，(7.1) に代入して，

$$\frac{d^2y}{dt^2} + \left(a_1(\eta(t))\eta'(t) - \frac{\eta''(t)}{\eta'(t)}\right)\frac{dy}{dt} + a_0(\eta(t))(\eta'(t))^2y$$
$$= (\eta'(t))^2 F(\eta(t)) \tag{7.27}$$

を得る。

例 7.3 2 階線形同次微分方程式

$$\frac{d^2y}{dx^2} + \tan x\frac{dy}{dx} - (\cos^2 x)y = 0 \tag{7.28}$$

の一般解を独立変数の変換 $t = \sin x$ によって求めよ。

解答　問題の指定から，(7.22) は，$t = \xi(x) = \sin x$ である。これを用いて，(7.28) の (7.25) に対応する微分方程式を求める。

$$\frac{\xi''(x) + a_1(x)\xi'(x)}{(\xi'(x))^2} = \frac{-\sin x + \tan x \cos x}{\cos^2 x} = 0$$

$$\frac{a_0(x)}{(\xi'(x))^2} = \frac{-\cos^2 x}{\cos^2 x} = -1, \quad \frac{F(x)}{(\xi'(x))^2} = 0$$

であるから，

$$\frac{d^2 y}{dt^2} - y = 0 \tag{7.29}$$

を得る。関数 e^t, e^{-t} が (7.29) をみたすことは計算で確かめられ，$W(e^t, e^{-t}) = -2 \neq 0$ であるから，定理 6.5 より，この 2 つの関数は (7.29) の基本解になる。さらに，同様の議論により，$e^{\sin x}, e^{-\sin x}$ が (7.28) の基本解になる。したがって，(7.28) の一般解は，$C_1 e^{\sin x} + C_2 e^{-\sin x}$ と表される。ここで，C_1, C_2 は任意定数である。　◁

例 7.4　2 階線形同次微分方程式

$$\frac{d^2 y}{dx^2} + \frac{\alpha}{x}\frac{dy}{dx} + \frac{\beta}{x^2}y = 0 \tag{7.30}$$

は独立変数の変換によって，定数係数 2 階線形同次微分方程式に帰着できることを示せ。ここで，α, β は定数である。

解答　ここでは，上で紹介した (7.22)，(7.26) の双方のおきかえによって検証してみることにする。まず，$t = \xi(x) = \log x$ とおく。$\xi'(x) = \dfrac{1}{x}$ であるから，

$$\frac{\xi''(x) + a_1(x)\xi'(x)}{(\xi'(x))^2} = \frac{-\frac{1}{x^2} + \frac{\alpha}{x} \cdot \frac{1}{x}}{\left(\frac{1}{x}\right)^2} = -1 + \alpha$$

$$\frac{a_0(x)}{(\xi'(x))^2} = \frac{\frac{\beta}{x^2}}{\left(\frac{1}{x}\right)^2} = \beta, \quad \frac{F(x)}{(\xi'(x))^2} = 0$$

となり，(7.25) により，(7.30) は，定数係数 2 階線形同次微分方程式

$$\frac{d^2y}{dt^2} + (\alpha - 1)\frac{dy}{dt} + \beta y = 0 \tag{7.31}$$

に帰着された。

次に，$x = \eta(t) = e^t$ とおく。$\eta'(t) = \eta''(t) = e^t$ なので，

$$a_1(\eta(t))\eta'(t) - \frac{\eta''(t)}{\eta'(t)} = \frac{\alpha}{e^t} \cdot e^t - \frac{e^t}{e^t} = \alpha - 1$$

$$a_0(\eta(t))(\eta'(t))^2 = \frac{\beta}{(e^t)^2}(e^t)^2 = \beta, \quad (\eta'(t))^2 F(\eta(t)) = 0$$

となる。したがって，(7.30) は，定数係数 2 階線形同次微分方程式 (7.31) に帰着されることが確かめられた。2 階線形同次微分方程式 (7.30) はオイラー[5]方程式とよばれている。　◁

7.4　2 階線形同次微分方程式

本節では，2 階線形同次微分方程式 (7.2) を正規化して，数学的に有用な非線形方程式との間の架け橋を紹介する。まず，(7.2) において，

$$y(x) = w(x)e^{b(x)}, \quad b(x) = -\int_{x_0}^x \frac{1}{2}a_1(t)\ dt \tag{7.32}$$

とおくと

$$\frac{dy}{dx} = \frac{dw}{dx}e^{b(x)} + w(x)\left(-\frac{1}{2}a_1(x)\right)e^{b(x)}$$

$$\frac{d^2y}{dx^2} = \frac{d^2w}{dx^2}e^{b(x)} + 2\frac{dw}{dx}\left(-\frac{1}{2}a_1(x)\right)e^{b(x)}$$

$$+ w(x)\left(-\frac{1}{2}a_1'(x) + \frac{1}{4}a_1(x)^2\right)e^{b(x)}$$

---

5) Leonhard Euler, 1707–1783, スイス

であるから，これを (7.2) に代入して整理して

$$\frac{d^2 w}{dx^2} + A(x)w = 0$$

を得る。ここで，$A(x) = a_0(x) - \frac{1}{2}a_1'(x) - \frac{1}{4}a_1(x)^2$ である。

以下では，$\frac{d^2 w}{dx^2}$ を w'' と表現することにし，正規化された 2 階線形同次微分方程式

$$w'' + A(x)w = 0 \tag{7.33}$$

を出発点として議論を進めることにする。

7.4.1　リッカチ方程式との関係

定理 7.3　2 階線形同次微分方程式 (7.33) の解を $w(x)$ とする。このとき，$-\dfrac{w'(x)}{w(x)}$ は，リッカチ方程式をみたす。

証明　$y(x) = -\dfrac{w'(x)}{w(x)}$ とおけば，(7.33) より $w''(x) = -A(x)w(x)$ なので

$$y'(x) = \left(-\frac{w'(x)}{w(x)}\right)' = -\frac{w''(x)}{w(x)} + \left(\frac{w'(x)}{w(x)}\right)^2$$
$$= A(x) + y(x)^2$$

となる。したがって，$y(x)$ は，リッカチ方程式

$$y' = y^2 + A(x) \tag{7.34}$$

をみたす。実際，(7.34) は，(3.14) において，$f(x) \equiv 1$, $g(x) \equiv 0$ とした形になっている。　□

|||||| 学びのノート 7.3 ||||||||||||||||||||||||||||||||||||||||||||||||||||||||||

7.2 節で学習した方法を用いると，(7.33) の 1 つの非自明な解 $w(x)$ がわかるとすれば，(7.18) より，他の解 $\tilde{w}(x)$ は，$\tilde{w}(x) = w(x)u(x)$,

$$u''(x) + 2\frac{w'(x)}{w(x)}u'(x) = u''(x) - 2y(x)u'(x) = 0 \qquad (7.35)$$

で記述できる。リッカチ方程式 (7.34) の解 $y(x)$ から始めると，2 階線形同次微分方程式 (7.33) の解 $w(x)$, $\tilde{w}(x) = w(x)u(x)$ は，$-\dfrac{w'(x)}{w(x)} = y(x)$, $\dfrac{u''(x)}{u'(x)} = 2y(x)$ で記述されることになる。ちなみに，$\tilde{w}(x)$ を $w(x)$ で表すと，C を任意定数として，

$$\tilde{w}(x) = w(x) \int_{x_0}^{x} \frac{C}{w(t)^2} \, dt \qquad (7.36)$$

となる。

7.4.2 基本解の積のみたす微分方程式

2 階線形同次微分方程式 (7.33) が基本解 $w_1(x)$, $w_2(x)$ をもつとする。このとき，定理 6.5 より $W(w_1, w_2)(x) \not\equiv 0$ である。さらに，定理 6.4 の (6.14) から，$a_1(x) \equiv 0$ なので，$W'(w_1, w_2)(x) \equiv 0$ となり，$W(w_1, w_2)(x)$ は定数であることが示される。ここでは，この値を C とおくことにする。

定理 7.4 2 階線形微分方程式 (7.33) の基本解を $w_1(x)$, $w_2(x)$ とする。このとき，積 $E(x) = w_1(x)w_2(x)$ は，非線形微分方程式

$$4A(x) = \left(\frac{E'}{E}\right)^2 - \left(\frac{C}{E}\right)^2 - 2\frac{E''}{E} \qquad (7.37)$$

をみたす[6]。

証明 簡単のため $y_j = -\dfrac{w_j'}{w_j}$, $j = 1, 2$ とおく。$E = w_1 w_2$ であるから，

$$\frac{E'}{E} = \frac{w_1'}{w_1} + \frac{w_2'}{w_2} = -y_1 - y_2 \qquad (7.38)$$

---

6) (7.37) は，バンク－ライネ恒等式とよばれている。

である。また,

$$y_1 - y_2 = -\frac{w_1'}{w_1} + \frac{w_2'}{w_2} = \frac{-w_1'w_2 + w_1w_2'}{w_1w_2}$$
$$= \frac{W(w_1, w_2)}{E} = \frac{C}{E} \tag{7.39}$$

である。(7.38), (7.39) を用いると,

$$2(y_1^2 + y_2^2) = \left(\frac{E'}{E}\right)^2 + \left(\frac{C}{E}\right)^2 \tag{7.40}$$

となる。一方

$$\left(\frac{E'}{E}\right)' = \frac{E''}{E} - \left(\frac{E'}{E}\right)^2$$

であり, w_1, w_2 は (7.33) の解だから

$$\left(\frac{E'}{E}\right)' = \frac{w_1''}{w_1} - y_1^2 + \frac{w_2''}{w_2} - y_2^2$$
$$= -2A(x) - (y_1^2 + y_2^2)$$

である。ゆえに,

$$\frac{E''}{E} - \left(\frac{E'}{E}\right)^2 = -2A(x) - (y_1^2 + y_2^2) \tag{7.41}$$

となる。(7.40), (7.41) から $y_1^2 + y_2^2$ を消去すれば, (7.37) を得る。　□

　定理 7.4 の仮定では, $w_1(x)$, $w_2(x)$ は 1 次独立としたが, E のかわりに $E_1(x) = w_1(x)^2$, $E_2(x) = w_2(x)^2$ を考えることもできる。この場合, 証明の中の計算は $C = 0$ となり, (7.37) で $C = 0$ とした方程式を得る。方程式 (7.37) を $4A(x)E^2 = (E')^2 - C^2 - 2E''E$ と表し, 両辺を微分すると, 3 階線形同次微分方程式

$$E''' + 4A(x)E' + 2A'(x)E = 0 \tag{7.42}$$

を得る。明らかに，E_1, E_2 もまた (7.42) の解である。実際，E_1, E_2, E は (7.42) の基本解になっている。このことは，w_1, w_2 が (7.33) をみたすことから，

$$W(E_1, E_2, E)(x)$$

$$= \begin{vmatrix} w_1^2 & w_2^2 & w_1 w_2 \\ 2w_1' w_1 & 2w_2 w_2' & w_1' w_2 + w_1 w_2' \\ 2((w_1')^2 + w_1 w_1'') & 2((w_2')^2 + w_2 w_2'') & w_1'' w_2 + 2w_1' w_2' + w_1 w_2'' \end{vmatrix}$$

$$= \begin{vmatrix} w_1^2 & w_2^2 & w_1 w_2 \\ 2w_1' w_1 & 2w_2 w_2' & w_1' w_2 + w_1 w_2' \\ 2(w_1')^2 & 2(w_2')^2 & 2w_1' w_2' \end{vmatrix}$$

$$= -2(w_1 w_2' - w_1' w_2)^3 = -2W(w_1, w_2)^3 \not\equiv 0$$

によって確かめられる。

▌▌▌▌▌▌ **学びの扉 7.2** ▌▌▌▌▌▌▌▌▌▌▌▌▌▌▌▌▌▌▌▌▌▌▌▌▌▌▌▌▌▌▌▌▌▌▌▌▌▌

方程式 (7.42) は，次の 3 階線形同次微分方程式

$$f''' + 4A(x)f' + \big(2A'(x) + b(x)\big)f = 0 \tag{7.43}$$

において $b(x) \equiv 0$ としたものである。方程式 (7.43) において $b(x)$ の符号をかえたもの

$$g''' + 4A(x)g' + \big(2A'(x) - b(x)\big)g = 0 \tag{7.44}$$

を考える。この 2 つの方程式は互いに同伴 (adjoint) であるという。同伴方程式の間には，以下のような性質がある[7]。

(i) $f_1(x)$, $f_2(x)$ が (7.43) の 1 次独立な解であれば，$W(f_1, f_2)(x)$ は

---

7) 興味のある読者は，たとえば，巻末の関連図書の [2]，[5] などを参照のこと。

(7.44) の解である。また，$g_1(x)$, $g_2(x)$ が (7.44) の 1 次独立な解であれば，$W(g_1, g_2)(x)$ は (7.43) の解である。

(ii)　$f_1(x)$, $f_2(x)$ を (7.43) の 1 次独立な解とし，$g(x) = W(f_1, f_2)(x)$ とする。このとき，任意の $f_1(x)$ と $f_2(x)$ の 1 次結合 $f(x)$ に対して，

$$\frac{f''}{f} - \frac{f'}{f}\frac{g'}{g} + \frac{g''}{g} = -2A(x) \tag{7.45}$$

が成り立つ。

方程式 (7.43)（または，(7.44)）において $b(x) \equiv 0$ であれば，(7.43) の $f_1(x)$, $f_2(x)$ に対して $W(f_1, f_2)(x)$ が再び (7.43) をみたすことになる。このような性質を自己同伴性とよぶ。2 階線形同次微分方程式の解の積から導いた 3 階線形同次微分方程式 (7.42) は，自己同伴方程式である。

7.4.3　基本解の商のみたす微分方程式

ここでは，2 階線形同次微分方程式 (7.33) の基本解 $w_1(x)$, $w_2(x)$ の商がみたす微分方程式を紹介する。準備として，ある非線形微分作用素を紹介しておく。関数 $f(x)$ に対して，$Sf = (Sf)(x)$ を，次の式で定義する。

$$Sf = \left(\frac{f''}{f'}\right)' - \frac{1}{2}\left(\frac{f''}{f'}\right)^2 = \frac{f'''}{f'} - \frac{3}{2}\left(\frac{f''}{f'}\right)^2 \tag{7.46}$$

しばしば，$(Sf)(x)$ は $\{f, x\}$ とも表現され，$f(x)$ のシュワルツ[8]微分とよばれている。シュワルツ微分は数学的に応用可能な興味深い性質を多く有しているが，ここでは，次の性質を紹介するに留める[9]。

$$S\left(\frac{af + b}{cf + d}\right) = Sf \tag{7.47}$$

---

8)　Karl Hermann Amandus Schwarz, 1843–1921, ドイツ

9)　興味のある読者は，たとえば，巻末の関連図書 [3], [5] などを参照のこと。

ここで，a, b, c, d は定数で，$ad - bc \neq 0$ である。実際，(i) $S(af) = Sf$，
(ii) $S(f + b) = Sf$ は，定義式 (7.46) から自明である。また，

$$\frac{\left(\frac{1}{f}\right)''}{\left(\frac{1}{f}\right)'} = \frac{f''}{f'} - 2\frac{f'}{f}$$

$$\left(\frac{f''}{f'} - 2\frac{f'}{f}\right)' - \frac{1}{2}\left(\frac{f''}{f'} - 2\frac{f'}{f}\right)^2 = \left(\frac{f''}{f'}\right)' - \frac{1}{2}\left(\frac{f''}{f'}\right)^2$$

から，(iii) $S\left(\frac{1}{f}\right) = Sf$ が示される。これらの 3 つの性質 (i), (ii), (iii)
から (7.47) は導かれる。特に，$f(x) = x$ であれば，$Sx = 0$ である。し
たがって，1 次分数変換に対しても，$S\left(\dfrac{ax + b}{cx + d}\right) = 0$ が成り立つ。

定理 7.5 2 階線形同次微分方程式 (7.33) の基本解を $w_1(x), w_2(x)$ とす
る。このとき，商 $h(x) = \dfrac{w_1(x)}{w_2(x)}$ は，非線形微分方程式

$$(Sh)(x) = 2A(x) \tag{7.48}$$

をみたす。

証明 7.4.2 に習い，$W(w_1, w_2)(x) = C \neq 0$ とおく。

$$h' = \left(\frac{w_1}{w_2}\right)' = \frac{w_1'w_2 - w_1w_2'}{w_2^2} = \frac{-W(w_1, w_2)}{w_2^2} = \frac{-C}{w_2^2}$$

であるから

$$\frac{h''}{h'} = (\log h')' = -2\frac{w_2'}{w_2} \tag{7.49}$$

となる。さらに，w_2 が (7.33) の解であることから

$$\left(\frac{h''}{h'}\right)' = -2\left(\frac{w_2''}{w_2} - \left(\frac{w_2'}{w_2}\right)^2\right) = 2\left(A(x) + \left(\frac{w_2'}{w_2}\right)^2\right) \tag{7.50}$$

となる。したがって，(7.49), (7.50) を用いて

$$Sh = \left(\frac{h''}{h'}\right)' - \frac{1}{2}\left(\frac{h''}{h'}\right)^2 = 2A(x)$$

を得る。 □

IIIIIIII 学びの広場 ― 演習問題 7 IIIIIIIIIIIIIIIIIIIIIIIIIIIIIIIIIIIIIIIIIIIIIII

1. 以下の各問いに答えよ。

   (1) 関数 e^x, e^{-x} が，$\dfrac{d^2y}{dx^2} - y = 0$ の基本解であることを用いて，$\dfrac{d^2y}{dx^2} - y = \sin x$ の一般解を求めよ。

   (2) 関数 $\cos x, \sin x$ が，$\dfrac{d^2y}{dx^2} + y = 0$ の基本解であることを用いて，$\dfrac{d^2y}{dx^2} + y = \tan x$ の一般解を求めよ。

2. 以下の各問いに答えよ。

   (1) 関数 $\dfrac{e^x}{x-2}$ が，$\dfrac{d^2y}{dx^2} - \dfrac{2x-6}{x-2}\dfrac{dy}{dx} + \dfrac{x-4}{x-2}y = 0$ の解であることを用いて，この方程式の一般解を求めよ。

   (2) 関数 e^{x^2} が，$\dfrac{d^2y}{dx^2} - 4x\dfrac{dy}{dx} + (4x^2 - 2)y = 0$ の解であることを用いて，この方程式の一般解を求めよ。

3. 方程式 $\dfrac{d^2y}{dx^2} + \left(4x - \dfrac{1}{x}\right)\dfrac{dy}{dx} + 4x^2y = 0$ の一般解を独立変数の変換 $t = x^2$ によって求めよ。

4. 合成関数 $g(x) = (h \circ \varphi)(x) = h(\varphi(x))$ に対して，シュワルツ微分が $Sg = (\varphi')^2 Sh + S\varphi$ となることを証明せよ。

8 定数係数線形微分方程式

《**目標&ポイント**》 定数係数線形微分方程式の一般解について説明する。まず，2 階の場合から学習し，特性方程式の使い方を体験する。特性方程式や微分作用素を通して一般論を学習する。複素数値関数解や微分演算子の計算についても解説する。

《**キーワード**》 定数係数線形微分方程式，特性方程式，微分作用素，複素数値解，演算子の計算，線形非同次微分方程式

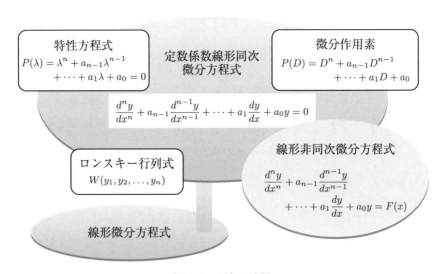

特性方程式
$$P(\lambda) = \lambda^n + a_{n-1}\lambda^{n-1} + \cdots + a_1\lambda + a_0 = 0$$

定数係数線形同次微分方程式

微分作用素
$$P(D) = D^n + a_{n-1}D^{n-1} + \cdots + a_1 D + a_0$$

$$\frac{d^n y}{dx^n} + a_{n-1}\frac{d^{n-1}y}{dx^{n-1}} + \cdots + a_1\frac{dy}{dx} + a_0 y = 0$$

ロンスキー行列式
$$W(y_1, y_2, \ldots, y_n)$$

線形非同次微分方程式
$$\frac{d^n y}{dx^n} + a_{n-1}\frac{d^{n-1}y}{dx^{n-1}} + \cdots + a_1\frac{dy}{dx} + a_0 y = F(x)$$

線形微分方程式

図 8.1　8 章の地図

8.1 特性方程式

本章では，6 章，7 章で取り扱った線形微分方程式 (6.1)，(7.1) の左辺の係数がすべて定数の場合を取り扱う。しばらくは，同次の場合を考える。係数 $a_j, j = 0, 1, \ldots, n-1$ は，あたえられた定数とし，

$$\frac{d^n y}{dx^n} + a_{n-1}\frac{d^{n-1} y}{dx^{n-1}} + \cdots + a_1\frac{dy}{dx} + a_0 y = 0 \tag{8.1}$$

において，独立変数は x，未知関数は $y = y(x)$ である。定数係数線形同次微分方程式 (8.1) に対して，n 次代数方程式

$$P(\lambda) = \lambda^n + a_{n-1}\lambda^{n-1} + \cdots + a_1\lambda + a_0 = 0 \tag{8.2}$$

を特性方程式という。また，$P(\lambda)$ を特性多項式ということにする。

定理 8.1 関数 $e^{\lambda x}$ は，線形同次微分方程式 (8.1) の解である。ここで，λ は特性方程式 (8.2) の解である。

証明 $y = e^{\lambda x}$ とおく。$y^{(k)} = \lambda^k e^{\lambda x}, k = 1, 2, \ldots, n$ であるから，

$$\frac{d^n y}{dx^n} + a_{n-1}\frac{d^{n-1} y}{dx^{n-1}} + \cdots + a_1\frac{dy}{dx} + a_0 y$$
$$= (\lambda^n + a_{n-1}\lambda^{n-1} + \cdots + a_1\lambda + a_0)e^{\lambda x} = P(\lambda)e^{\lambda x}$$

である。λ は特性方程式 (8.2) の解であるから，上式の値は 0 である。このことは，$e^{\lambda x}$ が線形同次微分方程式 (8.1) の解であることを示している。
□

例 8.1 定数係数 3 階線形微分方程式

$$\frac{d^3 y}{dx^3} + 2\frac{d^2 y}{dx^2} - \frac{dy}{dx} - 2y = 0 \tag{8.3}$$

の一般解を求めよ。

解答 方程式 (8.3) の特性方程式は，$\lambda^3 + 2\lambda^2 - \lambda - 2 = (\lambda - 1)(\lambda + 1)(\lambda + 2) = 0$ であり解 $\lambda = 1$, $\lambda = -1$, $\lambda = -2$ をもつ。定理 8.1 より，$y_1(x) = e^x$, $y_2(x) = e^{-x}$, $y_3(x) = e^{-2x}$ は，それぞれ (8.3) の解である。例 6.2 で学習したことから，$y_1(x), y_2(x), y_3(x)$ のロンスキー行列式は，0 にならず，1 次独立である。したがって，$y_1(x), y_2(x), y_3(x)$ は，(8.3) の基本解の 1 つであり，定理 6.6 によって，(8.3) の一般解 $y(x)$ は，$y_1(x)$, $y_2(x), y_3(x)$ の 1 次結合として

$$y(x) = C_1 e^x + C_2 e^{-x} + C_3 e^{-2x}$$

と表せる。ここで，C_1, C_2, C_3 は任意定数である。　◁

8.2 定数係数 2 階線形同次微分方程式

この節では，(8.1) において，$n = 2$ の場合に限定して考察する。簡単のため，$a_1 = a$, $a_0 = b$ とする。すなわち，

$$\frac{d^2 y}{dx^2} + a\frac{dy}{dx} + by = 0 \tag{8.4}$$

を考える。方程式 (8.4) に対する特性多項式は $P(\lambda) = \lambda^2 + a\lambda + b$ であり，特性方程式は，

$$P(\lambda) = \lambda^2 + a\lambda + b = 0 \tag{8.5}$$

である。特性方程式 (8.5) は，2 次方程式であるから，判別式を $\Delta = a^2 - 4b$ としておく。

定理 8.2 定数係数 2 階線形同次微分方程式 (8.4) の一般解に対して，以下のことが成り立つ。ここで登場する C_1, C_2 は任意定数である：

(i) $\Delta > 0$ とする。このとき，特性方程式 (8.5) は，異なる 2 つの実数

解 λ_1, λ_2 をもち，(8.4) の一般解 $y(x)$ は，

$$y(x) = C_1 e^{\lambda_1 x} + C_2 e^{\lambda_2 x} \tag{8.6}$$

と表される。

(ii)　$\Delta = 0$ とする。このとき，特性方程式 (8.5) は重複解 λ をもち，(8.4) の一般解 $y(x)$ は，

$$y(x) = C_1 e^{\lambda x} + C_2 x e^{\lambda x} \tag{8.7}$$

と表される。

(iii)　$\Delta < 0$ とする。このとき，特性方程式 (8.5) は共役な複素数解 $\mu + \nu i$, $\mu - \nu i$, $\nu \neq 0$ をもち，(8.4) の一般解 $y(x)$ は，

$$y(x) = C_1 e^{\mu x} \cos \nu x + C_2 e^{\mu x} \sin \nu x \tag{8.8}$$

と表される。

証明　(i) 定理 8.1，例 6.1(i) より，$y_1(x) = e^{\lambda_1 x}$, $y_2(x) = e^{\lambda_2 x}$ は，(8.4) の 1 次独立な解であり，基本解の 1 つになる。したがって，定理 6.6 によって，(8.4) の一般解 $y(x)$ は，$y_1(x), y_2(x)$ の 1 次結合として (8.6) のように表される。

(ii)　定理 8.1 より，$y_1(x) = e^{\lambda x}$ は，(8.4) の解である。以下で，条件 $\Delta = a^2 - 4b = 0$ のもとで $y_2(x) = x e^{\lambda x}$ が (8.4) の解であることを示す。実際，(8.5) より，$\lambda^2 + a\lambda + b = \lambda^2 + a\lambda + \dfrac{a^2}{4} = \left(\lambda + \dfrac{a}{2}\right)^2 = 0$ であるから，

$$2\lambda + a = 0 \tag{8.9}$$

である。また，$y_2'(x) = (1 + \lambda x)e^{\lambda x}$, $y_2''(x) = (2\lambda + \lambda^2 x)e^{\lambda x}$ であるから (8.4) の左辺を計算すれば，

$$y_2''(x) + ay_2'(x) + by_2(x) = (2\lambda + \lambda^2 x)e^{\lambda x} + a(1 + \lambda x)e^{\lambda x} + bxe^{\lambda x}$$
$$= (\lambda^2 + a\lambda + b)xe^{\lambda x} + (2\lambda + a)e^{\lambda x}$$

となる。(8.5) より，上式の右辺の第 1 項は 0 であり，(8.9) より第 2 項も 0 になる。したがって，$y_2(x)$ が (8.4) の解であることが確認された。さらに，例 6.1(ii) より，2 つの解 $y_1(x)$, $y_2(x)$ は 1 次独立であり，基本解の 1 つになる。したがって，定理 6.6 によって，(8.4) の一般解は (8.7) のように表すことができる。

(iii) 特性方程式 (8.5) より，条件 $\Delta = a^2 - 4b < 0$ に注意して

$$P(\lambda) = \left(\lambda + \frac{a}{2}\right)^2 + \frac{4b - a^2}{4} = (\lambda - \mu)^2 + \nu^2 = 0 \tag{8.10}$$

と表せる。ここで，

$$\mu = -\frac{a}{2}, \quad \nu = \frac{\sqrt{4b - a^2}}{2} \tag{8.11}$$

である。

まず，$y_1(x) = e^{\mu x}\cos\nu x$ が，(8.4) の解になっていることを示す。

$$y_1'(x) = e^{\mu x}(\mu\cos\nu x - \nu\sin\nu x)$$
$$y_1''(x) = e^{\mu x}(\mu^2\cos\nu x - 2\mu\nu\sin\nu x - \nu^2\cos\nu x)$$

これらを (8.4) の左辺に代入すれば，

$$y_1''(x) + ay_1'(x) + by_1(x)$$
$$= e^{\mu x}\left((\mu^2 - \nu^2 + a\mu + b)\cos\nu x - \nu(2\mu + a)\sin\nu x\right)$$

となる。(8.11) を用いれば，上式の $\cos\nu x$, $\sin\nu x$ の係数はともに 0 になることが確かめられる。ゆえに，$y_1(x)$ は (8.4) の解である。同様の計算

によって，$y_2(x) = e^{\mu x} \sin \nu x$ も (8.4) の解であることが示され，$y_1(x)$，$y_2(x)$ は，基本解の 1 つになる。1 次独立性については，例 6.1(iii) において考察されている。したがって，定理 6.6 によって，(8.4) の一般解は (8.8) のように表される。　□

例 8.2　定数係数 2 階線形微分方程式

$$\frac{d^2 y}{dx^2} - 6\frac{dy}{dx} + ay = 0$$

の，$a = 8, a = 9, a = 10$ のそれぞれの場合について，一般解を求めよ。

解答　特性方程式は，$\lambda^2 - 6\lambda + a = 0$ である。この例の解答の中で登場する C_1, C_2 は任意定数としておく。

$a = 8$ のとき，$\lambda^2 - 6\lambda + 8 = (\lambda - 2)(\lambda - 4) = 0$ より，$\lambda = 2, \lambda = 4$ である。したがって，定理 8.2 の (i) より，$a = 8$ の場合の一般解は

$$y(x) = C_1 e^{2x} + C_2 e^{4x}$$

である。

$a = 9$ のとき，$\lambda^2 - 6\lambda + 9 = (\lambda - 3)^2 = 0$ より，重複解 $\lambda = 3$ をもつ。したがって，定理 8.2 の (ii) より，$a = 9$ の場合の一般解は

$$y(x) = C_1 e^{3x} + C_2 x e^{3x}$$

である。

$a = 10$ のとき，$\lambda^2 - 6\lambda + 10 = 0$ より，2 つの共役複素数解 $\lambda = 3 + i$，$\lambda = 3 - i$ をもつ。したがって，定理 8.2 の (iii) より，$a = 10$ の場合の一般解は

$$y(x) = C_1 e^{3x} \cos x + C_2 e^{3x} \sin x$$

である。　◁

8.3 微分作用素と線形非同次微分方程式

6.1.1 において学習した微分演算子 $D = \dfrac{d}{dx}$ を用いて，(8.1) を (6.4) のように表現することを考える。微分演算子の k 回の積を D^k と表すことで，微分作用素を特性多項式を用いて，

$$L = P(D) = D^n + a_{n-1}D^{n-1} + \cdots + a_1 D + a_0 \tag{8.12}$$

と書いて，微分方程式 (8.1) は，

$$Ly = P(D)y = 0 \tag{8.13}$$

と表すことにする。

8.3.1 微分作用素の性質

しばらく，微分演算子 D と多項式で定義される微分作用素の性質を紹介する。多項式 $P_1(x)$, $P_2(x)$ から定まる微分作用素 $P_1(D)$, $P_2(D)$ を考える。6.1.1 の (6.3)，(6.4) で学習したように，任意の関数 f に対して，微分作用素の和と積を

$$\bigl(P_1(D) + P_2(D)\bigr)f = P_1(D)f + P_2(D)f \tag{8.14}$$

$$\bigl(P_1(D)P_2(D)\bigr)f = P_1(D)(P_2(D)f) \tag{8.15}$$

のそれぞれを対応させる微分作用素として定義する。多項式の性質と (8.15) より，

$$P_1(D)P_2(D) = P_2(D)P_1(D) \tag{8.16}$$

が成り立つことがわかる。ゆえに，(8.12) において，$P(x) = P_1(x)P_2(x)$ と因数分解されるとすれば，$P(D)y = P_1(D)\bigl(P_2(D)y\bigr) = P_2(D)\bigl(P_1(D)y\bigr)$

であるから，微分方程式 $P_1(D)y = 0$ の解も $P_2(D)y = 0$ の解も，ともに微分方程式 (8.13) の解になる。

多項式 $P_1(x)$, $P_2(x)$ が，定数以外には共通因数がない，すなわち両式を割り切る多項式は定数のみであるとき，$P_1(x)$, $P_2(x)$ は互いに素であるという。多項式 $P(x)$ の次数を $\deg P$ と書くことにする。

▰▰▰ **学びの抽斗 8.1** ▰▰▰▰▰▰▰▰▰▰▰▰▰▰▰▰▰▰▰▰▰▰▰▰▰▰▰▰▰▰▰▰▰▰▰▰▰▰▰

互いに素である 2 つの多項式 $P_1(x)$, $P_2(x)$ があるとする。このとき，適当に多項式 $Q_1(x)$, $Q_2(x)$ を選んで

$$Q_1(x)P_1(x) + Q_2(x)P_2(x) = 1 \tag{8.17}$$

とできる。一般性を失うことなく，$\deg P_1 \geqq \deg P_2$ と仮定してよい。このとき，$P_1(x) = P_2(x)H_1(x) + P_3(x)$, $\deg P_2 > \deg P_3$ と表すことができる。多項式 $H_1(x)$ は，$P_1(x)$ を $P_2(x)$ で割ったときの商であり，多項式 $P_3(x)$ は余りである。さらに，$\deg P_2 > \deg P_3$ であるから，$P_2(x) = P_3(x)H_2(x) + P_4(x)$, $\deg P_3 > \deg P_4$ と割り算を行う。この操作を繰り返して，$n = 1, 2, \ldots$ に対して

$$P_n(x) = P_{n+1}(x)H_n(x) + P_{n+2}(x), \quad \deg P_{n+1} > \deg P_{n+2} \tag{8.18}$$

を行っていく。この操作 (8.18) の反復の中で，$\deg P_n$ は狭義単調減少するので，ある番号 N があって

$$P_N(x) = P_{N+1}(x)H_N(x)$$

となる。もしも，$P_{N+1}(x)$ が非定数の多項式と仮定すると，$P_{N+1}(x)$ は，$P_N(x)$ の因数になる。このことと (8.18) から $P_{N+1}(x)$ は，$P_{N-1}(x)$ の因数でもあることになる。関係式 (8.18) を用いて，順次，さかのぼっていくと，$P_{N+1}(x)$ が，$P_2(x)$ と $P_1(x)$ の因数になることになってしまい，

138

$P_1(x)$, $P_2(x)$ が互いに素であることに矛盾する。したがって，$P_{N+1}(x)$ は定数である。簡単のため，以下では $P_{N+1} = C \neq 0$ と書く。関係式 (8.18) において $n = N-1$ とすると，$C = P_{N-1}(x) - P_N(x)H_{N-1}(x)$ であり，$n = N-2$ とすると，$P_N(x) = P_{N-2}(x) - P_{N-1}(x)H_{N-2}(x)$ であるから，

$$C = P_{N-1}(x) - P_N(x)H_{N-1}(x)$$
$$= P_{N-1}(x) - (P_{N-2}(x) - P_{N-1}(x)H_{N-2}(x))H_{N-1}(x)$$
$$= (1 + H_{N-2}(x)H_{N-1}(x))P_{N-1}(x) + (-H_{N-1}(x))P_{N-2}(x)$$

となる。すなわち，$C = R_{N-1}(x)P_{N-1}(x) + R_{N-2}(x)P_{N-2}(x)$ と表すことができる。ここで，$R_{N-1}(x)$, $R_{N-2}(x)$ は上式で具体的にあたえられる多項式である。さらに，(8.18) を用いて，$P_{N-1}(x) = P_{N-3}(x) - P_{N-2}(x)H_{N-3}(x)$ と表し，先の式とあわせて，$C = \tilde{R}_{N-2}(x)P_{N-2}(x) + \tilde{R}_{N-3}(x)P_{N-3}(x)$ となる。ここで，$\tilde{R}_{N-2}(x)$, $\tilde{R}_{N-3}(x)$ は多項式である。この操作を繰り返し行えば，ある多項式 $R_1^*(x)$, $R_2^*(x)$ があって，$C = \tilde{R}_2^*(x)P_2(x) + R_1^*(x)P_1(x)$ と表すことができる。両辺を C で割ることで (8.17) を得る。

ここでは多項式 $P_1(x)$, $P_2(x)$ について (8.17) を紹介したが，$P_1(t,x)$, $P_2(t,x)$ におきかえて t の関数を係数とする x の多項式としても同様の性質が成立する。定数係数でない関数方程式を扱うときの1つの道具として，学びの抽斗に入れておくとよい。

線形同次微分方程式の基本解について，次の定理が成り立つ。

定理 8.3 多項式 $P(x)$ は，互いに素な多項式 $P_1(x)$, $P_2(x)$ によって，$P(x) = P_1(x)P_2(x)$ $(\deg P_j \geqq 1,\ j = 1,2)$ と因数分解されるとする。

(i) 2つの微分方程式 $P_1(D)y = 0$, $P_2(D)y = 0$ が共通の解 $y(x)$ をもつとすれば，$y(x) \equiv 0$ である。

(ii) 微分方程式 (8.13) の基本解は，$P_1(D)y = 0$ の基本解と $P_2(D)y = 0$ の基本解とをあわせたものである。

証明 (i) 多項式 $P_1(x)$, $P_2(x)$ は互いに素であるから，適当な多項式 $Q_1(x)$, $Q_2(x)$ があり，学びの抽斗 8.1 の (8.17) が成り立つ。したがって，$y(x)$ が，2つの微分方程式 $P_1(D)y = 0$, $P_2(D)y = 0$ の共通の解とすると，

$$y = \big(Q_1(D)P_1(D) + Q_2(D)P_2(D)\big)y$$
$$= Q_1(D)(P_1(D)y) + Q_2(D)(P_2(D)y) = 0$$

となり，$y(x) \equiv 0$ である。

(ii) 簡単のため，$\deg P = d$, $\deg P_1 = d_1$, $\deg P_2 = d_2$ と書く。微分方程式 $P_1(D)y = 0$ の基本解を $y_1, y_2, \ldots, y_{d_1}$，微分方程式 $P_2(D)y = 0$ の基本解を $\tilde{y}_1, \tilde{y}_2, \ldots, \tilde{y}_{d_2}$ とおくと，$P(D) = P_1(D)P_2(D)$ であるから，関数 $y_1, y_2, \ldots, y_{d_1}$, $\tilde{y}_1, \tilde{y}_2, \ldots, \tilde{y}_{d_2}$ は，(8.13) の解であり，$d_1 + d_2 = d$ である。これらの，d 個の解が 1 次独立であることを以下で示す。

$$C_1 y_1 + C_2 y_2 + \cdots + C_{d_1} y_{d_1} + \tilde{C}_1 \tilde{y}_1 + \tilde{C}_2 \tilde{y}_2 + \cdots + \tilde{C}_{d_2} \tilde{y}_{d_2} = 0$$

とする。これを

$$C_1 y_1 + C_2 y_2 + \cdots + C_{d_1} y_{d_1} = -\big(\tilde{C}_1 \tilde{y}_1 + \tilde{C}_2 \tilde{y}_2 + \cdots + \tilde{C}_{d_2} \tilde{y}_{d_2}\big) \quad (8.19)$$

と表せば，(8.19) の左辺は，$P_1(D)y = 0$ の解であり，右辺は，$P_2(D)y = 0$ の解である。したがって，(i) より (8.19) の両辺とも恒等的に 0 である。

すなわち, $C_1 y_1 + C_2 y_2 + \cdots + C_{d_1} y_{d_1} = 0$, $\tilde{C}_1 \tilde{y}_1 + \tilde{C}_2 \tilde{y}_2 + \cdots + \tilde{C}_{d_2} \tilde{y}_{d_2} = 0$ である。関数 $y_1, y_2, \ldots, y_{d_1}$ は基本解なので, 1次独立であるから, $C_1 = C_2 = \cdots = C_{d_1} = 0$ である。同様に, $\tilde{C}_1 = \tilde{C}_2 = \cdots = \tilde{C}_{d_1} = 0$ が導かれる。以上より, $y_1, y_2, \ldots, y_{d_1}$, $\tilde{y}_1, \tilde{y}_2, \ldots, \tilde{y}_{d_2}$ が, (8.13) の基本解であることが示された。 □

8.3.2 複素数値解

8.2 節の定理 8.2 では, (8.1) において $n = 2$ の場合であれば, 特性方程式を解くことによって, 一般解が求められることを学習した。本書では, 多くの場面で実数値関数を係数とする微分方程式において, 独立変数を実数とし, 未知関数は実数値関数の場合を取り扱っている。定数係数 2 階線形同次微分方程式 (8.1) においても係数は実数であるが, 一般に, $n \geq 2$ の場合には, 特性方程式の解 λ は複素数になる。虚数単位を $i = \sqrt{-1}$ として, $\lambda = \mu + \nu i$, $\nu \neq 0$ と書けるとする。実際, 定理 8.1 は, λ が複素数の場合で成り立つ。すなわち, 関数

$$e^{\lambda x} = e^{(\mu + \nu i)x} = e^{\mu x} e^{\nu i x} = e^{\mu x}(\cos \nu x + i \sin \nu x)$$

は, (8.1) の解になっている。ただし, この関数は, 複素数値の関数解になっている。$n = 2$ の場合は, 定理 8.2 の (iii) の証明にあるように, 実数値関数の基本解を見いだすことができたが, $n \geq 3$ の場合は必ずしも容易ではない。そこで, ここでは, 独立変数が実数で, 係数が実数値関数であることは変えず, 未知関数が複素数値関数の場合を考察することにする。ここでは, 複素数値関数 $y(x)$ の実部 $\Re y(x)$ を $u(x)$, 虚部 $\Im y(x)$ を $v(x)$ として, $y(x) = u(x) + iv(x)$ と表すことにする。

定理 8.4 関数 $y(x) = u(x) + iv(x)$ が (8.1) の解ならば, $u(x)$, $v(x)$ はともに (8.1) の実数値解である。

証明　方程式 (8.1) を線形作用素を用いて (8.13) の形に表すと，線形作用素の線形性から

$$Ly = L(u + iv) = Lu + iLv = 0$$

である。$Lu(x)$, $Lv(x)$ は実数値であるから，上式より $Lu = 0$, $Lv = 0$ となる。　□

8.3.3　定数係数線形同次微分方程式の一般解

次の，微分作用素の性質は，定数係数線形同次微分方程式を扱う際に有効である。

定理 8.5　多項式 $Q(x)$ と関数 $f(x)$ に対して，

$$Q(D)(e^{\alpha x}f) = e^{\alpha x}Q(D + \alpha)f \tag{8.20}$$

が成り立つ。ここで，α は定数である。

証明　まず，任意の $n \geqq 1$ に対して，

$$D^n(e^{\alpha x}f) = e^{\alpha x}(D + \alpha)^n f \tag{8.21}$$

が成り立つことを示す。$n = 1$ のときは，積の微分公式を用いて，

$$D(e^{\alpha x}f) = \alpha e^{\alpha x}f + e^{\alpha x}Df = e^{\alpha x}(D + \alpha)f$$

であるから (8.21) は成立する。n のとき，成り立つと仮定する。このとき，

$$D^{n+1}(e^{\alpha x}f) = D(D^n(e^{\alpha x}f)) = D(e^{\alpha x}(D + \alpha)^n f)$$
$$= \alpha e^{\alpha x}(D + \alpha)^n f + e^{\alpha x}D(D + \alpha)^n f$$
$$= e^{\alpha x}(D + \alpha)(D + \alpha)^n f = e^{\alpha x}(D + \alpha)^{n+1}f$$

となる。これは、$n+1$ のときも (8.21) が成り立つことを示している。したがって、(8.21) は示された。多項式 $Q(x) = \sum_{n=0}^{m} b_n x^n$ に対して、(8.21) を用いて計算すれば、

$$Q(D)(e^{\alpha x} f) = \left(\sum_{n=0}^{m} b_n D^n \right)(e^{\alpha x} f) = \sum_{n=0}^{m} b_n D^n(e^{\alpha x} f)$$

$$= e^{\alpha x} \sum_{n=0}^{m} b_n (D + \alpha)^n f = e^{\alpha x} Q(D + \alpha) f$$

となる。ゆえに、(8.20) は証明された。　□

例 8.3　定数係数 3 階線形微分方程式

$$\frac{d^3 y}{dx^3} - 6 \frac{d^2 y}{dx^2} + 12 \frac{dy}{dx} - 8y = 0 \tag{8.22}$$

の一般解を求めよ。

解答　方程式 (8.22) の特性多項式は、$P(\lambda) = \lambda^3 - 6\lambda^2 + 12\lambda - 8 = (\lambda - 2)^3$ である。ゆえに、(8.22) は、微分作用素を使って表現すれば、

$$(D - 2)^3 y = 0 \tag{8.23}$$

となる。(8.23) の両辺に e^{-2x} をかけて、(8.21) で $\alpha = -2$ とみれば、

$$e^{-2x}(D - 2)^3 y = D^3(e^{-2x} y) = 0 \tag{8.24}$$

となる。(8.24) は、関数 $e^{-2x} y(x)$ が、3 回微分して 0 になる関数であることを示している。すなわち、$e^{-2x} y(x)$ は、x についての次数が 2 以下の多項式である。この中から、$1, x, x^2$ を選んで、$e^{-2x} y_1(x) = 1$, $e^{-2x} y_2(x) = x$, $e^{-2x} y_3(x) = x^2$ とすれば、$y_1(x) = e^{2x}$, $y_2(x) = xe^{2x}$, $y_3(x) = x^2 e^{2x}$ は、(8.22) の解である。6 章の学びの扉 6.1 の (ii) によれば、

$$W(y_1, y_2, y_3) = e^{6x} W(1, x, x^2)$$

である。上式の右辺のロンスキー行列式は，6 章の学びの抽斗 6.1 によって 0 にならない。ゆえに，$y_1(x), y_2(x), y_3(x)$ は，1 次独立で (8.22) の基本解の 1 つである。したがって，定理 6.6 により，(8.22) の一般解 $y(x)$ は，

$$y(x) = C_1 e^{2x} + C_2 x e^{2x} + C_3 x^2 e^{2x}$$

と表せる。ここで，C_1, C_2, C_3 は任意定数である。　◁

▨ 学びのノート 8.1 ▨

定理 8.5 に関しては，多項式 $Q(x)$ の係数，および α は複素数でもよい。方程式 $Q(x) = 0$ の解は，一般に複素数である。実数係数の方程式 $Q(x) = 0$ については，ある特徴がある。すべての解が実数になる場合もあるが，複素数解をもつ場合もある。もし，複素数 $\mu + i\nu$（$\mu, \nu \neq 0$ は実数）が解であれば，これと共役な複素数 $\mu - i\nu$ もまた解になる。このことは，$Q(x)$ が 2 次多項式 $(x - \mu)^2 + \nu^2$ で割り切れることを意味している。この章では，定数係数線形同次微分方程式 (8.1) の係数はすべて実数としている。したがって，特性方程式 (8.2) の係数もすべて実数である。そこで，特性多項式 $P(\lambda)$ は，以下の (8.25) のように，実数の範囲で因数分解されるとしてよい。

実際，$\lambda_1, \lambda_2, \dots, \lambda_p$ は異なる実数，$\mu_1 + i\nu_1, \mu_2 + i\nu_2, \dots, \mu_q + i\nu_q$ は異なる複素数とする。ここで，$\mu_j, \nu_j \neq 0, j = 1, 2, \dots, q$ は実数である。また，$\ell_1, \ell_2, \dots, \ell_p, m_1, m_2, \dots, m_q$ は自然数で，$\sum_{j=1}^{p} \ell_j + 2 \sum_{j=1}^{q} m_j = \deg P$ をみたすとする。このとき

$$P(\lambda) = \prod_{j=1}^{p} (\lambda - \lambda_j)^{\ell_j} \cdot \prod_{j=1}^{q} \left((\lambda - \mu_j)^2 + \nu_j^2 \right)^{m_j} \tag{8.25}$$

と表せる。

定理 8.6　定数係数線形同次微分方程式 (8.1) の特性多項式が (8.25) のように表されるとする。このとき，(8.1) の一般解 $y(x)$ は，

$$
\begin{aligned}
y(x) = &\sum_{j=1}^{p}(C_{j1} + C_{j2}x + \cdots + C_{j\ell_j}x^{\ell_j-1})e^{\lambda_j x} \\
&+ \sum_{j=1}^{q}(A_{j1} + A_{j2}x + \cdots + A_{jm_j}x^{m_j-1})e^{\mu_j x}\cos\nu_j x \\
&+ \sum_{j=1}^{q}(B_{j1} + B_{j2}x + \cdots + B_{jm_j}x^{m_j-1})e^{\mu_j x}\sin\nu_j x \qquad (8.26)
\end{aligned}
$$

であたえられる。ここで，$C_{jk}, 1 \leqq j \leqq p, 1 \leqq k \leqq \ell_j, A_{jk}, 1 \leqq j \leqq q,$ $1 \leqq k \leqq m_j, B_{jk}, 1 \leqq j \leqq q, 1 \leqq k \leqq m_j$ は任意定数である。

定理 8.6 の証明のために，補題を 2 つ用意する。

補題 8.1　λ を実数，ℓ を自然数とする。定数係数線形同次微分方程式

$$
(D - \lambda)^{\ell}y = 0 \qquad (8.27)
$$

は基本解 $e^{\lambda x}, xe^{\lambda x}, \ldots, x^{\ell-1}e^{\lambda x}$ をもつ。

証明　例 8.3 で用いた方法で証明できる。(8.27) の両辺に $e^{-\lambda x}$ をかけて，(8.21) を適用する。

$$
e^{-\lambda x}(D - \lambda)^{\ell}y = D^{\ell}(e^{-\lambda x}y) = 0
$$

となる。これは，関数 $e^{-\lambda x}y(x)$ が，ℓ 回微分して 0 になる関数であること，すなわち，$e^{-\lambda x}y(x)$ は，x についての次数が $\ell-1$ 以下の多項式であ

ることを主張している。この中から，$1, x, \ldots, x^{\ell-1}$ を選んで，対応する
(8.27) の解を，$y_1(x) = e^{\lambda x}, y_2(x) = xe^{\lambda x}, \ldots, y_\ell(x) = x^{\ell-1}e^{\lambda x}$ とする。
6 章の学びの扉 6.1(ii) および学びの抽斗 6.1 を用いて，ロンスキー行列
式を調べると，

$$W(y_1, y_2, \ldots, y_\ell) = e^{\ell\lambda x}W(1, x, \ldots, x^{\ell-1}) \neq 0$$

である。したがって，$y_1(x), y_2(x), \ldots, y_\ell(x)$ は 1 次独立で，(8.27) の基本
解の 1 つである。　□

補題 8.2　$\mu, \nu \neq 0$ を実数，m を自然数とする。定数係数線形同次微分
方程式

$$((D - \mu)^2 + \nu^2)^m y = 0 \tag{8.28}$$

は基本解 $e^{\mu x}\cos\nu x, xe^{\mu x}\cos\nu x, \ldots, x^{m-1}e^{\mu x}\cos\nu x, e^{\mu x}\sin\nu x,$
$xe^{\mu x}\sin\nu x, \ldots, x^{m-1}e^{\mu x}\sin\nu x$ をもつ。

証明　方程式 $P_0(\lambda) = (\lambda - \mu)^2 + \nu^2 = 0$ の解を $\tilde{\lambda}_1 = \mu + i\nu, \tilde{\lambda}_2 = \mu - i\nu$ と
おくと，(8.28) の特性方程式は，$P(\lambda) = P_0(\lambda)^m = (\lambda - \tilde{\lambda}_1)^m(\lambda - \tilde{\lambda}_2)^m$ と表
せる。微分方程式 $(D - \tilde{\lambda}_k)^m y = 0, k = 1, 2$ は複素数係数の線形同次微分
方程式であるが，これらの解は (8.28) をみたす。補題 8.1 の議論は，複素数
係数の場合でも有効であるから，複素数値関数 $x^j e^{\tilde{\lambda}_k x}, j = 0, 1, \ldots, m-1,$
$k = 1, 2$ は (8.28) の解である。方程式 (8.28) は，実数係数であるから，定
理 8.4 より，$x^j e^{\tilde{\lambda}_k x}$ の実部と虚部をあたえる実数値関数は，(8.28) の解であ
る。実際，$e^{\tilde{\lambda}_1 x} = e^{\mu x}\cos\nu x + ie^{\mu x}\sin\nu x, e^{\tilde{\lambda}_2 x} = e^{\mu x}\cos\nu x - ie^{\mu x}\sin\nu x$
であるから，以下の $2m$ 個の 1 次独立な実数値関数

$$e^{\mu x}\cos\nu x, xe^{\mu x}\cos\nu x, \ldots, x^{m-1}e^{\mu x}\cos\nu x$$
$$e^{\mu x}\sin\nu x, xe^{\mu x}\sin\nu x, \ldots, x^{m-1}e^{\mu x}\sin\nu x \tag{8.29}$$

が，(8.28) の解である。　□

定理 8.6 の証明　定数係数線形同次微分方程式 (8.1) は，(8.13), (8.25) を用いれば，

$$\prod_{j=1}^{p}(D-\lambda_j)^{\ell_j} \cdot \prod_{j=1}^{q}\left((D-\mu_j)^2+\nu_j^2\right)^{m_j} y = 0 \qquad (8.30)$$

と表せる。多項式 $(x-\lambda_j)^{\ell_j}$, $j = 1, 2, \ldots, p$, $\left((x-\mu_j)^2+\nu_j^2\right)^{m_j}$, $j = 1, 2, \cdots, q$ は共通因数をもたないから，定理 8.3 により，定数係数線形同次微分方程式 $(D-\lambda_j)^{\ell_j}y = 0, j = 1, 2, \ldots, p$, $\left((x-\mu_j)^2+\nu_j^2\right)^{m_j} y = 0$, $j = 1, 2, \ldots, q$ の解をすべてあわせたものは，(8.1) の基本解になる。それぞれの $p+q$ 個の方程式の基本解は補題 8.1, 8.2 であたえられている。したがって，これらの $n = p+2q$ 個の関数が，(8.1) の基本解になる。基本解の 1 次結合を考えれば (8.26) の右辺の形になる。以上で定理 8.6 は証明された。　□

例 8.4　定数係数 4 階線形微分方程式

$$\frac{d^4y}{dx^4} - 6\frac{d^3y}{dx^3} + 10\frac{d^2y}{dx^2} + 2\frac{dy}{dx} - 15y = 0 \qquad (8.31)$$

の一般解を求めよ。

解答　方程式 (8.31) の特性多項式は，$P(\lambda) = \lambda^4 - 6\lambda^3 + 10\lambda^2 + 2\lambda - 15 = (\lambda+1)(\lambda-3)(\lambda^2-4\lambda+5)$ である。ちなみに，(8.31) は，微分作用素を使って表現すれば，

$$(D+1)(D-3)(D^2-4D+5)y = 0$$

となる。特性方程式を解けば，$\lambda = -1$, $\lambda = 3$, $\lambda = 2+i$, $\lambda = 2-i$ であるから，定理 8.6 によって，(8.31) の一般解 $y(x)$ は，

$$y(x) = C_1 e^{-x} + C_2 e^{3x} + C_3 e^{2x} \cos x + C_4 e^{2x} \sin x$$

と表せる。ここで，C_1, C_2, C_3, C_4 は任意定数である。　◁

8.4　線形非同次微分方程式

　本節では，線形非同次微分方程式を取り扱う。特に係数 $a_j, j = 0, 1, \ldots,$ $n-1$ は，あたえられた定数とし，

$$\frac{d^n y}{dx^n} + a_{n-1} \frac{d^{n-1} y}{dx^{n-1}} + \cdots + a_1 \frac{dy}{dx} + a_0 y = F(x) \tag{8.32}$$

を考える。ここで，$F(x) \not\equiv 0$ である。6.3 節の定理 6.7 で示したように，(8.32) の随伴方程式の一般解と (8.32) の特殊解がわかれば，その和として (8.32) の一般解を記述することができる。随伴方程式の一般解については，定理 8.6 に求め方が記述されている。ここでは，具体例を通しながら，微分作用素を応用した特殊解を求める方法を紹介していく。方程式 (8.32) の随伴方程式を，特性多項式を $P(x)$ として，(8.32) を微分作用素で表せば，

$$P(D)y = F(x) \tag{8.33}$$

となる。もし，$\dfrac{1}{P(D)}$ $(= P(D)^{-1})$ で $P(D)$ の逆演算を表すものとすれば，(8.33) から，$y = \dfrac{1}{P(D)} F(x)$ と解くことができるであろう。

　まず，単独の微分演算子 D について考える。実際，$Dy = \dfrac{dy}{dx} = y'$ であるから $\dfrac{1}{D} (= D^{-1})$ は，微分の逆演算の積分に対応し，$\dfrac{1}{D} y = \displaystyle\int y(x)\, dx$ を意味するとしてよい。ここでは，$\dfrac{1}{D}$ を逆微分演算子，または，単に逆演算子とよぶことにする。

8.4.1　1階線形方程式への応用

3.1 節で学習した，1 階線形微分方程式 (3.1) において，左辺の係数が定数の場合

$$\frac{dy}{dx} + a_0 y = F(x) \tag{8.34}$$

を考える。微分作用素での表現は，$(D + a_0)y = F(x)$ である。ここでは，特殊解を見つけることを目的にしている。定理 3.1 の (3.5) において $A = 0$ とすると，(8.34) の特殊解 $\varphi(x)$ は，

$$\varphi(x) = e^{-\int a_0 \ dx} \left(\int e^{\int a_0 \ dx} F(x) \ dx \right)$$

$$= e^{-a_0 x} \int e^{a_0 x} F(x) \ dx$$

であたえられる。これを作用素で表現すれば，次の公式

$$(D + a_0)^{-1} F(x) = \frac{1}{D + a_0} F(x) = e^{-a_0 x} \int e^{a_0 x} F(x) \ dx \tag{8.35}$$

を得る。

例 8.5　2 階線形非同次微分方程式

$$\frac{d^2 y}{dx^2} + \frac{dy}{dx} - 6y = e^{8x} \tag{8.36}$$

の一般解を求めよ。

解答　方程式 (8.36) の随伴方程式の特性多項式は，$P(\lambda) = \lambda^2 + \lambda - 6 = (\lambda - 2)(\lambda + 3)$ であり，(8.36) は，

$$(D - 2)(D + 3)y = e^{8x} \tag{8.37}$$

となる。特性方程式を解けば，$\lambda = 2, \lambda = -3$ であるから，定理 8.6 によって，(8.36) の随伴方程式の一般解 $y(x)$ は，$C_1 e^{2x} + C_2 e^{-3x}$ と表せ

る。ここで，C_1, C_2 は任意定数である。公式 (8.35) を用いて，特殊解を求めれば，

$$(D-2)^{-1}(D+3)^{-1}e^{8x} = (D-2)^{-1}\left(e^{-3x}\int e^{3x}e^{8x}\,dx\right)$$

$$= (D-2)^{-1}\left(e^{-3x}\frac{1}{11}e^{11x}\right) = \frac{1}{11}(D-2)^{-1}e^{8x}$$

$$= \frac{1}{11}e^{2x}\int e^{-2x}e^{8x}\,dx = \frac{1}{11}\cdot\frac{1}{6}e^{2x}e^{6x} = \frac{1}{66}e^{8x}$$

となる。したがって，求める (8.36) の一般解 $y(x)$ は

$$y(x) = C_1 e^{2x} + C_2 e^{-3x} + \frac{1}{66}e^{8x} \tag{8.38}$$

である。

　以下で，特殊解を求める操作について，別の解法を紹介する。ここでは，$\dfrac{1}{(x-2)(x+3)} = \dfrac{1}{5}\left(\dfrac{1}{x-2} - \dfrac{1}{x+3}\right)$ を利用する。実際，

$$(D-2)^{-1}(D+3)^{-1}e^{8x} = \frac{1}{5}\left(\frac{1}{D-2} - \frac{1}{D+3}\right)e^{8x}$$

$$= \frac{1}{5}\left(\frac{1}{D-2}e^{8x} - \frac{1}{D+3}e^{8x}\right)$$

$$= \frac{1}{5}\left(e^{2x}\int e^{-2x}e^{8x}\,dx - e^{-3x}\int e^{3x}e^{8x}\,dx\right)$$

$$= \frac{1}{5}\left(e^{2x}\frac{1}{6}e^{6x} - e^{-3x}\frac{1}{11}e^{11x}\right) = \frac{1}{5}\left(\frac{1}{6} - \frac{1}{11}\right)e^{8x} = \frac{1}{66}e^{8x}$$

となって，同じ結果を得る。　◁

8.4.2　微分作用素の性質の応用

　定理 8.1 の証明の中で用いた考え方を，微分作用素で表現すると，$Q(x)$ を多項式，α を定数として

$$Q(D)e^{\alpha x} = Q(\alpha)e^{\alpha x} \qquad (8.39)$$

となる。また，定理 8.5 の (8.20) にあるように

$$Q(D)(e^{\alpha x}f) = e^{\alpha x}Q(D+\alpha)f$$

が任意の関数 $f(x)$ に対して成立する。これらの表現を利用して，逆を行う公式を導くことを考える。

まず，(8.39) において，$Q(\alpha) \neq 0$ であると仮定すれば，

$$e^{\alpha x} = \frac{1}{Q(\alpha)}Q(D)e^{\alpha x} = Q(D)\left(\frac{1}{Q(\alpha)}e^{\alpha x}\right)$$

であるから，

$$\frac{1}{Q(D)}e^{\alpha x} = \frac{1}{Q(\alpha)}e^{\alpha x} \qquad (8.40)$$

を得る。次に，(8.20) の f として，$\dfrac{1}{Q(D+\alpha)}(e^{-\alpha x}F(x))$ を考えれば，$Q(D+\alpha)\dfrac{1}{Q(D+\alpha)} = 1$ （単位演算）に注意して，

$$\begin{aligned}
Q(D)&\left(e^{\alpha x}\frac{1}{Q(D+\alpha)}(e^{-\alpha x}F(x))\right)\\
&= e^{\alpha x}Q(D+\alpha)\frac{1}{Q(D+\alpha)}(e^{-\alpha x}F(x))\\
&= e^{\alpha x}(e^{-\alpha x}F(x)) = F(x)
\end{aligned}$$

となる。したがって，

$$\frac{1}{Q(D)}F(x) = e^{\alpha x}\frac{1}{Q(D+\alpha)}(e^{-\alpha x}F(x)) \qquad (8.41)$$

を得る。

例 8.6 例 8.5 の 2 階線形非同次微分方程式 (8.36) の特殊解は, (8.40) を用いて, 比較的容易に求めることができる。特性多項式は $P(\lambda) = \lambda^2 + \lambda - 6$ であったから $P(8) = 66 \neq 0$ である。ゆえに, (8.40) を使うことができて,

$$\varphi(x) = \frac{1}{P(D)} e^{8x} = \frac{1}{P(8)} e^{8x} = \frac{1}{66} e^{8x}$$

となる。 ◁

例 8.7 次の計算をせよ。

$$\frac{1}{D-3}(xe^{3x}) \tag{8.42}$$

という問題に対して, (8.35) を適用することを考える。

$$\frac{1}{D-3}(xe^{3x}) = e^{3x} \int e^{-3x}(xe^{3x}) \, dx = e^{3x} \int x \, dx = \frac{1}{2}x^2 e^{3x}$$

と求めることができる。この問題に関連して, (8.41) と (8.35) の関係を考える。(8.41) において, $Q(D) = D + a_0$ とみれば,

$$\frac{1}{D+a_0} F(x) = e^{-a_0 x} \frac{1}{D+a_0-a_0}(e^{a_0 x} F(x))$$
$$= e^{-a_0 x} \frac{1}{D}(e^{a_0 x} F(x)) = e^{-a_0 x} \int e^{a_0 x} F(x) \, dx$$

となるから, (8.41) は (8.35) を含んでいることがわかる。 ◁

▰▰▰▰ 学びの広場 ― **演習問題** **8** ▰▰▰▰▰▰▰▰▰▰▰▰▰▰▰▰▰▰▰▰▰▰

1. 以下の 2 階線形同次微分方程式の一般解を求めよ。

(1) $\dfrac{d^2 y}{dx^2} - \dfrac{dy}{dx} - 12y = 0$ \qquad (2) $\dfrac{d^2 y}{dx^2} + 2\dfrac{dy}{dx} + 4y = 0$

2. 以下の線形非同次微分方程式の一般解を求めよ。

(1) $\dfrac{d^2y}{dx^2} - 2\dfrac{dy}{dx} - 8y = e^x$ (2) $\dfrac{dy}{dx} - 2y = xe^{2x}$

3. 線形同次微分方程式 $\dfrac{d^4y}{dx^4} - 4\dfrac{d^3y}{dx^3} + 14\dfrac{d^2y}{dx^2} - 20\dfrac{dy}{dx} + 25y = 0$ の一般解を求めよ。

4. 関数 $e^x \cos x,\ e^x \sin x,\ xe^x \cos x,\ xe^x \sin x$ が 1 次独立であることを証明せよ。

9 │ 連立線形微分方程式

《**目標＆ポイント**》 連立線形微分方程式と高階線形微分方程式の関係を解説する。線形代数と関数行列の復習をし，微分方程式に応用する。特に，連立線形微分方程式における定数変化法を通して，線形代数の微分方程式への関わりを学習する。

《**キーワード**》 連立線形微分方程式，高階線形微分方程式，線形代数，関数行列，定数変化法，行列の指数関数

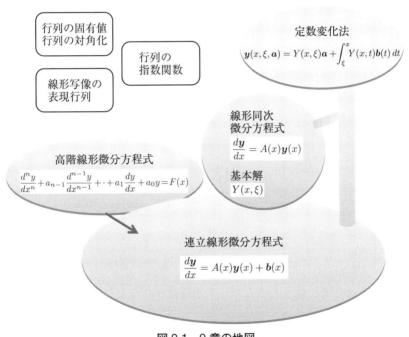

図 9.1　9 章の地図

本章では，独立変数を x とし，未知関数を $y_1, y_2, \ldots, y_n$ とする。一般的な数理モデルを微分方程式で考える際には，いくつかの未知関数が相互に影響をあたえることを無視できない場合がある。たとえば，

$$
\begin{cases}
\dfrac{dy_1}{dx} &= f_1(x, y_1, y_2, \ldots, y_n) \\[2mm]
\dfrac{dy_2}{dx} &= f_2(x, y_1, y_2, \ldots, y_n) \\[1mm]
& \cdots \\[1mm]
\dfrac{dy_n}{dx} &= f_n(x, y_1, y_2, \ldots, y_n)
\end{cases}
\tag{9.1}
$$

は，1 階連立微分方程式という。ここで，独立変数は x のみとしているので，(9.1) は，常微分方程式である。また，$f_j,\ j = 1, 2, \ldots, n$ は，x，$y_1, y_2, \ldots, y_n$ の関数であり，未知関数が相互にあたえる影響を記述している。

9.1 連立線形微分方程式

一般に，(9.1) を取り扱うことは容易ではない。ここでは，(9.1) が連立線形微分方程式

$$
\begin{cases}
\dfrac{dy_1}{dx} &= a_{11}(x)y_1 + a_{12}(x)y_2 + \cdots + a_{1n}(x)y_n + b_1(x) \\[2mm]
\dfrac{dy_2}{dx} &= a_{21}(x)y_1 + a_{22}(x)y_2 + \cdots + a_{2n}(x)y_n + b_2(x) \\[1mm]
& \cdots \\[1mm]
\dfrac{dy_n}{dx} &= a_{n1}(x)y_1 + a_{n2}(x)y_2 + \cdots + a_{nn}(x)y_n + b_n(x)
\end{cases}
\tag{9.2}
$$

である場合を取り扱う。ここで，未知関数からなる行列を

$$\boldsymbol{y}(x) = \begin{pmatrix} y_1(x) \\ y_2(x) \\ \vdots \\ y_n(x) \end{pmatrix} \tag{9.3}$$

とし，係数行列を

$$A(x) = \begin{pmatrix} a_{11}(x) & a_{12}(x) & \cdots & a_{1n}(x) \\ a_{21}(x) & a_{22}(x) & \cdots & a_{2n}(x) \\ \vdots & \vdots & \ddots & \vdots \\ a_{n1}(x) & a_{n2}(x) & \cdots & a_{nn}(x) \end{pmatrix}, \quad \boldsymbol{b}(x) = \begin{pmatrix} b_1(x) \\ b_2(x) \\ \vdots \\ b_n(x) \end{pmatrix} \tag{9.4}$$

とすれば，(9.2) は，

$$\frac{d\boldsymbol{y}}{dx} = A(x)\boldsymbol{y}(x) + \boldsymbol{b}(x) \tag{9.5}$$

と表せる。ここで，$\dfrac{d\boldsymbol{y}}{dx}$ は，$\boldsymbol{y}(x)$ の各成分を微分したものである。この章を通して，ベクトルや行列を微分する記号を使用するが，それぞれ各成分を微分したものである。以降，必要に応じて，列ベクトルを行ベクトルの転置の記号で表すことがある。たとえば，(9.3) は，$\boldsymbol{y}(x) = {}^t(y_1(x), y_2(x), \ldots, y_n(x))$ とも書く。

定理 9.1 線形微分方程式 (6.1) は，連立線形微分方程式で表すことができる。

証明 線形微分方程式 (6.1) において，$y_1(x) = y(x)$, $y_2(x) = y'(x)$, ..., $y_n(x) = y^{(n-1)}(x)$ とおけば，(6.1) より

$$\frac{d^n y}{dx^n} = -\left(a_{n-1}(x)\frac{d^{n-1}y}{dx^{n-1}} + \cdots + a_1(x)\frac{dy}{dx} + a_0(x)y \right) + F(x)$$

$$= -a_{n-1}(x)y_n - \cdots - a_1(x)y_2 - a_0(x)y_1 + F(x)$$

となる。したがって，

$$A(x) = \begin{pmatrix} 0 & 1 & 0 & \cdots & 0 \\ 0 & 0 & 1 & \cdots & 0 \\ \vdots & \vdots & \vdots & \ddots & \vdots \\ 0 & 0 & 0 & \cdots & 1 \\ -a_0(x) & -a_1(x) & -a_2(x) & \cdots & -a_{n-1}(x) \end{pmatrix}, \quad \boldsymbol{b}(x) = \begin{pmatrix} 0 \\ 0 \\ \vdots \\ 0 \\ F(x) \end{pmatrix}$$

として，(9.5) の形で表すことができる。　□

〿〿〿〿 **学びのノート 9.1** 〿〿〿〿〿〿〿〿〿〿〿〿〿〿〿〿〿〿〿〿〿〿〿〿〿

定理 9.1 で証明されたように，高階線形微分方程式を 1 階連立線形微分方程式に書き直すことは可能である。しかし，1 階連立線形微分方程式を高階線形微分方程式に書きかえることができるとは限らない。

〿〿〿〿〿〿〿〿〿〿〿〿〿〿〿〿〿〿〿〿〿〿〿〿〿〿〿〿〿〿〿〿〿〿〿〿〿〿〿

例 9.1　定数係数 2 階線形微分方程式

$$\frac{d^2y}{dx^2} + 4\frac{dy}{dx} + 3y = 0 \tag{9.6}$$

を連立線形微分方程式に表して，一般解を求めることを考える。微分方程式 (9.6) に関しては，特性方程式や微分作用素などさまざまな解法を学習したが，ここでは，行列の対角化を利用する解法を紹介する。定理 9.1 の証明の中で用いた議論に従って，$y_1(x) = y(x)$, $y_2(x) = y'(x)$ とすれば，

$$\begin{pmatrix} y_1' \\ y_2' \end{pmatrix} = \begin{pmatrix} 0 & 1 \\ -3 & -4 \end{pmatrix} \begin{pmatrix} y_1 \\ y_2 \end{pmatrix} \tag{9.7}$$

となる。係数行列 A の固有値は，固有方程式 $\lambda^2 + 4\lambda + 3 = 0$ より，$\lambda_1 = -1, \lambda_2 = -3$ である。固有値 λ_1 に対する固有ベクトルは ${}^t(1, -1)$，固有値 λ_2 に対する固有ベクトルは ${}^t(1, -3)$ である。そこで，

$$P = \begin{pmatrix} 1 & 1 \\ -1 & -3 \end{pmatrix}$$

とおき，$\boldsymbol{u}(x) = {}^t(u_1(x), u_2(x))$，$\boldsymbol{y}(x) = P\boldsymbol{u}(x)$ とすれば，(9.7) は，$\dfrac{d\boldsymbol{u}}{dx} = P^{-1}AP\boldsymbol{u}$ となる。ここで，$P^{-1}AP$ は対角行列である。すなわち，

$$\begin{pmatrix} u_1' \\ u_2' \end{pmatrix} = \begin{pmatrix} -1 & 0 \\ 0 & -3 \end{pmatrix} \begin{pmatrix} u_1 \\ u_2 \end{pmatrix} \tag{9.8}$$

に帰着される。ゆえに，$u_1' = -u_1, u_2' = -3u_2$ を得る。このことから，C_1, C_2 は任意定数として，$u_1(x) = C_1 e^{-x}, u_2(x) = C_2 e^{-3x}$ となるから，$\boldsymbol{y}(x) = P\boldsymbol{u}(x)$ より

$$y(x) = y_1(x) = u_1(x) + u_2(x) = C_1 e^{-x} + C_2 e^{-3x} \tag{9.9}$$

と表せる。　◁

▌▌▌▌ **学びの扉 9.1** ▌▌▌▌▌▌▌▌▌▌▌▌▌▌▌▌▌▌▌▌▌▌▌▌▌▌▌▌▌▌▌▌▌

微分方程式の解の存在と一意性についての内容は，15 章にて詳述する。ここでは，連立線形微分方程式に関する定理の内容のみを紹介する。

定理 9.2 連立線形微分方程式 (9.5) において係数行列 $A(x)$ および $\boldsymbol{b}(x)$ の各成分は x_0 の近くで連続とする。このとき，初期条件 $\boldsymbol{y}(x_0) = \boldsymbol{a} = {}^t(\alpha_1, \alpha_2, \ldots, \alpha_n)$ を満たす解が，x_0 の近くで一意的に存在する。

定理の主張の中で，「x_0 の近く」という表現を用いた。これは，「x_0 を含む適当な区間において」の意味である。また，ここで保証された解は，

局所解とよばれることもある。局所解は，より広い区間に延長されることもあるが，x_0 の近くのみの存在にとどまる場合もある。

9.2 定数変化法

学びの扉 9.1 において，線形微分方程式 (9.2) の初期条件があたえられたときの局所解の存在は，保証されていることを学んだ。この節では，具体的に解を係数で表現していく方法を学習する。まずは，(9.4), (9.5) において $b(x) \equiv 0$ となる同次微分方程式

$$\frac{d\boldsymbol{y}}{dx} = A(x)\boldsymbol{y}(x) \tag{9.10}$$

を考える。初期条件「$x = x_0$ のとき，$\boldsymbol{y} = \boldsymbol{a}$」を満たす解を $\boldsymbol{y}(x, x_0, \boldsymbol{a})$ と書くことにすると，$\boldsymbol{y}(x, x_0, \boldsymbol{a})$ は，$\boldsymbol{a}$ に関して線形になる。すなわち，$\boldsymbol{a}, \tilde{\boldsymbol{a}} \in \mathbb{R}^n$ と $C_1, C_2 \in \mathbb{R}$ に対して，

$$\boldsymbol{y}(x, x_0, C_1\boldsymbol{a} + C_2\tilde{\boldsymbol{a}}) = C_1\boldsymbol{y}(x, x_0, \boldsymbol{a}) + C_2\boldsymbol{y}(x, x_0, \tilde{\boldsymbol{a}}) \tag{9.11}$$

が成り立つ。実際，(9.10) の解の 1 次結合は，(9.10) の解であること，$C_1\boldsymbol{y}(x, x_0, \boldsymbol{a}) + C_2\boldsymbol{y}(x, x_0, \tilde{\boldsymbol{a}})$ の x_0 での値は $C_1\boldsymbol{a} + C_2\tilde{\boldsymbol{a}}$ であるから，解の一意性によって (9.11) は確認される。したがって，$\boldsymbol{a}$ に解 $\boldsymbol{y}(x, x_0, \boldsymbol{a})$ を対応させる写像は，$\mathbb{R}^n$ から $\mathbb{R}^n$ への線形写像であり，表現行列を $Y(x, x_0)$ として

$$\boldsymbol{y}(x, x_0, \boldsymbol{a}) = Y(x, x_0)\boldsymbol{a} \tag{9.12}$$

となる。ここでは，$Y(x, x_0)$ を (9.10) の基本解[1]という。

---

1) 解核ということもある。

▰▰▰▰ **学びの抽斗 9.1** ▰▰▰▰▰▰▰▰▰▰▰▰▰▰▰▰▰▰▰▰▰▰▰▰▰▰▰▰▰▰▰▰▰▰▰▰

n, m を自然数とする。$\mathbb{R}^n$ から $\mathbb{R}^m$ への写像 f がある。この学びの抽斗の中では，$\mathbb{R}^n$, $\mathbb{R}^m$ の基底は標準基底を用いる。任意の $\boldsymbol{a}, \boldsymbol{b} \in \mathbb{R}^n$, $C \in \mathbb{R}$ に対して，線形性

（ⅰ）　$f(\boldsymbol{a} + \boldsymbol{b}) = f(\boldsymbol{a}) + f(\boldsymbol{b})$

（ⅱ）　$f(C\boldsymbol{a}) = Cf(\boldsymbol{a})$

が成り立つとき，f は線形写像であるという。また，(ⅰ), (ⅱ) がともに成立することは，任意の $\boldsymbol{a}, \boldsymbol{b} \in \mathbb{R}^n$, $C_1, C_2 \in \mathbb{R}$ に対して，

（ⅲ）　$f(C_1\boldsymbol{a} + C_2\boldsymbol{b}) = C_1 f(\boldsymbol{a}) + C_2 f(\boldsymbol{b})$

が成り立つことと同値である。たとえば，$f\begin{pmatrix} x \\ y \end{pmatrix} = \begin{pmatrix} 3x + 2y \\ -2x + y \end{pmatrix}$ は，

線形写像である。実際，$\boldsymbol{a} = \begin{pmatrix} a_1 \\ a_2 \end{pmatrix}$, $\boldsymbol{b} = \begin{pmatrix} b_1 \\ b_2 \end{pmatrix}$, $C_1, C_2 \in R$ に対して，

$$
\begin{aligned}
f(C_1\boldsymbol{a} + C_2\boldsymbol{b}) &= f\begin{pmatrix} C_1 a_1 + C_2 b_1 \\ C_1 a_2 + C_2 b_2 \end{pmatrix} \\
&= \begin{pmatrix} 3(C_1 a_1 + C_2 b_1) + 2(C_1 a_2 + C_2 b_2) \\ -2(C_1 a_1 + C_2 b_1) + (C_1 a_2 + C_2 b_2) \end{pmatrix} \\
&= \begin{pmatrix} C_1(3a_1 + 2a_2) + C_2(3b_1 + 2b_2) \\ C_1(-2a_1 + a_2) + C_2(-2b_1 + b_2) \end{pmatrix} = C_1 f(\boldsymbol{a}) + C_2 f(\boldsymbol{b})
\end{aligned}
$$

となり，条件 (ⅲ) が成り立つ。線形写像 f に対して，次の定理が成り立つことが知られている[2]。

---

2)　証明などの詳細は，たとえば，巻末の関連図書 [19], [30] などを参照のこと。

定理 9.3 $\mathbb{R}^n$ から $\mathbb{R}^m$ への線形写像 f に対して，ある $m \times n$ 型行列 A が存在して，任意の $\boldsymbol{a} \in \mathbb{R}^n$ に対して，$f(\boldsymbol{a}) = A\boldsymbol{a}$ が成り立つ。

ここで，行列 A のことを，標準基底に対する線形写像 f の表現行列という。上に述べた例では，表現行列は $\begin{pmatrix} 3 & 2 \\ -2 & 1 \end{pmatrix}$ である。

━━━━━ **学びの抽斗 9.2** ━━━━━

　基本解 $Y(x, x_0)$ は，関数を成分とした行列である。ここでは，関数行列 $G(x) = [g_{ij}(x)]$ の微分演算について簡単に説明する。証明は，行列の演算に従って確認できるので各自確かめてほしい。ここで，$\dfrac{d}{dx} G(x)$ は，$G(x)$ の各成分を微分して得られる関数行列とする，すなわち，$\dfrac{d}{dx} G(x) = \left[\dfrac{d}{dx} g_{ij}(x) \right]$ とする。$G(x), H(x)$ は，ともに $n \times n$ 次の関数行列とする。このとき，

$$\frac{d}{dx}(G(x)H(x)) = \left(\frac{d}{dx} G(x) \right) H(x) + G(x) \left(\frac{d}{dx} H(x) \right)$$

である。特に，$H(x)$ の各成分がすべて定数であれば，$\dfrac{d}{dx}(G(x)H(x)) = \left(\dfrac{d}{dx} G(x) \right) H(x)$ である。

　学びの抽斗 9.1 をふまえて，基本解の定義を再考する。(9.12) では，x を x_0 の近くの任意の実数として固定し，初期値 $\boldsymbol{a} \in \mathbb{R}^n$ に解 $y(x, x_0, \boldsymbol{a})$ を対応させる線形写像の表現行列として，基本解 $Y(x, x_0)$ を定義している。この場合は $n = m$ である。

　本節で学ぶ，定数変化法による解の表現法には，同次方程式 (9.10) の

基本解 $Y(x, x_0)$ が重要な役割を果たす。しばらく簡単のため，$x_0 = \xi$ と書くことにする。まず，$Y(x, \xi)$ は，任意の x, ξ に対して正則である。なぜならば，もしもある x, ξ に関して $Y(x, \xi)$ が正則でないとすると，ある $\boldsymbol{a} \neq \boldsymbol{0}$ に対して，$Y(x, \xi)\boldsymbol{a} = \boldsymbol{0}$ となる。これは，定理 9.2 の解の一意性に矛盾する。さらに，基本解についての性質について，次の定理が成り立つ。

定理 9.4　線形同次微分方程式 (9.10) の基本解 $Y(x, \xi)$ について，以下の性質

(i) $\dfrac{\partial}{\partial x} Y(x, \xi) = A(x) Y(x, \xi)$

(ii) $Y(x, \xi) Y(\xi, \eta) = Y(x, \eta)$，特に，$Y(x, \xi)^{-1} = Y(\xi, x)$

が成り立つ。

証明　(i)　n 次元の単位列ベクトルを $\mathbf{e}_1, \mathbf{e}_2, \dots, \mathbf{e}_n$ とすると，(9.12) より，$\boldsymbol{y}(x, \xi, \mathbf{e}_j) = Y(x, \xi)\mathbf{e}_j, j = 1, 2, \dots, n$ である。したがって，(9.10) の解 $\boldsymbol{y}(x, \xi, \mathbf{e}_j)$ を第 j 列にもつ行列は，$Y(x, \xi)$ と一致する。実際，

$$\big(\boldsymbol{y}(x, \xi, \mathbf{e}_1), \dots, \boldsymbol{y}(x, \xi, \mathbf{e}_n)\big) = Y(x, \xi)(\mathbf{e}_1, \dots, \mathbf{e}_n)$$
$$= Y(x, \xi) E = Y(x, \xi)$$

である。ここで，E は n 次の単位行列である。したがって，(9.10) を用いれば，

$$\frac{\partial}{\partial x} Y(x, \xi) = \Big(\frac{\partial}{\partial x} \boldsymbol{y}(x, \xi, \mathbf{e}_1), \dots, \frac{\partial}{\partial x} \boldsymbol{y}(x, \xi, \mathbf{e}_n) \Big)$$
$$= \big(A(x)\boldsymbol{y}(x, \xi, \mathbf{e}_1), \dots, A(x)\boldsymbol{y}(x, \xi, \mathbf{e}_n) \big) = A(x) Y(x, \xi)$$

となり，(i) は示された。

(ii) (i) の証明中の議論より，$Y(x,\xi)|_{x=\xi} = Y(\xi,\xi) = E$ である。実際，$\boldsymbol{y}(\xi,\xi,\mathbf{e}_j) = \mathbf{e}_j$ より，$Y(\xi,\xi)$ の第 j 列は，$\mathbf{e}_j$ となる。したがって，(i) より，$Y(x,\xi)$ は，行列で記述された微分方程式

$$\frac{d}{dx}Y(x) = A(x)Y(x) \tag{9.13}$$

の $Y(\xi,\xi) = E$ をみたす一意的な解であることがわかる[3]。

方程式 (9.13) の正則な解 $Y(x)$ に対して，

$$Y(x)Y^{-1}(\xi) = Y(x,\xi) \tag{9.14}$$

が成り立つ。なぜならば，学びの抽斗 9.2 に従って計算すれば，(9.13) より

$$\frac{d}{dx}\left(Y(x)Y^{-1}(\xi)\right) = \left(\frac{d}{dx}Y(x)\right)Y^{-1}(\xi)$$
$$= A(x)Y(x)Y^{-1}(\xi) = A(x)\left(Y(x)Y^{-1}(\xi)\right)$$

となる。この式から，関数行列 $Y(x)Y^{-1}(\xi)$ は (9.13) の解である。また，$Y(\xi)Y^{-1}(\xi) = E$ であるから，一意性から $Y(x,\xi)$ と一致する。よって，(9.14) は確かめられた。ゆえに，(9.14) を用いれば，

$$Y(x,\xi)Y(\xi,\eta) = (Y(x)Y^{-1}(\xi))(Y(\xi)Y^{-1}(\eta))$$
$$= Y(x)(Y^{-1}(\xi)Y(\xi))Y^{-1}(\eta) = Y(x)EY^{-1}(\eta)$$
$$= Y(x,\eta)$$

となる。特に，$\eta = x$ とおけば，$Y(x,\xi)Y(\xi,x) = Y(x,x) = E$ となり，$Y(x,\xi)$ は正則であるから $Y(x,\xi)^{-1} = Y(\xi,x)$ を得る。 □

3.1 節では，定理 3.1 において 1 階線形方程式 (3.1) の一般解の公式 (3.5) を導くために，まず (3.1) の右辺を 0 とおいた随伴方程式の一般解

---

3) 微分方程式 (9.13) の解を行列解，ときには基本行列とよぶこともある。

を求めた。この一般解は，非自明な特殊解の定数 C 倍という形に表された。次に，定数 C を関数 $\phi(x)$ におきかえた関数が (3.1) をみたす条件を見いだし，$\phi(x)$ を決めていくことで，(3.1) の一般解を求めた。連立線形微分方程式 (9.5) に関しては，(9.12) からわかるように，(9.5) の右辺で $\boldsymbol{b}(x)$ を $\boldsymbol{0}$ とおいた同次微分方程式の「$x = \xi$ のとき，$\boldsymbol{y} = \boldsymbol{a}$」となる解は，$\boldsymbol{y}(x, \xi, \boldsymbol{a}) = Y(x, \xi)\boldsymbol{a}$ と表される。次に紹介する定理は，定数値ベクトル $\boldsymbol{a}$ を関数値ベクトルにおきかえた方法で導かれる。

定理 9.5　線形微分方程式 (9.5) の解 $\boldsymbol{y}(x, \xi, \boldsymbol{a})$ について，

$$\boldsymbol{y}(x, \xi, \boldsymbol{a}) = Y(x, \xi)\boldsymbol{a} + \int_{\xi}^{x} Y(x, t)\boldsymbol{b}(t)\, dt \tag{9.15}$$

が成り立つ。ここで，$Y(x, \xi)$ は同次微分方程式 (9.10) の基本解である。

証明　同次微分方程式 (9.10) の基本解 $Y(x, \xi)$ を使って，(9.5) の解を

$$\boldsymbol{y}(x) = Y(x, \xi)\boldsymbol{u}(x) \tag{9.16}$$

とおくと，

$$\begin{aligned}
\frac{d}{dx}\boldsymbol{y}(x) &= \frac{d}{dx}(Y(x, \xi)\boldsymbol{u}(x)) \\
&= \left(\frac{\partial}{\partial x}Y(x, \xi)\right)\boldsymbol{u}(x) + Y(x, \xi)\frac{d}{dx}\boldsymbol{u}(x)
\end{aligned}$$

である。上式と (9.5) をあわせれば，

$$\begin{aligned}
\left(\frac{\partial}{\partial x}Y(x, \xi)\right)&\boldsymbol{u}(x) + Y(x, \xi)\frac{d}{dx}\boldsymbol{u}(x) \\
&= A(x)Y(x, \xi)\boldsymbol{u}(x) + \boldsymbol{b}(x) \tag{9.17}
\end{aligned}$$

となる。定理 9.4 の (i) と (9.17) から，

$$Y(x,\xi)\frac{d}{dx}\boldsymbol{u}(x) = \boldsymbol{b}(x) \tag{9.18}$$

を得る。ここで，定理 9.4 の (ii) を用いれば，(9.18) より

$$\frac{d}{dx}\boldsymbol{u}(x) = Y(x,\xi)^{-1}\boldsymbol{b}(x) = Y(\xi,x)\boldsymbol{b}(x) \tag{9.19}$$

となる。$\boldsymbol{y}(\xi) = \boldsymbol{a}$ となる条件は，$\boldsymbol{u}(x)$ に関しては，$\boldsymbol{u}(\xi) = E\boldsymbol{u}(\xi) = Y(\xi,\xi)\boldsymbol{u}(\xi) = \boldsymbol{y}(\xi) = \boldsymbol{a}$ になるから，(9.19) より

$$\boldsymbol{u}(x) = \int_{\xi}^{x} Y(\xi,t)\boldsymbol{b}(t)\ dt + \boldsymbol{a} \tag{9.20}$$

である。したがって，(9.16)，(9.20)，定理 9.4 の (ii) より

$$\begin{aligned}
\boldsymbol{y}(x,\xi,\boldsymbol{a}) &= Y(x,\xi)\boldsymbol{a} + Y(x,\xi)\int_{\xi}^{x} Y(\xi,t)\boldsymbol{b}(t)\ dt \\
&= Y(x,\xi)\boldsymbol{a} + \int_{\xi}^{x} Y(x,\xi)Y(\xi,t)\boldsymbol{b}(t)\ dt \\
&= Y(x,\xi)\boldsymbol{a} + \int_{\xi}^{x} Y(x,t)\boldsymbol{b}(t)\ dt
\end{aligned}$$

となり，(9.15) は導かれた。　□

9.3　定数係数連立線形微分方程式

前節で考察したように，連立線形微分方程式 (9.5) の解は，定理 9.5 の (9.15) を用いて表現することができる。しかしながら，具体的にあたえられた方程式に対して (9.15) の中に現れる基本行列 $Y(x,\xi)$ を求めることは，必ずしも容易ではない。この節では，基本行列を定義する同次方程式 (9.10) の係数行列 $A(x)$ の各成分が定数である場合

$$\frac{d\boldsymbol{y}}{dx} = A\boldsymbol{y}(x) \tag{9.21}$$

を取り扱う。

━━━━━ **学びの抽斗 9.3** ━━━━━━━━━━━━━━━━━━━━━━━━━━

この学びの抽斗では，n 次の正方行列の無限列

$$M_0 = (m_{ij}^{(0)}), M_1 = (m_{ij}^{(1)}), \dots, M_k = (m_{ij}^{(k)}), \dots$$

の無限和についての性質を紹介する。

各成分の級数 $\displaystyle\sum_{k=0}^{\infty} m_{ij}^{(k)}$ がすべて，収束するとき，行列の級数 $\displaystyle\sum_{k=0}^{\infty} M_k = \sum_{k=0}^{\infty} (m_{ij}^{(k)})$ は収束するという。このとき，$\mu_{ij} = \displaystyle\sum_{k=0}^{\infty} m_{ij}^{(k)}$ を成分とする行列を $\mathfrak{M} = (\mu_{ij})$ として $\mathfrak{M} = \displaystyle\sum_{k=0}^{\infty} M_k$ とする。

正方行列 M の指数関数 e^M を

$$e^M = E + M + \frac{1}{2!}M^2 + \cdots + \frac{1}{n!}M^n + \cdots \tag{9.22}$$

で定義する。右辺の級数は収束することが知られている。行列の指数関数に関して，次の定理が成り立つことが知られている。

定理 9.6 2 つの正方行列 A, B が可換（積について交換可能）とする。このとき，

$$e^{A+B} = e^A e^B \tag{9.23}$$

が成り立つ。

明らかに，A を正方行列として A と $-A$ は，可換である。したがって，(9.23) より，$E = e^O = e^{A-A} = e^A e^{-A}$ であるから，e^A は正則で，$(e^A)^{-1} = e^{-A}$ である。また，x, ξ を実数とするとき，xA と ξA は可換であるから，$e^{(x+\xi)A} = e^{xA} e^{\xi A}$ が成り立つ。さらに，微分に関して，

$$\frac{d}{dx}e^{xA} = Ae^{xA} = e^{xA}A \tag{9.24}$$

が成り立つ。

定理 9.7 微分方程式 (9.21) の基本解 $Y(x, \xi)$ は,

$$Y(x, \xi) = e^{(x-\xi)A} \tag{9.25}$$

であたえられる。

証明 学びの抽斗 9.3 の (9.24) より, e^{xA} は, 行列で記述された微分方程式

$$\frac{d}{dx}Y(x) = AY(x) \tag{9.26}$$

の解である。行列解 e^{xA} は正則であるから, (9.14) より

$$Y(x, \xi) = Y(x)Y^{-1}(\xi) = e^{xA}(e^{\xi A})^{-1} = e^{xA}e^{-\xi A} = e^{(x-\xi)A}$$

となり, (9.25) は証明された。 □

例 9.2 連立線形微分方程式

$$\begin{cases} y_1' - y_2 = 1 \\ y_2' + 3y_1 + 4y_2 = x \end{cases} \tag{9.27}$$

の「$x = 0$ のとき $\boldsymbol{y} = \boldsymbol{a} = {}^t(1, 1)$」となる解を, 定理 9.5 の (9.15) を利用して求めることを考える。まず, (9.27) を行列で表すと,

$$\begin{pmatrix} y_1' \\ y_2' \end{pmatrix} = \begin{pmatrix} 0 & 1 \\ -3 & -4 \end{pmatrix} \begin{pmatrix} y_1 \\ y_2 \end{pmatrix} + \begin{pmatrix} 1 \\ x \end{pmatrix} \tag{9.28}$$

となる。次に，(9.28) に対応する同次微分方程式の基本解 $Y(x,\xi)$ は，定理 9.7 を用いれば

$$Y(x,\xi) = e^{(x-\xi)A}, \quad A = \begin{pmatrix} 0 & 1 \\ -3 & -4 \end{pmatrix} \tag{9.29}$$

である。係数行列 A は，例 9.1 で登場したものと同じであるから，行列

$$P = \begin{pmatrix} 1 & 1 \\ -1 & -3 \end{pmatrix}$$

を用いて

$$P^{-1}AP = \begin{pmatrix} -1 & 0 \\ 0 & -3 \end{pmatrix}$$

と対角化される。一般に，正則行列 P，行列 B に対して，$(P^{-1}BP)^n = P^{-1}B^nP$ が成り立つので，(9.22) から，$P^{-1}e^BP = e^{P^{-1}BP}$ が成り立つ。また，対角行列 $C = \begin{pmatrix} \lambda_1 & 0 \\ 0 & \lambda_2 \end{pmatrix}$ に対しては，$C^n = \begin{pmatrix} \lambda_1^n & 0 \\ 0 & \lambda_2^n \end{pmatrix}$ であるから，$e^C = \begin{pmatrix} e^{\lambda_1} & 0 \\ 0 & e^{\lambda_2} \end{pmatrix}$ である。これらのことから，

$$P^{-1}e^{(x-\xi)A}P = e^{P^{-1}((x-\xi)A)P} = e^{(x-\xi)P^{-1}AP}$$
$$= \begin{pmatrix} e^{-(x-\xi)} & 0 \\ 0 & e^{-3(x-\xi)} \end{pmatrix} \tag{9.30}$$

となる。したがって，(9.29)，(9.30) より，

$$Y(x,\xi) = e^{(x-\xi)A} = P \begin{pmatrix} e^{-(x-\xi)} & 0 \\ 0 & e^{-3(x-\xi)} \end{pmatrix} P^{-1}$$

$$
= \frac{1}{2}\begin{pmatrix} 3e^{-(x-\xi)} - e^{-3(x-\xi)} & e^{-(x-\xi)} - e^{-3(x-\xi)} \\ -3e^{-(x-\xi)} + 3e^{-3(x-\xi)} & -e^{-(x-\xi)} + 3e^{-3(x-\xi)} \end{pmatrix}
$$

である。上式に従って計算すると，

$$
\int_0^x Y(x,t)\begin{pmatrix} 1 \\ t \end{pmatrix}\, dt = \begin{pmatrix} \frac{1}{9}\left(e^{-3x} - 9e^{-x} + 3x + 8\right) \\ \frac{1}{3}\left(-e^{-3x} + 3e^{-x} - 2\right) \end{pmatrix} \tag{9.31}
$$

(9.15)，(9.31) を用いて計算すれば，求める解

$$
\boldsymbol{y}(x,0,\boldsymbol{a}) = \begin{pmatrix} \frac{1}{9}\left(-8e^{-3x} + 9e^{-x} + 3x + 8\right) \\ \frac{1}{3}\left(8e^{-3x} - 3e^{-x} - 2\right) \end{pmatrix}
$$

が導かれる。 ◁

学びの広場 — 演習問題 9

1. 以下の連立線形微分方程式を行列の形で書きなさい。

(1) $\begin{cases} y_1' - 3y_1 + 2y_2 = x^2 \\ y_2' - y_1 - 5y_2 = x^3 \end{cases}$　　(2) $\begin{cases} y_1' - y_2 - y_3 = f(x) \\ y_2' - y_1 - y_3 = g(x) \\ y_3' - y_1 - y_2 = h(x) \end{cases}$

2. 以下の連立線形同次微分方程式の一般解を求めよ。

(1) $\begin{pmatrix} y_1' \\ y_2' \end{pmatrix} = \begin{pmatrix} 2 & 0 \\ 0 & -4 \end{pmatrix}\begin{pmatrix} y_1 \\ y_2 \end{pmatrix}$　　(2) $\begin{pmatrix} y_1' \\ y_2' \end{pmatrix} = \begin{pmatrix} 5 & -2 \\ 3 & 0 \end{pmatrix}\begin{pmatrix} y_1 \\ y_2 \end{pmatrix}$

3. 連立線形微分方程式

$$\begin{cases} y_1' - 5y_1 + 2y_2 = x \\ y_2' - 3y_1 = x + 1 \end{cases}$$

の「$x = 0$ のとき $y = \boldsymbol{a} = {}^t(1, 2)$」となる解を求めよ。

4. A を正方行列として，$\dfrac{d}{dx} e^{xA} = A e^{xA} = e^{xA} A$ [4)] が成り立つことを証明せよ。

---

4) 9.3 節の (9.24) 式

10 | 級数解法

《**目標＆ポイント**》　線形微分方程式の級数解法を学ぶ。整級数を用いた関数の局所的表現方法や収束判定法を復習する。2階線形同次微分方程式を題材にして，漸化式の取り扱いやルジャンドル関数，ベッセル関数などの特殊関数も紹介する。

《**キーワード**》　整級数，級数解法，収束判定法，2階線形同次微分方程式，正則点，漸化式，確定特異点，特殊関数

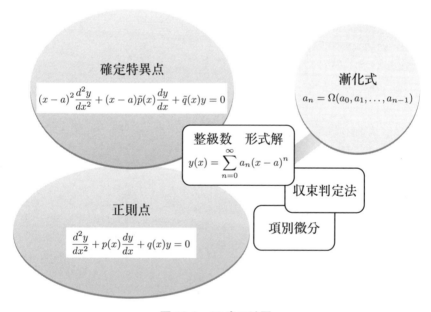

確定特異点
$$(x-a)^2 \frac{d^2 y}{dx^2} + (x-a)\tilde{p}(x)\frac{dy}{dx} + \tilde{q}(x)y = 0$$

漸化式
$$a_n = \Omega(a_0, a_1, \ldots, a_{n-1})$$

整級数　形式解
$$y(x) = \sum_{n=0}^{\infty} a_n (x-a)^n$$

収束判定法

正則点
$$\frac{d^2 y}{dx^2} + p(x)\frac{dy}{dx} + q(x)y = 0$$

項別微分

図 10.1　10 章の地図

本章では，微分方程式の級数解法について学習する。ここで紹介する内容は，複素変数の関数においても適用可能なものも多いが，特に断らない限り，独立変数 x は実数とし，登場する数列も実数としておく。

10.1 整級数

この節では，級数解法のための準備として，関数を独立変数の級数で表現する方法を紹介する。数列 $\{a_n\}$ と x 軸上の定点 a に対して

$$\sum_{n=0}^{\infty} a_n (x-a)^n \tag{10.1}$$

を a を中心とする整級数（または，ベキ級数）という。整級数に関する定理や基本事項などは紹介にとどめ，ここでは証明は省略する[1]。

|||||||| **学びの抽斗 10.1** ||||||||||||||||||||||||||||||||||||||||||||||||||||

無限個の項からなる数列の各項を，順にすべて加えたもの

$$\sum_{n=0}^{\infty} a_n = a_0 + a_1 + a_2 + \cdots$$

を，$\{a_n\}$ から成る級数という。数列 $\{a_n\}$ に対して，第 n 項までの和 $S_n = \sum_{k=0}^{n} a_k = a_0 + a_1 + a_2 + \cdots + a_n$ を部分和という。部分和のつくる数列 $\{S_n\}$ がある値 s に収束するとき，級数 $\sum_{n=0}^{\infty} a_n$ が s に収束するという。すなわち，$\sum_{n=0}^{\infty} a_n = \lim_{n \to \infty} S_n = s$ とする。数列 $\{S_n\}$ が収束しないとき，級数 $\sum_{n=0}^{\infty} a_n$ は発散するという。級数の収束・発散について知られ

---

1) 証明などの詳細は，たとえば，巻末の関連図書 [7]，[15]，[20]，[23]，[24] などを参照のこと。

ていることを以下にまとめておく。

(ⅰ) 正項級数[2] $\displaystyle\sum_{n=0}^{\infty} a_n$, $\displaystyle\sum_{n=0}^{\infty} b_n$ において，$a_n \leqq b_n$ であるとする。この

とき，$\displaystyle\sum_{n=0}^{\infty} b_n$ が収束すれば，$\displaystyle\sum_{n=0}^{\infty} a_n$ も収束する。

(ⅱ) $\mu > 0$ とする。一般調和級数 $\displaystyle\sum_{n=1}^{\infty} \dfrac{1}{n^{\mu}}$ は，$\mu > 1$ のとき収束し，

$0 < \mu \leqq 1$ のとき発散する。

(ⅲ) 数列 $\{a_n\}$ の各項が非負とする。このとき，交項級数 $\displaystyle\sum_{n=0}^{\infty} (-1)^n a_n$

は，a_n が単調減少でかつ $\displaystyle\lim_{n\to\infty} a_n = 0$ であれば，収束する。

整級数 (10.1) の収束・発散について考察する。

定理 10.1　整級数 (10.1) について，

(ⅰ) $x = x_0$ で収束すれば，$|x - a| < |x_0 - a|$ なるすべての x に対して，
収束する。

(ⅱ) $x = x_0$ で発散すれば，$|x - a| > |x_0 - a|$ なるすべての x に対して，
発散する。

定理 10.1 より，整級数 (10.1) が $x = b$ で収束し，$x = c$ で発散すると
すれば，$|b - a| \leqq R \leqq |c - a|$ なる R で「$|x - a| < R$ ならば，(10.1) は収
束し，$|x - a| > R$ ならば (10.1) は発散する」をみたすものが唯一存在す
る。このような R を (10.1) の収束半径という。ただし，$|x - a| = R$ の
ところでは，収束する場合も発散する場合もあり，個々の評価が必要に

---

2) すべての項が非負である数列 $\{a_n\}$ から成る級数 $\displaystyle\sum_{n=0}^{\infty} a_n$ を正項級数という。

なる。また，(10.1) の収束する範囲を収束域という。$R = 0$ ならば $x = a$ のみで収束し，$R = \infty$ ならば，すべての x で収束する。後者の場合，収束域は $(-\infty, \infty)$ となる。

例 10.1 整級数

$$\sum_{n=0}^{\infty} x^n = 1 + x + x^2 + \cdots + x^n + \cdots \tag{10.2}$$

は，公比が x の等比級数とみなせるので，部分和は，$x \neq 1$ のとき，$S_n = \dfrac{1 - x^n}{1 - x}$ となる。したがって，$|x| < 1$ のとき (10.2) は収束し，$|x| > 1$ のとき発散する。ゆえに，収束半径は 1 である。　◁

　具体的に，収束半径を求める公式を紹介する。ただし，以下の 2 つの定理においては，0 の逆数は ∞，∞ の逆数は 0 と約束しておく。

定理 10.2　整級数 (10.1) について，極限

$$\lim_{n \to \infty} \left| \frac{a_{n+1}}{a_n} \right| \tag{10.3}$$

が存在するとする。この極限値の逆数を $R, 0 \leqq R \leqq \infty$ とすれば，(10.1) の収束半径は R と等しい。

定理 10.3　整級数 (10.1) について，極限

$$\lim_{n \to \infty} \sqrt[n]{a_n} \tag{10.4}$$

が存在するとする。この極限値の逆数を $R, 0 \leqq R \leqq \infty$ とすれば，(10.1) の収束半径は R と等しい[3]。

---

3) (10.4) を $\displaystyle \limsup_{n \to \infty} \sqrt[n]{a_n}$ としても定理 10.3 の主張は成立する。

例 10.2 整級数

$$\sum_{n=1}^{\infty} \frac{1}{n} x^n \tag{10.5}$$

について考える。

$$\lim_{n\to\infty} \frac{\frac{1}{n+1}}{\frac{1}{n}} = \lim_{n\to\infty} \frac{n}{n+1} = 1$$

であるから，定理 10.2 より収束半径 R は，$R = 1$ である。では $|x| = 1$ のところではどうなっているであろうか。$x = 1$ では，(10.5) は，学びの抽斗 10.1 の (ii) における一般調和級数の $\mu = 1$ の場合[4]に帰着される。したがって，発散する。一方，$x = -1$ では，(10.5) は交項級数になる。数列 $\left\{ \dfrac{1}{n} \right\}, n = 1, 2, \ldots$ は単調減少で $\lim_{n\to\infty} \dfrac{1}{n} = 0$ であるから，学びの抽斗 10.1 の (iii) により，(10.5) は収束する。　◁

整級数 (10.1) の収束域を I とし，任意の $x \in I$ に対して，

$$f(x) = \sum_{n=0}^{\infty} a_n (x - a)^n \tag{10.6}$$

とおけば，$f(x)$ は I を定義域とする関数になる。関数 $f(x)$ が，$x = a$ において正の収束半径をもつ整級数で表されるとき，$f(x)$ は，$x = a$ において解析的であるという。また，開区間 I の各点で解析的な関数は，I で解析的であるという。解析的な関数 $f(x)$ の微分積分に関して，以下の定理が成り立つことが知られている。

定理 10.4　整級数 (10.6) の収束半径を $R > 0$ とする。このとき，(10.6) を項別微分した整級数 $\displaystyle\sum_{n=1}^{\infty} n a_n (x-a)^{n-1}$ の収束半径も R に等しく，$|x-a| < R$ において，

---

4)　$\mu = 1$ の場合を調和級数という。

$$f'(x) = \left(\sum_{n=0}^{\infty} a_n(x-a)^n \right)' = \sum_{n=1}^{\infty} n a_n(x-a)^{n-1}$$

$$= \sum_{n=0}^{\infty} (n+1) a_{n+1}(x-a)^n \tag{10.7}$$

が成り立つ。

▏▏▏▏▏ **学びのノート 10.1** ▏▏

定理 10.4 から，以下のことが導かれる。

(i) (10.7) の右辺は，収束半径が R の整級数であるから，$f'(x)$ はさらに項別微分できることがわかる。したがって，$f(x)$ は，$|x-a| < R$ において何回でも微分可能である。ちなみに，

$$f''(x) = \sum_{n=2}^{\infty} n(n-1) a_n(x-a)^{n-2}$$

$$= \sum_{n=0}^{\infty} (n+2)(n+1) a_{n+2}(x-a)^n \tag{10.8}$$

となる。

(ii) 収束半径の等しい 2 つの整級数 $\displaystyle\sum_{n=0}^{\infty} a_n(x-a)^n$, $\displaystyle\sum_{n=0}^{\infty} b_n(x-a)^n$, $|x-a| < R$ に関して，$\displaystyle\sum_{n=0}^{\infty} a_n(x-a)^n = \sum_{n=0}^{\infty} b_n(x-a)^n$ であれば，$a_n = b_n$, $n = 0, 1, 2, \ldots$ である。特に，$\displaystyle\sum_{n=0}^{\infty} a_n(x-a)^n = 0$ であれば，$a_n = 0$, $n = 0, 1, 2, \ldots$ である。

▏▏■

学びのノート 10.1 の (i), (ii) と，次の整級数の和と積に関する定理は微分方程式の級数解法において有用である。

定理 10.5 2つの整級数 $\displaystyle\sum_{n=0}^{\infty} a_n(x-a)^n$, $\displaystyle\sum_{n=0}^{\infty} b_n(x-a)^n$, $|x-a| < R$ の収束半径の大きくない方を $R > 0$ とする。このとき，

(i) 整級数 $\displaystyle\sum_{n=0}^{\infty}(a_n + b_n)(x-a)^n$ は，$|x-a| < R$ で収束し，

$$\sum_{n=0}^{\infty} a_n(x-a)^n + \sum_{n=0}^{\infty} b_n(x-a)^n = \sum_{n=0}^{\infty}(a_n + b_n)(x-a)^n$$

が成り立つ。

(ii) 整級数 $\displaystyle\sum_{n=0}^{\infty} c_n(x-a)^n$, $c_n = \displaystyle\sum_{j=0}^{n} a_j b_{n-j}$ は，$|x-a| < R$ で収束し，

$$\left(\sum_{n=0}^{\infty} a_n(x-a)^n\right)\left(\sum_{n=0}^{\infty} b_n(x-a)^n\right) = \sum_{n=0}^{\infty} c_n(x-a)^n$$

が成り立つ。

　以下に，例を通して，級数解法の流れを説明する。登場する微分方程式は，変数分離形であるから級数解法を用いなくても一般解を求めることができるが，ここまでに紹介した定理や性質がどこで利用されるのかを確認してほしい。

例 10.3 微分方程式

$$\frac{dy}{dx} - 3x^2 y = 0 \tag{10.9}$$

を考える。ここではまず，$x = 0$ の近くで解析的な解を構成することを目的とする。そこで，求める解を

$$y = \sum_{n=0}^{\infty} a_n x^n \tag{10.10}$$

とおく。ここでの (10.10) の右辺の整級数は，係数も収束域も特定され
ていない。そこで，(10.10) の右辺の整級数が正の収束半径をもつと仮定
し，係数 a_n を求めていくことを考える。

定理 10.4 の (10.7) と (10.10) を微分方程式 (10.9) に代入すると

$$\sum_{n=1}^{\infty} na_n x^{n-1} - 3x^2 \sum_{n=0}^{\infty} a_n x^n \tag{10.11}$$

$$= \sum_{n=1}^{\infty} na_n x^{n-1} - 3 \sum_{n=0}^{\infty} a_n x^{n+2}$$

$$= \sum_{n=0}^{\infty} (n+1)a_{n+1} x^n - 3 \sum_{n=2}^{\infty} a_{n-2} x^n$$

$$= a_1 + 2a_2 x + \sum_{n=2}^{\infty} \left((n+1)a_{n+1} - 3a_{n-2} \right) x^n = 0$$

となる。

学びのノート 10.1 (ii) を (10.11) に適用して，$a_1 = a_2 = 0$,
$(n+1)a_{n+1} - 3a_{n-2} = 0, n \geqq 2$ を得る。後者は，漸化式

$$a_n = \frac{3}{n} a_{n-3}, \quad n \geqq 3 \tag{10.12}$$

と表すことができる。ここで，n を $n = 3k$, $n = 3k+1$, $n = 3k+2$, k
は非負の整数，と分けて考察する。漸化式 (10.12) と $a_1 = a_2 = 0$ より，
$n = 3k+1$, $n = 3k+2$ の場合は，$a_n = 0$ となることがわかる。$n = 3k$
の場合は，$a_0 = C$ とおいて，(10.12) より

$$a_{3k} = \frac{3}{3k} a_{3(k-1)} = \frac{1}{k} a_{3(k-1)} = \frac{1}{k(k-1)} a_{3(k-2)} = \cdots = \frac{C}{k!}$$

であるから，(10.10) は，

$$y = \sum_{n=0}^{\infty} \frac{C}{n!} x^{3n} \tag{10.13}$$

と表すことができる。この表現では，係数は決まっているが，正の収束半径をもつかどうかは確認されていない。このような解を形式解という。

そこで，整級数解 (10.13) の収束半径を求めることを考える。ここでは定理 10.2 を利用する。(10.13) において，$X = x^3$ とすると，$y(x) = \sum_{n=0}^{\infty} \dfrac{C}{n!} X^n$ と書けるから，これを X の整級数とみれば，

$$\lim_{n \to \infty} \frac{n!}{(n+1)!} = \lim_{n \to \infty} \frac{1}{n+1} = 0$$

であるから，収束半径は ∞ である。したがって，x についての収束半径も ∞ である。このことは，(10.13) で表される解が，$(-\infty, \infty)$ で解析的な関数として存在することを示している。実際，指数関数 e^x のマクローリン展開と (10.13) より，$y(x) = Ce^{x^3}$ になっていることが確認できる。
◁

10.2　2階線形同次微分方程式の整級数解

この節では，x を独立変数，y を未知関数とする 2 階線形同次微分方程式

$$\frac{d^2 y}{dx^2} + p(x)\frac{dy}{dx} + q(x)y = 0 \tag{10.14}$$

を，級数解法を通して学習していく。主に，微分方程式 (10.14) の係数 $p(x)$, $q(x)$ が，$x = a$ で解析的な場合の考察を紹介する。

$$p(x) = \sum_{n=0}^{\infty} p_n (x-a)^n, \quad q(x) = \sum_{n=0}^{\infty} q_n (x-a)^n \tag{10.15}$$

と表せるとし，$p(x)$, $q(x)$ の収束半径をそれぞれ $R_p > 0$, $R_q > 0$ とし，$R = \min(R_p, R_q)$ としておく。このような a を，(10.14) の正則点という。

解を (10.6) のようにおき，(10.7), (10.8), (10.15) を (10.14) に代入すれば，

$$\sum_{n=0}^{\infty} (n+2)(n+1)a_{n+2}(x-a)^n$$

$$+ \left(\sum_{n=0}^{\infty} p_n (x-a)^n \right) \left(\sum_{n=0}^{\infty} (n+1)a_{n+1}(x-a)^n \right)$$

$$+ \left(\sum_{n=0}^{\infty} q_n (x-a)^n \right) \left(\sum_{n=0}^{\infty} a_n (x-a)^n \right) = 0$$

となる。ここで，定理 10.5 (ii) を使うと，上式の左辺の第 2 項，第 3 項は
それぞれ，$\displaystyle\sum_{n=0}^{\infty}\sum_{j=0}^{n} p_j(n-j+1)a_{n-j+1}(x-a)^n$, $\displaystyle\sum_{n=0}^{\infty}\sum_{j=0}^{n} q_j a_{n-j}(x-a)^n$
なので，学びのノート 10.1 (ii) より，漸化式

$$(n+2)(n+1)a_{n+2} + \sum_{j=0}^{n} p_j(n-j+1)a_{n-j+1}$$

$$+ \sum_{j=0}^{n} q_j a_{n-j} = 0, \quad n \geqq 0 \quad (10.16)$$

を得る。初期条件として，$y(a) = a_0, y'(a) = a_1$ を任意にあたえる。漸
化式 (10.16) で $n = 0$ とすれば，$2a_2 + p_0 a_1 + q_0 a_0 = 0$ であるから，
$a_2 = -\dfrac{1}{2}(p_0 a_1 + q_0 a_0)$ を得る。同様に，$a_n, n \geq 3$ についても，(10.16) を

$$a_{n+2} = -\frac{1}{(n+2)(n+1)} \left(\sum_{j=0}^{n} p_j(n-j+1)a_{n-j+1} + \sum_{j=0}^{n} q_j a_{n-j} \right)$$

と書けば，a_{n+2} は，$a_0, a_1, \ldots, a_{n+1}$ で表されることがわかる。このこと
は，あたえられた初期条件に対して，$a_2, a_3, \ldots, a_n, \ldots$ が順次決まり，形
式解が一意的に定まることを意味している。形式解の収束については，
10.1 節で紹介した方法では容易には証明できないが，逐次近似法などを
利用して，(10.14) の形式解が，ある $0 < R' \leqq R$ の収束半径をもつこと

180

が示される[5]。まとめると,

定理 10.6 関数 $p(x)$, $q(x)$ は,$x = a$ で解析的であるとする。このとき,任意の初期条件 $y(a) = a_0$, $y'(a) = a_1$ に対して,(10.14) の整級数解が一意的に存在する。

▥▥▥▥ **学びのノート 10.2** ▥▥▥▥▥▥▥▥▥▥▥▥▥▥▥▥▥▥▥▥▥▥▥▥▥▥▥

(i) 初期条件 $y(a) = 0$, $y'(a) = 1$ をみたす解を $y_1(x)$,初期条件 $y(a) = 1$,$y'(a) = 0$ をみたす解を $y_2(x)$ とすれば,$y_1(x)$, $y_2(x)$ は,(10.14) の基本解となる。

(ii) 微分方程式 (10.14) は同次微分方程式であるが,(10.14) の右辺を $F(x)$ におきかえた線形非同次微分方程式についても,$F(x)$ が $x = a$ で解析的であれば,正の収束半径をもつ解析的な解が,同様の方法で構成できる。

▥▥

例 10.4 微分方程式

$$(1 - x^2)\frac{d^2y}{dx^2} - x\frac{dy}{dx} + k^2y = 0 \tag{10.17}$$

は,チェビシェフ[6]方程式といわれている。ここで,$k > 0$ は実数の定数である。この方程式は (10.14) で,$p(x) = -\dfrac{x}{1 - x^2}$, $q(x) = \dfrac{k^2}{1 - x^2}$ としたものであるから,係数は $x = 0$ で解析的である。実際,0 の近くで

$$\frac{1}{1 - x^2} = 1 + x^2 + x^4 + \cdots$$

と表されることから確認できる。そこで,定理 10.6 によって,$x = 0$

---

5) 学びのノート 15.3 を参照のこと。
6) Pafnuty Lvovich Chebyshev, 1821–1894, ロシア

における整級数解が存在する。この解を (10.6) で $a = 0$ としたものを $\sum_{n=0}^{\infty} a_n x^n$ とおき，(10.7)，(10.8) で $a = 0$ とした式を (10.17) に代入すれば，

$$(1 - x^2) \sum_{n=0}^{\infty} (n+2)(n+1)a_{n+2}x^n - x \sum_{n=0}^{\infty} (n+1)a_{n+1}x^n + k^2 \sum_{n=0}^{\infty} a_n x^n$$

$$= \sum_{n=0}^{\infty} (n+2)(n+1)a_{n+2}x^n - \sum_{n=2}^{\infty} n(n-1)a_n x^n - \sum_{n=1}^{\infty} n a_n x^n$$

$$+ k^2 \sum_{n=0}^{\infty} a_n x^n$$

$$= \sum_{n=0}^{\infty} ((n+2)(n+1)a_{n+2} - (n^2 - k^2)a_n)x^n = 0$$

となる。学びのノート 10.1 (ii) より，漸化式

$$a_{n+2} = \frac{(n-k)(n+k)}{(n+2)(n+1)}a_n, \quad n \geqq 0 \tag{10.18}$$

を得る。初期条件 $y(0) = a_0 = 1$, $y'(0) = a_1 = 0$ に対応する解を $y_1(x)$ とすれば，整級数 (10.6) の奇数番目の係数 a_{2m+1} は 0 となる。偶数番目については，$a_{2m} = b_m$ とおけば，(10.6) は (10.18) より，$\sum_{m=0}^{\infty} b_m X^m$, $X = x^2$ と表され，

$$b_{m+1} = \frac{(2m-k)(2m+k)}{(2m+2)(2m+1)}b_m \tag{10.19}$$

と書ける。定数 k が正の偶数 $2m$ であれば (10.19) より，$m+1$ 番目以降の b_m は 0 になり，$y_1(x)$ は多項式になる。定数 k が正の偶数でなければ，$y_1(x)$ は項が無限個現れる整級数になる。この場合は定理 10.2 と (10.19) より，X についての収束半径は，$\lim_{m \to \infty} \frac{b_{m+1}}{b_m} = \lim_{m \to \infty} \frac{(2m-k)(2m+k)}{(2m+2)(2m+1)} = 1$

の逆数になるから，1になる。したがって，xについての収束半径も1である。初期条件 $y(0) = a_0 = 0$, $y'(0) = a_1 = 1$ に対応する解を $y_2(x)$ とすれば，整級数 (10.6) の偶数番目の係数 a_{2m} は，0となる。同様の議論を用いて，定数 k が正の奇数ならば $y_2(x)$ は多項式になり，定数 k が正の奇数でなければ，$y_2(x)$ は，収束半径が1の整級数になることがわかる。これらの $y_1(x)$, $y_2(x)$ は，(10.17) の基本解となる。　◁

10.3　特殊関数

この節では，2階線形同次微分方程式のあたえる特殊関数を紹介していく。ここで登場する超越関数は整級数で記述され，一般には，初等的な関数では表されない。

例 10.5　微分方程式

$$(1 - x^2)\frac{d^2y}{dx^2} - 2x\frac{dy}{dx} + k(k+1)y = 0 \tag{10.20}$$

とその整級数解を考察する。この方程式は，ルジャンドル[7]方程式といわれている。ここで，$k > 0$ は実数の定数である。

例 10.4 のチェビシェフ方程式の場合と同様に，係数が $x = 0$ で解析的であることから，定理 10.6 によって，$x = 0$ における整級数解が存在する。さらに，例 10.4 と同様に，この解を $\sum_{n=0}^{\infty} a_n x^n$ とおき，(10.7)，(10.8) で $a = 0$ とした式を (10.20) に代入して，x^n の係数を評価することで，漸化式

$$a_{n+2} = -\frac{(n+k+1)(k-n)}{(n+2)(n+1)}a_n, \quad n \geqq 0 \tag{10.21}$$

を得る。初期条件 $y(0) = a_0 = 1$, $y'(0) = a_1 = 0$ に対応する整級数解を $y_1(x)$，初期条件 $y(0) = a_0 = 0$, $y'(0) = a_1 = 1$ に対応する整級数解を

---

7)　Adrien-Marie Legendre, 1752–1833, フランス

$y_2(x)$ とする。これらの $y_1(x)$, $y_2(x)$ は，(10.20) の基本解となる。$y_1(x)$ に関しては，奇数番目の係数はすべて 0 となる。偶数番目については，$a_{2m} = b_m$ とおけば，$b_0 = 1$ で

$$b_m = -\frac{(k+2m-1)(k-2m+2)}{2m(2m-1)}b_{m-1} = \cdots$$
$$= (-1)^m \frac{(k+2m-1)(k+2m-3)\cdots(k+1)(k-2m+2)(k-2m+4)\cdots k}{(2m)!}$$
(10.22)

となる。一方，$y_2(x)$ に関しては，偶数番目の係数はすべて 0 となる。奇数番目については，$a_{2m+1} = c_m$ とおけば，$c_0 = 1$ で

$$c_m = -\frac{(k+2m)(k-2m+1)}{(2m+1)\cdot 2m}c_{m-1} = \cdots$$
$$= (-1)^m \frac{(k+2m)(k+2m-2)\cdots(k+2)(k-2m+1)(k-2m+3)\cdots(k-1)}{(2m+1)!}$$
(10.23)

となる。定数 k が非負の整数でなければ，$y_1(x) = \sum_{m=0}^{\infty} b_m x^{2m}$, $y_2(x) = \sum_{m=0}^{\infty} c_m x^{2m+1}$ はともに多項式になることはない。また，例 10.4 と同様に，(10.21) と定理 10.2 を用いて，収束半径が 1 の整級数解であることがわかる。

　以下では，定数 k が非負の整数の場合を考察する。$k = 2m$ とすれば，(10.21) より，$b_{m'} = 0, m' \geqq m+1$ となり，$y_1(x)$ は $k = 2m$ 次の多項式である。この多項式を $y_{1,2m}(x)$ と書くことにする。また，$k = 2m+1$ とすれば (10.21) より，$c_{m'} = 0, m' \geqq m+1$ となり，$y_2(x)$ は $k = 2m+1$ 次の多項式である。この多項式を $y_{2,2m+1}(x)$ と書くことにする。これら

の多項式に適当な定数をかけて，最高次 x^n の係数を $\dfrac{(2n)!}{2^n(n!)^2}$ にした多項式 $P_n(x)$ は，n 次のルジャンドル多項式とよばれている。すなわち，

$$P_{2m}(x) = \frac{(-1)^m(2m)!}{2^{2m}(m!)^2}y_{1,2m}(x) \tag{10.24}$$

$$P_{2m+1}(x) = \frac{(-1)^m(2m+1)!}{2^{2m}(m!)^2}y_{2,2m+1}(x) \tag{10.25}$$

である。

ルジャンドル多項式については，次のロドリーグ[8]の公式といわれる

$$P_n(x) = \frac{1}{2^n n!}\frac{d^n}{dx^n}(x^2-1)^n \tag{10.26}$$

で表示される。簡単のため，$u = (x^2-1)^n$ とおく。対数微分を行って，$2nxu = (x^2-1)u'$ を得る。この式の両辺を $n+1$ 回微分すれば，ライプニッツの公式から

$$2n(u^{(n+1)}x + (n+1)u^{(n)})$$
$$= (x^2-1)u^{(n+2)} + 2x(n+1)u^{(n+1)} + n(n+1)u^{(n)}$$

となる。すなわち，

$$(1-x^2)u^{(n+2)} - 2xu^{(n+1)} + n(n+1)u^{(n)} = 0$$

である。これは，$u^{(n)} = \dfrac{d^n u}{dx^n}$ が，ルジャンドル方程式 (10.20) をみたしていることを示している。ルジャンドル多項式は，$u^{(n)}$ の定数倍であるから，(10.20) の解であることがわかる。

$n = 2m$ が偶数の場合を考える。まず，(10.26) で定義された $P_n(x)$ の定数項が，(10.24) のあたえる $P_{2m}(0) = \dfrac{(-1)^m(2m)!}{2^{2m}(m!)^2}$ と一致することを

---

[8] Benjamin Olinde Rodrigues, 1795–1851, フランス

示す。$u = (x^2 - 1)^n$ を n 回微分して得られる定数項は，$(x^2 - 1)^n$ の展開の $(-1)^m \begin{pmatrix} 2m \\ m \end{pmatrix} x^{2m}$ の項から生じるから，(10.26) を使って，$P_{2m}(0)$ を計算すれば，

$$\frac{1}{2^{2m}(2m)!}(-1)^m \begin{pmatrix} 2m \\ m \end{pmatrix} (2m)!$$
$$= \frac{1}{2^{2m}(2m)!} \cdot (-1)^m \frac{(2m)!}{(m!)^2}(2m)! = \frac{(-1)^m(2m)!}{2^{2m}(m!)^2}$$

となり主張は確かめられた。また，u は偶関数であるから，偶数回微分して得られる関数 $u^{(n)}$ も偶関数である。したがって，$P'_{2m}(x)|_{x=0} = P'_{2m}(0) = 0$ である。ゆえに，初期条件についての解の一意性から，n が偶数の場合に，(10.26) で定義された関数がルジャンドル多項式と一致することが確かめられた[9]。n が奇数の場合も，同様の議論で確認することができる。◁

　ここまでの考察では，(10.14) の係数 $p(x), q(x)$ が解析的な場合を取り扱った。以下では，$x = a$ で解析的でない場合の考察をする。ここでは，$p(x), q(x)$ のうち少なくとも一方が解析的でないとき，$x = a$ は，微分方程式 (10.14) の特異点であるという。

▨▨▨▨▨▨ **学びの扉 10.1** ▨▨

　一般に，特異点の近くでの整級数解の考察は，容易ではなく複雑である。そこで，$x = a$ は特異点であるが，$\tilde{p}(x) = (x - a)p(x)$ および $\tilde{q}(x) = (x - a)^2 q(x)$ は解析的という条件をつける。このような $x = a$ を，(10.14) の確定特異点という。

---

9) 定理 10.6 を用いている。微分方程式の初期条件による解の存在と一意性から得られる。

微分方程式 (10.14) の両辺に $(x-a)^2$ をかければ,

$$(x-a)^2 \frac{d^2y}{dx^2} + (x-a)\tilde{p}(x)\frac{dy}{dx} + \tilde{q}(x)y = 0 \tag{10.27}$$

と表せる。$\tilde{p}(x)$, $\tilde{q}(x)$ は, $x = a$ で解析的なので

$$\tilde{p}(x) = \sum_{n=0}^{\infty} \tilde{p}_n(x-a)^n, \quad \tilde{q}(x) = \sum_{n=0}^{\infty} \tilde{q}_n(x-a)^n \tag{10.28}$$

と書ける。解を

$$y(x) = (x-a)^\lambda \sum_{n=0}^{\infty} a_n(x-a)^n = \sum_{n=0}^{\infty} a_n(x-a)^{n+\lambda}, \quad a_0 \neq 0 \tag{10.29}$$

とおき,

$$y'(x) = \sum_{n=0}^{\infty} (n+\lambda)a_n(x-a)^{n+\lambda-1},$$

$$y''(x) = \sum_{n=0}^{\infty} (n+\lambda)(n+\lambda-1)a_n(x-a)^{n+\lambda-2}$$

をともに, (10.27) へ代入して, $(x-a)^{n+\lambda}$ の係数を比較することで,

$$\sum_{n=0}^{\infty} \Bigg((n+\lambda)(n+\lambda-1)a_n$$
$$+ \sum_{j=0}^{n} \big((j+\lambda)\tilde{p}_{n-j} + \tilde{q}_{n-j} \big)a_j \Bigg)(x-a)^{n+\lambda} = 0 \tag{10.30}$$

を得る。上式において, $(x-a)^{n+\lambda}$, $n \geqq 0$ の係数が 0 になるようにするには, $(x-a)^{0+\lambda}$ の係数から得られる

$$\lambda(\lambda-1) + \tilde{p}_0\lambda + \tilde{q}_0 = 0 \tag{10.31}$$

と $(x-a)^{n+\lambda}$, $n \geq 1$ の係数から得られる

$$((n + \lambda)(n + \lambda - 1) + \tilde{p}_0(n + \lambda) + \tilde{q}_0)a_n$$

$$= -\sum_{j=0}^{n-1} \big((j + \lambda)\tilde{p}_{n-j} + \tilde{q}_{n-j}\big)a_j \quad (10.32)$$

が成立しなくてはならない。2 次方程式 (10.31) は，(10.27) の決定方程式といわれている。ここで，$f(\lambda) = \lambda(\lambda - 1) + \tilde{p}_0\lambda + \tilde{q}_0$, $F_n(\lambda) = F_n(\lambda, a_0, \ldots, a_{n-1}) = \sum_{j=0}^{n-1} \big((j + \lambda)\tilde{p}_{n-j} + \tilde{q}_{n-j}\big)a_j$ とおけば，(10.31), (10.32) はそれぞれ，

$$f(\lambda) = 0, \quad f(n + \lambda)a_n = -F_n(\lambda)$$

と表すことができる。

　決定方程式 (10.31) は，実数を係数とする 2 次方程式であるから，2 つの異なる実数解をもつ場合，実数の重複解をもつ場合，共役な複素数解をもつ場合のいずれかが起こりえる。ここでは詳細な証明は省略して，(10.31) が実数解 $\lambda_1 \geqq \lambda_2$ をもつ場合についての説明をする。まず，$\lambda_1 \neq \lambda_2$ とする。λ_1 に関しては，任意の自然数 n に対して $f(n + \lambda_1) = 0$ とはならないので，$a_{\lambda_1,0}$ をあたえて $a_{\lambda_1,n}$ を順次決定していくことができる。したがって，形式解 $y_1(x) = (x - a)^{\lambda_1} \sum_{n=0}^{\infty} a_{\lambda_1,n}(x - a)^n$ が求められる。λ_2 に関しても，$a_{\lambda_2,0}$ をあたえて (10.32) を用いて帰納的に $a_{\lambda_2,n}$ を決めていくのであるが，もしも $\lambda_2 + n = \lambda_1$ となってしまうと，(10.32) から必ずしも $a_{\lambda_2,\lambda_2+n}$ が決められない。そこで，$\lambda_1 - \lambda_2$ が整数にならないという条件をつければ $a_{\lambda_2,n}$ を順次決定していくことができ，形式解 $y_2(x) = (x - a)^{\lambda_2} \sum_{n=0}^{\infty} a_{\lambda_2,n}(x - a)^n$ が求められる。こうして得られた $y_1(x), y_2(x)$ については，正の収束半径をもつことが知られている。また，この条件のもとでは，$\lambda_1 - \lambda_2$ が整数ではないので，$y_1(x), y_2(x)$ は，1 次独

立で基本解となる。$\lambda_1 - \lambda_2$ が自然数になる場合や $\lambda_1 = \lambda_2$ となる場合は，1つの解から7.2節で学習した階数降下法などの方法を用いて，もう1つの解を構成することができることが知られている。以下にまとめておくと，

定理 10.7 関数 $\tilde{p}(x)$, $\tilde{q}(x)$ は，$x = a$ で解析的とする。微分方程式 (10.27) の決定方程式 (10.31) が実数解 $\lambda_1 \geqq \lambda_2$ をもつとする。このとき，(10.27) は，$x = a$ で基本解をもつ。解の形は，

(i) $\lambda_1 - \lambda_2$ が整数でないとき

$$y_1(x) = (x-a)^{\lambda_1} \sum_{n=0}^{\infty} a_{\lambda_1, n}(x-a)^n$$

$$y_2(x) = (x-a)^{\lambda_2} \sum_{n=0}^{\infty} a_{\lambda_2, n}(x-a)^n$$

(ii) $\lambda_1 - \lambda_2$ が整数のとき

$$y_1(x) = (x-a)^{\lambda_1} \sum_{n=0}^{\infty} a_{\lambda_1, n}(x-a)^n, \quad a_{\lambda_1, 0} \neq 0$$

$$y_2(x) = \delta y_1(x) \log|x-a| + (x-a)^{\lambda_2} \sum_{n=0}^{\infty} a_{\lambda_2, n}(x-a)^n$$

δ は 1 または 0

(iii) $\lambda_1 = \lambda_2$ のとき

$$y_1(x) = (x-a)^{\lambda_1} \sum_{n=0}^{\infty} a_{\lambda_1, n}(x-a)^n, \quad a_{\lambda_1, 0} \neq 0$$

$$y_2(x) = y_1(x) \log|x-a| + (x-a)^{\lambda_2} \sum_{n=0}^{\infty} a_{\lambda_2, n}(x-a)^n$$

である。

例 10.6　次の微分方程式

$$x^2 \frac{d^2y}{dx^2} + x\frac{dy}{dx} + (x^2 - k^2)y = 0 \tag{10.33}$$

は，ベッセル[10)]の方程式とよばれている。ここで，$k > 0$ は実数の定数である。ここでは，$x = 0$ における整級数解を求めることを考える。$x = 0$ は，(10.33) の確定特異点である。学びの扉 10.1 で学んだ決定方程式 (10.31) を調べれば，$\tilde{p}_0 = 1, \tilde{q}_0 = -k^2$ であるから，$\lambda^2 - k^2 = 0$ となる。したがって，(10.31) の解は，$\lambda_1 = k, \lambda_2 = -k$ である。まず，λ_1 に対応する (10.33) の解 $y_1(x)$ を構成する。$y_1(x)$ を (10.29)，$a = 0$ のようにおくと，$\tilde{p}_n = 0, n \geqq 1, \tilde{q}_1 = 0, \tilde{q}_2 = 1, \tilde{q}_n = 0, n \geqq 3$ であるから，$n \geqq 2$ については，(10.32) の右辺は，$j = n - 2$ なる項のみ現れて，漸化式は，$((n + k)^2 - k^2)a_n = -a_{n-2}$ となる。すなわち，

$$a_n = -\frac{1}{n(n + 2k)}a_{n-2}, \quad n \geqq 2 \tag{10.34}$$

である。また，$n = 1$ のときは (10.32) より，$((k + 1)^2 - k^2)a_1 = 0$ となるから，$a_1 = 0$ である。ゆえに，$n \geqq 3$ の奇数 $2m + 1$ に関して，(10.34) より，$a_n = a_{2m+1} = 0$ となる。偶数 $n = 2m$ 番目については，(10.34) より，

$$a_{2m} = -\frac{1}{2m(2m + 2k)}a_{2m-2} = \cdots = \frac{(-1)^m a_0}{2^{2m}m!(k + 1)(k + 2) \cdots (k + m)}$$
$$= (-1)^m \frac{a_0}{2^{2m}m!}\frac{\Gamma(k + 1)}{\Gamma(k + m + 1)}$$

となる。したがって，

---

10)　Friedrich Wilhelm Bessel, 1784–1846 年，ドイツ

$$y_1(x) = x^k \sum_{m=0}^{\infty} (-1)^m \frac{a_0}{2^{2m} m!} \frac{\Gamma(k+1)}{\Gamma(k+m+1)} x^{2m}$$

$$= \sum_{m=0}^{\infty} (-1)^m \frac{a_0}{m!} \frac{2^k \Gamma(k+1)}{\Gamma(k+m+1)} \left(\frac{x}{2}\right)^{2m+k}$$

を得る。定理 10.7 によって，$y_1(x)$ が $x = 0$ で解析的であることは保証されている。また，(10.34) と定理 10.2 から，収束半径が ∞ であることが示される。特に $y_1(x)$ で，$a_0 = \dfrac{1}{2^k \Gamma(k+1)}$ として得られる実数全体で解析的な関数

$$J_k(x) = \sum_{m=0}^{\infty} \frac{(-1)^m}{m! \Gamma(k+m+1)} \left(\frac{x}{2}\right)^{2m+k}$$

を k 次の第 1 種ベッセル関数という。

学びの扉 10.1 での議論や定理 10.7 からわかるように，λ_2 に対応する (10.33) の解 $y_2(x)$ は，λ_1 との関係で場合分けされる。

$\lambda_1 - \lambda_2 = 2k$ が整数でないとする。このときは $y_2(x)$ を (10.29), $a = 0$ のようにおき，$y_1(x)$ と同様の議論によって，奇数番目の係数については，$a_{2m+1} = 0$ であり，偶数番目 a_{2m} に関しては，漸化式 $a_{2m} = -\dfrac{1}{2m(2m-2k)} a_{2m-2}$, $n \geqq 2$ を得る。そして，

$$y_2(x) = \sum_{m=0}^{\infty} (-1)^m \frac{a_0}{m!} \frac{2^{-k} \Gamma(-k+1)}{\Gamma(m-k+1)} \left(\frac{x}{2}\right)^{2m-k}$$

が定まり，さらに，$a_0 = \dfrac{1}{2^{-k} \Gamma(1-k)}$ として，第 1 種の 2 番目のベッセル関数

$$J_{-k}(x) = \sum_{m=0}^{\infty} \frac{(-1)^m}{m! \Gamma(m-k+1)} \left(\frac{x}{2}\right)^{2m-k}$$

が得られる。このとき，$J_k(x), J_{-k}(x)$ は 1 次独立であり，基本解になる。

$\lambda_1 - \lambda_2 = 2k$ が整数の場合は詳細を省き，結論のみを紹介する。このと

きは，$J_k(x) = -J_{-k}(x)$ が成り立ち，1 次独立にならない。定理 10.7 (ii) に従って，$y_2(x), \delta = 1$ を構成する。すなわち，

$$y_2(x) = y_1(x) \log|x| + x^{-k} \sum_{n=0}^{\infty} a_{\lambda_2, n} x^n$$

の形になる。

$$Y_k(x) = \frac{2}{\pi} \left(y_2(x) + (C - \log 2) J_k(x) \right) \tag{10.35}$$

と表し，第 2 種ベッセル関数という。$J_k(x)$ と $Y_k(x)$ は基本解になることが知られている。ここで，C はオイラー定数

$$C = \lim_{n \to \infty} \left(1 + \frac{1}{2} + \cdots + \frac{1}{n} - \log n \right)$$

である。　◁

　ここでは微分方程式の定義する特殊関数について，限られたページの範囲で紹介した。さらに，興味のある読者は，たとえば，[4]，[6]，[27] などを参考にするとよい。

▦▦▦▦▦ 学びの広場 ―　**演習問題**　**10**　▦▦▦▦▦▦▦▦▦▦▦▦▦▦▦▦▦▦▦▦▦

1. 以下の整級数の収束半径を求めよ。

　(1) $\displaystyle\sum_{n=0}^{\infty} \frac{n}{n+2} x^n$ 　　　　　　(2) $\displaystyle\sum_{n=0}^{\infty} \frac{e^{2n}}{n!} x^n$

2. 以下の微分方程式について，$x = 0$ の近くにおける付帯の初期条件をみたす整級数解を求めよ。

　(1) $\dfrac{dy}{dx} + 2y = 0,\ \ y(0) = 1$

　(2) $\dfrac{d^2 y}{dx^2} - x\dfrac{dy}{dx} - y = 0,\ y(0) = 1,\ y'(0) = 0$

3. k を非負の整数とする。このとき，エルミートの方程式

$$\frac{d^2y}{dx^2} - 2x\frac{dy}{dx} + 2ky = 0$$

は多項式解をもつことを示せ。

4. α, β, γ を定数とする。次の方程式

$$x(1-x)\frac{d^2y}{dx^2} + \left(\gamma - (\alpha + \beta + 1)x\right)\frac{dy}{dx} - \alpha\beta y = 0$$

は，ガウス[11] の超幾何微分方程式とよばれている。変数変換 $t = 1 - x$, $u(t) = y(x)$ によって定義される $u(t)$ もまた超幾何微分方程式をみたすことを示せ。

---

11) Carl Friedrich Gauss, 1777–1855, ドイツ

11 ラプラス変換

《**目標＆ポイント**》 広義積分を復習し，ラプラス[1]変換を定義する。具体的な例を考察しながら，ラプラス変換の基本性質を説明する。さらに，ラプラス逆変換を学習し，線形微分方程式の初期値問題に応用する。

《**キーワード**》 広義積分，ラプラス変換，基本性質，ラプラス逆変換，線形微分方程式の初期値問題

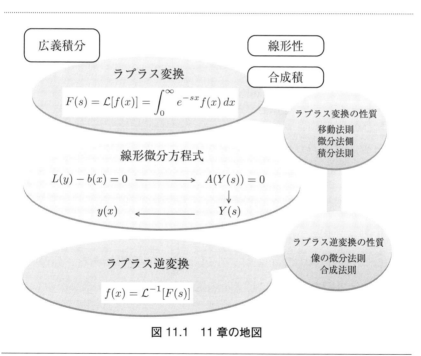

図 11.1　11 章の地図

---

1) Pierre-Simon Laplace, 1749–1827, フランス

11.1　広義積分とラプラス変換

関数 $f(x)$ は，区間 $I = (0, \infty)$ で定義されているとする。実数 s に対して，広義積分[2]

$$\int_0^\infty e^{-sx} f(x) \, dx \tag{11.1}$$

を考える。この広義積分が収束するとき，(11.1) を記号 $\mathcal{L}[f(x)]$，$\mathcal{L}[f]$ で表す。広義積分 (11.1) において，s が変化すれば，その値も変化する。したがって，(11.1) は，s の関数とみることができるので，$F(s)$ と表せば，

$$F(s) = \mathcal{L}[f(x)] \tag{11.2}$$

となる。これは，$\mathcal{L}$ が x の関数 $f(x)$ に s の関数 $F(s)$ を対応させる規則 $\mathcal{L} : f(x) \longrightarrow F(s)$ ともみることができる。この対応 $\mathcal{L}$ をラプラス変換といい，$F(s) = \mathcal{L}[f(x)]$ を $f(x)$ のラプラス変換という。また，$F(s)$ は $\mathcal{L}$ による $f(x)$ の像，または像関数とよぶ。

■■■■■ **学びの抽斗 11.1** ■■■■■

1.4.4 で復習したロピタルの定理を使って，次の性質を示すことができる。$\alpha > 0$ とする。このとき，任意の自然数 n に対して，

$$\lim_{x \to \infty} x^n e^{-\alpha x} = \lim_{x \to \infty} \frac{x^n}{e^{\alpha x}} = 0 \tag{11.3}$$

が成り立つ。実際，分母については，$\lim_{x \to \infty} (e^{\alpha x}) = \infty$，分子については，$\lim_{x \to \infty} (x^n) = \infty$ なので，(11.3) の左辺は $\dfrac{\infty}{\infty}$ の不定形である。分母・分子ともに微分可能なので，ロピタルの定理を繰り返し用いて，

$$\lim_{x \to \infty} \frac{x^n}{e^{\alpha x}} = \lim_{x \to \infty} \frac{nx^{n-1}}{\alpha e^{\alpha x}} = \cdots = \lim_{x \to \infty} \frac{n!}{\alpha^n e^{\alpha x}} = 0$$

---

2)　広義積分の収束・発散については 1.4.2 を参照のこと。

を得る。

定義式 (11.1) に基づいてラプラス変換が計算できる典型的な例を紹介する。

例 11.1　$s > 0$ とする。定数関数 1 のラプラス変換については，

$$\mathcal{L}[1] = \int_0^\infty e^{-sx} \, dx = -\frac{1}{s}\Big[e^{-sx}\Big]_0^\infty$$
$$= -\frac{1}{s}\Big(\lim_{x \to \infty} e^{-sx} - 1\Big) = \frac{1}{s}$$

となる。また，関数 $f(x) = x$ のラプラス変換は，部分積分法と学びの抽斗 11.1 の (11.3) を利用して

$$\mathcal{L}[x] = \int_0^\infty e^{-sx}x \, dx = -\frac{1}{s}\Big[xe^{-sx}\Big]_0^\infty + \frac{1}{s}\int_0^\infty e^{-sx} \, dx$$
$$= -\frac{1}{s}\Big(\lim_{x \to \infty} xe^{-sx} - 0\Big) + \frac{1}{s}\mathcal{L}[1] = \frac{1}{s^2} \tag{11.4}$$

である。一般に，任意の自然数 n に対して，

$$\mathcal{L}[x^n] = \frac{n!}{s^{n+1}} \tag{11.5}$$

が成り立つ[3]。　◁

████ **学びの扉 11.1** ████████████████████████████████

ラプラス変換 $\mathcal{L}$ を x の区間 $I = (0, \infty)$ 上で定義された関数の集合に，s のある区間上で定義されたある関数の集合を対応させるものとした。しかしながら，広義積分 (11.1) が収束するという条件がみたされなければ，$\mathcal{L}$ が意味のないものになってしまう。この学びの扉では，ラプラス変換

3）学びの広場（演習問題 11）3

を考えることのできる関数の集合を考察する。そのために，いくつか定義をあたえる。区間 $I = (0, \infty)$ において関数 $f(x)$ が区分的に連続とは，I に含まれる任意の有限区間に関して，(i) 不連続点は有限個である，(ii) 不連続点において，右極限・左極限がそれぞれ存在する（区間の端点においては，内側からの極限が存在する）の 2 つの条件が成り立つこととする。このとき，次の定理が成立することが知られている。

定理 11.1　区間 $I = (0, \infty)$ において，区分的に連続な関数 $f(x)$ が，ある $M > 0, \alpha$ に関して

$$|f(x)| \leqq Me^{\alpha x}, \quad x \in I \tag{11.6}$$

が成り立つならば，すべての $s > \alpha$ に関して，$f(x)$ のラプラス変換 $F(s) = \mathcal{L}[f]$ が存在する。

　条件 (11.6) をみたす関数を指数位数の関数という。たとえば，有界な関数は，指数位数の関数である。学びの抽斗 11.1 から，多項式も指数位数の関数であることがわかる。2 つの関数 $f_1(x)$, $f_2(x)$ が区分的に連続で指数位数の関数であれば，和 $f_1(x) + f_2(x)$，積 $f_1(x)f_2(x)$ も区分的に連続で指数位数の関数になる。積の一方を定数とみることで，1 次結合 $C_1 f_1(x) + C_2 f_2(x)$ も区分的に連続で指数位数の関数になることがわかる。また，積分の線形性からラプラス変換に関して

$$\mathcal{L}[C_1 f_1 + C_2 f_2] = C_1 \mathcal{L}[f_1] + C_2 \mathcal{L}[f_2] \tag{11.7}$$

が成り立つ。

　関数 $f(x)$ が $I = (0, \infty)$ において区分的に連続とする。原始関数の 1 つ $\Phi(x) = \int_0^x f(t)\, dt$ は，積分の性質から連続関数になる。仮りに，$f(x)$ が

指数位数の関数であるとすると，$\Phi(x)$ も指数位数の関数となる．実際，$f(x)$ が (11.6) をみたすとすれば，

$$|\Phi(x)| \leqq \int_0^x |f(t)|\ dt \leqq M \int_0^x e^{\alpha t}\ dt = \frac{M}{\alpha}(e^{\alpha x} - 1)$$
$$< \tilde{M}e^{\alpha x}, \quad \tilde{M} = \frac{M}{\alpha}$$

となる $\tilde{M}$ と α があり，(11.6) を成立させている．

次の例で紹介する関数は，指数位数の関数である．

例 11.2 a を定数とする．指数関数 e^{ax} のラプラス変換については，$s > a$ に対して

$$\mathcal{L}[e^{ax}] = \int_0^\infty e^{-sx}e^{ax}\ dx = \int_0^\infty e^{-(s-a)x}\ dx = -\frac{1}{s-a}\Big[e^{-(s-a)x}\Big]_0^\infty$$
$$= -\frac{1}{s-a}\Big(\lim_{x\to\infty} e^{-(s-a)x} - 1\Big) = \frac{1}{s-a} \tag{11.8}$$

となる．

三角関数 $\sin ax$ は有界である．したがって，$s > 0$ に対して，

$$\lim_{x\to\infty} |e^{-sx}\sin ax| \leqq \lim_{x\to\infty} e^{-sx} = 0$$

であるから，$\displaystyle\lim_{x\to\infty} e^{-sx}\sin ax = 0$ である．同様に，$\displaystyle\lim_{x\to\infty} e^{-sx}\cos ax = 0$ である．したがって，$\sin ax,\ \cos ax$ のラプラス変換については，部分積分を用いて

$$\mathcal{L}[\sin ax] = \int_0^\infty e^{-sx}\sin ax\ dx$$
$$= -\frac{1}{s}\Big[e^{-sx}\sin ax\Big]_0^\infty + \frac{a}{s}\int_0^\infty e^{-sx}\cos ax\ dx$$

$$= -\frac{1}{s}\left(\lim_{x \to \infty} e^{-sx}\sin ax - 0 \right) + \frac{a}{s}\mathcal{L}[\cos ax] = \frac{a}{s}\mathcal{L}[\cos ax]$$

であり，

$$
\begin{aligned}
\mathcal{L}[\cos ax] &= \int_0^\infty e^{-sx}\cos ax \; dx \\
&= -\frac{1}{s}\left[e^{-sx}\cos ax \right]_0^\infty - \frac{a}{s}\int_0^\infty e^{-sx}\sin ax \; dx \\
&= -\frac{1}{s}\left(\lim_{x \to \infty} e^{-sx}\cos ax - 1 \right) - \frac{a}{s}\mathcal{L}[\sin ax] \\
&= \frac{1}{s} - \frac{a}{s}\mathcal{L}[\sin ax]
\end{aligned}
$$

となる。これらの関係式を $\mathcal{L}[\sin ax]$, $\mathcal{L}[\cos ax]$ についての連立方程式とみて解けば，

$$\mathcal{L}[\sin ax] = \frac{a}{s^2 + a^2}, \quad \mathcal{L}[\cos ax] = \frac{s}{s^2 + a^2} \tag{11.9}$$

を得る。　◁

11.2　ラプラス変換の性質

　前節 11.1 の中の例では，各論的に典型的な関数のラプラス変換を定義に基づいて導いた。この節では，一般論としてラプラス変換のもつ性質を紹介する。登場する関数 $f(x)$ は，ラプラス変換が可能な関数とし，前節に従い $F(s) = \mathcal{L}[f(x)]$ と表すことにする。

定理 11.2　以下の性質

(i)　$\mathcal{L}[e^{ax}f(x)] = F(s - a), s > a$

(ii)　$\mathcal{L}[f(ax)] = \dfrac{1}{a}F\left(\dfrac{s}{a}\right), a > 0$

が成り立つ[4]。

---

4)　(i) は移動法則とよばれている。

証明 (i) 定義に基づいて計算をする

$$\mathcal{L}[e^{ax}f(x)] = \int_0^\infty e^{-sx}e^{ax}f(x)\ dx = \int_0^\infty e^{-(s-a)x}f(x)\ dx$$
$$= F(s-a)$$

(ii) $t = ax$ とおいて置換積分を行う

$$\mathcal{L}[f(ax)] = \int_0^\infty e^{-sx}f(ax)\ dx = \frac{1}{a}\int_0^\infty e^{-\frac{s}{a}t}f(t)\ dt = \frac{1}{a}F\left(\frac{s}{a}\right)$$

□

次に学習する 2 つの定理は，関数 $f(x)$ の導関数 $f'(x)$ および原始関数 $\int f(t)dt$ のラプラス変換を $f(x)$ のラプラス変換で記述するものである。ラプラス変換を微分方程式に応用するときに重要な役割を果たす。

定理 11.3 区間 $I = (0, \infty)$ で連続な指数位数の関数 $f(x)$ の導関数 $f'(x)$ が，I で区分的に連続ならば，ある範囲の s に関して

$$\mathcal{L}[f'(x)] = s\mathcal{L}[f(x)] - f(0) \tag{11.10}$$

が成り立つ[5]。

証明 証明の中で，s の範囲についても説明する。定義の式を部分積分して

$$\mathcal{L}[f'(x)] = \int_0^\infty e^{-sx}f'(x)\ dx = \left[e^{-sx}f(x)\right]_0^\infty + s\int_0^\infty e^{-sx}f(x)\ dx$$
$$= \left(\lim_{x\to\infty} e^{-sx}f(x) - f(0)\right) + s\mathcal{L}[f(x)]$$

---

5) 定理 11.3 は，微分法則といわれている。

$f(x)$ が指数位数の関数であるから，ある $M > 0, \alpha$ があって (11.6) が成り立つ。ゆえに，$s > \alpha$ に対して

$$\lim_{x \to \infty} |e^{-sx} f(x)| \leqq \lim_{x \to \infty} M e^{-(s-\alpha)x} = 0$$

となる。したがって，(11.10) が証明された。　□

▧▧▧▧ **学びのノート 11.1** ▧▧▧▧▧▧▧▧▧▧▧▧▧▧▧▧▧▧▧▧▧▧▧▧▧▧▧▧▧▧▧▧

　定理 11.3 を繰り返し用いることで高階導関数のラプラス変換を $f(x)$ のラプラス変換で記述することができる。ここでは，n を自然数とし，$f(x),\ f'(x), \ldots, f^{(n-1)}(x)$ が連続で，指数位数の関数であると仮定する。このとき，$f^{(n)}(x)$ が，区分的に連続であれば

$$\begin{aligned}
\mathcal{L}[f^{(n)}(x)] = {}& s^n \mathcal{L}[f(x)] \\
& - s^{n-1} f(0) - s^{n-2} f'(0) - \cdots - f^{(n-1)}(0) \quad (11.11)
\end{aligned}$$

が成り立つ。

定理 11.4　関数 $f(x)$ は，$I = (0, \infty)$ で区分的に連続な指数位数の関数とする。このとき，$\Phi(x) = \displaystyle\int_0^x f(t)\, dt$ は，

$$\mathcal{L}[\Phi(x)] = \frac{1}{s} \mathcal{L}[f(x)] \quad (11.12)$$

をみたす。

証明　学びの扉 11.1 にあるように $\Phi(x)$ は連続な指数位数の関数であるから，ラプラス変換を考えることができる。微分積分学基本定理，準備（積分-1）から，$\Phi'(x) = f(x)$ であり，$\Phi(0) = 0$ に注意して，定理 11.3 を用いれば，

$$\mathcal{L}[f(x)] = s\mathcal{L}[\Phi(x)] - \Phi(0) = s\mathcal{L}[\Phi(x)]$$

となり，定理は証明された．　□

定理 11.5　関数 $f(x)$ は，$I = (0, \infty)$ で区分的に連続な指数位数の関数とする．このとき，$F(s) = \mathcal{L}[f(x)]$ に対して，

$$\mathcal{L}[xf(x)] = -\frac{dF(s)}{ds} \tag{11.13}$$

が成り立つ[6]．

証明　区分的に連続な指数位数の関数の積 $xf(x)$ は，学びの扉 11.1 にあるように，区分的に連続な指数位数の関数であるから，ラプラス変換を考えることができる．広義積分と微分の交換を認めれば[7]，

$$\frac{dF(s)}{ds} = \int_0^\infty \frac{\partial}{\partial s}(e^{-sx})f(x)\ dx$$
$$= \int_0^\infty (e^{-sx})(-xf(x))\ dx = -\mathcal{L}[xf(x)]$$

となり，定理は証明された．　□

例 11.3　a, b を定数とする．以下の関数のラプラス変換を求めよ．

(1)　$e^{bx}\cos ax$　　　　　　　　　　(2)　$\displaystyle\int_0^x t\cos at\ dt$

解答　(1) 定理 11.2(i) と (11.9) を利用して，

$$\mathcal{L}[e^{bx}\cos ax] = \frac{s-b}{(s-b)^2 + a^2}$$

を得る．

---

6)　定理 11.5 は，像の微分法則といわれている．
7)　詳細は，たとえば，巻末の関連図書 [9]，[27] などを参照のこと．

(2) 定理 11.4, 定理 11.5 と (11.9) を用いれば,

$$\mathcal{L}[\int_0^x t \cos at \; dt] = \frac{1}{s}\mathcal{L}[x \cos ax] = -\frac{1}{s}\frac{d}{ds}\left(\frac{s}{s^2+a^2}\right)$$
$$= \frac{s^2-a^2}{s(s^2+a^2)^2}$$

となる。 ◁

11.3 ラプラス逆変換

ラプラス変換は, x の関数 $f(x)$ に s の関数 $F(s)$ を対応させる操作 $\mathcal{L} : f(x) \longrightarrow F(s)$ と位置づけた。この操作では, $F(s)$ が一意的に定められた。この節では逆に, 関数 $F(s)$ があたえられたときに, $\mathcal{L}[f(x)] = F(s)$ をみたす $f(x)$ を求めることを考える。このような $f(x)$ が存在すれば, $F(s)$ のラプラス変換の原像とみることができる。以下では, $f(x)$ を $F(s)$ のラプラス逆変換といい, $f(x) = \mathcal{L}^{-1}[F(s)]$ と表す。ただし, $F(s)$ のラプラス変換の原像を求める操作 $\mathcal{L}^{-1}$ においては, 必ずしも一意的に原像が定まるとは限らない。一般に, $\mathcal{L}[\mathcal{L}^{-1}[F(s)]] = F(s)$ は成り立つが, $\mathcal{L}^{-1}[\mathcal{L}[f(x)]] = f(x)$ は必ずしも成り立たない。ラプラス逆変換に関して, 次の定理が知られている[8]。

定理 11.6 関数 $f_1(x)$, $f_2(x)$ は, $I = (0, \infty)$ で区分的に連続な関数とする。このとき, $\mathcal{L}[f_1(x)] = \mathcal{L}[f_2(x)]$ ならば, $f_1(x)$, $f_2(x)$ は不連続点を除いて一致する。

たとえば, $f_1(x)$ を連続関数とし, $f_2(x)$ を 1 点 $x = a$ 以外で $f_1(x)$ と一致する関数とする。この場合 $x = a$ は, $f_2(x)$ の不連続点になる。ラプラス変換の定義は積分 (11.1) によるものだから $\mathcal{L}[f_1(x)] = \mathcal{L}[f_2(x)]$ とな

---

8) 証明などの詳細は, たとえば, 巻末の関連図書 [25] などを参照のこと。

る。定理 11.6 は，関数 $f_1(x)$，$f_2(x)$ が連続ならば，$\mathcal{L}[f_1(x)] = \mathcal{L}[f_2(x)]$ のとき $f_1(x)$，$f_2(x)$ が一致することを保証している。いいかえれば，連続な原像は一意的に定まることを意味している。そこで，以下では連続な原像が存在する場合を取り扱うことにする。したがって，11.1 節や 11.2 節で学習したラプラス変換の公式を逆にたどることができる。たとえば，(11.7) から

$$\mathcal{L}^{-1}[C_1 F_1(s) + C_2 F_2(s)] = C_1 \mathcal{L}^{-1}[F_1(s)] + C_2 \mathcal{L}^{-1}[F_2(s)]$$

が導かれ，(11.8) からは，$\mathcal{L}^{-1}\left[\dfrac{1}{s-a}\right] = e^{ax}$ が得られる。

例を使って，像関数のラプラス逆変換を学習する。

例 11.4 a, b を定数とする。以下の関数のラプラス逆変換を求めよ。

(1) $\dfrac{s-1}{s^2+4}$ (2) $\dfrac{2s-2}{s^2-2s-3}$ (3) $\dfrac{2s}{(s^2+3)^2}$

解答 (1) (11.9) を利用して，

$$\mathcal{L}^{-1}\left[\frac{s-1}{s^2+4}\right] = \mathcal{L}^{-1}\left[\frac{s}{s^2+4}\right] - \frac{1}{2}\mathcal{L}^{-1}\left[\frac{2}{s^2+4}\right]$$
$$= \cos 2x - \frac{1}{2}\sin 2x$$

を得る。

(2) 部分分数分解をすると，$\dfrac{2s-2}{s^2-2s-3} = \dfrac{1}{s-3} + \dfrac{1}{s+1}$ なので，(11.8) を用いれば，

$$\mathcal{L}^{-1}\left[\frac{2s-2}{s^2-2s-3}\right] = \mathcal{L}^{-1}\left[\frac{1}{s-3}\right] + \mathcal{L}^{-1}\left[\frac{1}{s+1}\right]$$
$$= e^{3x} + e^{-x}$$

となる。

(3)　定理 11.5 と (11.9) を利用して,

$$\mathcal{L}^{-1}\left[\frac{2s}{(s^2+3)^2}\right] = \mathcal{L}^{-1}\left[\frac{d}{ds}\left(\frac{-1}{s^2+3}\right)\right]$$

$$= x\mathcal{L}^{-1}\left[\frac{1}{s^2+(\sqrt{3})^2}\right] = \frac{1}{\sqrt{3}}x\sin\sqrt{3}x$$

と求まる。　◁

　次に, 関数の積のラプラス変換や, 積のラプラス逆変換についての性質を紹介する。区間 $I = (0,\infty)$ で区分的に連続な関数 $f(x)$, $g(x)$ のラプラス変換は存在するとしておく。関数 $f(x)$, $g(x)$ の合成積 $(f*g)(x)$ を

$$(f*g)(x) = \int_0^x f(x-t)g(t)\,dt \tag{11.14}$$

で定義する。上式の右辺において, 変数変換 $\xi = x - t$ を考えると,

$$\int_0^x f(x-t)g(t)\,dt = \int_x^0 f(\xi)g(x-\xi)\,(-d\xi) = \int_0^x f(\xi)g(x-\xi)\,d\xi$$

となるので, $(f*g)(x) = (g*f)(x)$ であることがわかる。

定理 11.7　合成積のラプラス変換について

$$\mathcal{L}[(f*g)(x)] = \mathcal{L}[f(x)]\,\mathcal{L}[g(x)] \tag{11.15}$$

が成り立つ。

証明　右辺を変形して, 左辺を導く。

$$\mathcal{L}[f(x)]\,\mathcal{L}[g(x)] = \left(\int_0^\infty e^{-sx}f(x)\,dx\right)\left(\int_0^\infty e^{-st}g(t)\,dt\right)$$

$$= \int_0^\infty\int_0^\infty e^{-s(x+t)}f(x)g(t)\,dxdt \tag{11.16}$$

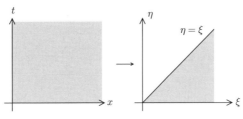

図 11.2 合成積のラプラス変換

において，変数変換 $x = \xi - \eta$, $t = \eta$ を行う．このとき積分の範囲は図 11.2 のように $0 < x < \infty$, $0 < t < \infty$ から $0 < \eta < \xi < \infty$, $0 < \xi < \infty$ に変換される。

また，$\dfrac{\partial x}{\partial \xi} = 1$, $\dfrac{\partial t}{\partial \xi} = 0$, $\dfrac{\partial x}{\partial \eta} = -1$, $\dfrac{\partial t}{\partial \eta} = 1$ であるから，ヤコビ行列式の値は 1 である。したがって，(11.16) の右辺は

$$\int_0^\infty e^{-s\xi} \left(\int_0^\xi f(\xi - \eta)g(\eta)\, d\eta \right) d\xi = \int_0^\infty e^{-s\xi} (f * g)(\xi)\, d\xi$$
$$= \mathcal{L}\left[(f * g)(x) \right]$$

となって，(11.15) の左辺と一致する。 □

例 11.5 $a > 0$ を定数とする。定理 11.7 を用いて，関数 $\dfrac{as}{(s^2 + a^2)^2}$ のラプラス逆変換を求めよ。

解答 あたえられた像関数は $\dfrac{as}{(s^2 + a^2)^2} = \dfrac{a}{s^2 + a^2} \dfrac{s}{s^2 + a^2}$ と表されるから，$\mathcal{L}^{-1}\left[\frac{a}{s^2+a^2} \right] = \sin ax$, $\mathcal{L}^{-1}\left[\frac{s}{s^2+a^2} \right] = \cos ax$ を用いて，

$$\mathcal{L}^{-1}\left[\frac{as}{(s^2 + a^2)^2} \right] = \sin ax * \cos ax = \int_0^x \sin a(x - t) \cos at\, dt$$
$$= \frac{1}{2} \int_0^x (\sin a(x - 2t) + \sin ax)\, dt$$

$$= \frac{1}{2}\left[\frac{1}{2a}\cos a(x - 2t) + t\sin ax\right]_0^x$$

$$= \frac{1}{2}\left(\frac{1}{2a}(\cos ax - \cos ax) + x\sin ax\right) = \frac{1}{2}x\sin ax$$

となる。　◁

11.4　微分方程式への応用

　この節では，ラプラス変換の微分方程式への応用を，例をあげながら紹介する。登場する方程式は，3章，7章，8章，10章などでさまざまな角度から解法を紹介したものである。ここでは，ラプラス変換をどのように応用するかに注目して学習してほしい。

例 11.6　ラプラス変換を応用して，微分方程式の初期値問題

$$\frac{dy}{dx} + 5y = e^{3x}, \quad y(0) = 1 \tag{11.17}$$

を解きなさい。

解答　未知関数 $y(x)$ のラプラス変換を $\mathcal{L}[y(x)] = Y(s)$ と書くことにする。あたえられた微分方程式 (11.17) の両辺のラプラス変換を考える。左辺のラプラス変換は，(11.10) を用いて，

$$\mathcal{L}\left[\frac{dy}{dx} + 5y\right] = \mathcal{L}\left[\frac{dy}{dx}\right] + 5\mathcal{L}[y(x)] = s\mathcal{L}[y(x)] - y(0) + 5\mathcal{L}[y(x)]$$

$$= sY(s) - 1 + 5Y(s)$$

右辺のラプラス変換は，(11.8) より，

$$\mathcal{L}\left[e^{3x}\right] = \frac{1}{s - 3}$$

となる。したがって,

$$sY(s) - 1 + 5Y(s) = \frac{1}{s-3} \tag{11.18}$$

を得る。この方程式を $Y(s)$ について解けば,

$$Y(s) = \frac{1}{8}\left(\frac{1}{s-3} - \frac{1}{s+5}\right) + \frac{1}{s+5}$$

$$= \frac{1}{8(s-3)} + \frac{7}{8(s+5)}$$

となる[9]。この式の両辺のラプラス逆変換を考えれば,(11.17) の解は

$$y(x) = \mathcal{L}^{-1}\left[Y(s)\right] = \frac{1}{8}\mathcal{L}^{-1}\left[\frac{1}{s-3}\right] + \frac{7}{8}\mathcal{L}^{-1}\left[\frac{1}{s+5}\right]$$

$$= \frac{1}{8}e^{3x} + \frac{7}{8}e^{-5x}$$

と求めることができる。 ◁

例 11.7 ラプラス変換を応用して,微分方程式の初期値問題

$$\frac{d^2y}{dx^2} - 5\frac{dy}{dx} + 6y = 10\sin x, \quad y(0) = 3, \ y'(0) = 6 \tag{11.19}$$

を解きなさい。

解答 未知関数 $y(x)$ のラプラス変換を $\mathcal{L}\left[y(x)\right] = Y(s)$ とし,(11.19) の両辺のラプラス変換を考える。左辺のラプラス変換は,(11.11) を用いて,

$$\mathcal{L}\left[\frac{d^2y}{dx^2} - 5\frac{dy}{dx} + 6y\right] = \mathcal{L}\left[\frac{d^2y}{dx^2}\right] - 5\mathcal{L}\left[\frac{dy}{dx}\right] + 6\mathcal{L}\left[y(x)\right]$$

$$= s^2\mathcal{L}\left[y(x)\right] - sy(0) - y'(0) - 5(s\mathcal{L}\left[y(x)\right] - y(0)) + 6\mathcal{L}\left[y(x)\right]$$

$$= (s^2 - 5s + 6)Y(s) - 3s + 9$$

---

9) $Y(s)$ のみたす方程式を像方程式という。

であり，右辺のラプラス変換は，(11.9) より，

$$\mathcal{L}\left[10 \sin x\right] = \frac{10}{s^2 + 1}$$

となるから，像方程式

$$(s^2 - 5s + 6)Y(s) - 3s + 9 = \frac{10}{s^2 + 1} \tag{11.20}$$

を得る。この方程式を $Y(s)$ について解けば，

$$\begin{aligned}
Y(s) &= \frac{3s - 9}{s^2 - 5s + 6} + \frac{10}{(s^2 - 5s + 6)(s^2 + 1)} \\
&= \frac{3}{s - 2} + \left(\frac{1}{s - 3} - \frac{2}{s - 2} + \frac{s + 1}{s^2 + 1}\right) \\
&= \frac{1}{s - 2} + \frac{1}{s - 3} + \frac{1}{s^2 + 1} + \frac{s}{s^2 + 1}
\end{aligned}$$

となる。したがって，ラプラス逆変換を考えて，(11.7) の解は

$$\begin{aligned}
y(x) &= \mathcal{L}^{-1}\left[Y(s)\right] \\
&= \mathcal{L}^{-1}\left[\frac{1}{s - 2}\right] + \mathcal{L}^{-1}\left[\frac{1}{s - 3}\right] + \mathcal{L}^{-1}\left[\frac{1}{s^2 + 1}\right] + \mathcal{L}^{-1}\left[\frac{s}{s^2 + 1}\right] \\
&= e^{2x} + e^{3x} + \sin x + \cos x
\end{aligned}$$

である。　◁

▌▌▌▌▌ 学びのノート 11.2 ▌▌▌

例 11.7 を含む 2 階線形非同次微分方程式の初期値問題

$$\frac{d^2 y}{dx^2} + a_1 \frac{dy}{dx} + a_0 y = \psi(x), \qquad y(0) = \alpha_0, \quad y'(0) = \alpha_1 \tag{11.21}$$

を考える。ここで，a_1, a_0 は定数で，$\psi(x)$ については，ラプラス変換 $\mathcal{L}\left[\psi(x)\right] = \Psi(s)$ が存在する関数としておく。定理 11.3 を利用し，例 11.7 と同様の議論をして，$\mathcal{L}\left[y(x)\right] = Y(s)$ についての像方程式を求めれば

$$(s^2 + a_1 s + a_0)Y(s) = (s + a_1)\alpha_0 + \alpha_1 + \Psi(s) \tag{11.22}$$

となる。ここで，左辺の $Y(s)$ の係数 $s^2 + a_1 s + a_0$ は，(11.21) の随伴方程式の特性方程式 (8.2) であるから $P(s) = s^2 + a_1 s + a_0$ とおくことにすると，(11.22) は，

$$Y(s) = \frac{(s + a_1)\alpha_0 + \alpha_1}{P(s)} + \frac{\Psi(s)}{P(s)} \tag{11.23}$$

と表せる。ラプラス逆変換を考えれば，$Q(s) = (s + a_1)\alpha_0 + \alpha_1$ として

$$y(x) = \mathcal{L}^{-1}[Y(s)] = \mathcal{L}^{-1}\left[\frac{Q(s)}{P(s)}\right] + \mathcal{L}^{-1}\left[\frac{\Psi(s)}{P(s)}\right] \tag{11.24}$$

となる。ここで，$\psi(x) \equiv 0$ の場合を考えれば，(11.24) の右辺の第 2 項は 0 になるから，$\mathcal{L}^{-1}\left[\dfrac{Q(s)}{P(s)}\right]$ は，(11.21) の随伴方程式の初期条件「$y(0) = \alpha_0$，$y'(0) = \alpha_1$」をみたす解をあたえることがわかる。一方，$\mathcal{L}^{-1}\left[\dfrac{\Psi(s)}{P(s)}\right]$ は，(11.21) の初期条件「$y(0) = \alpha_0 = 0, y'(0) = \alpha_1 = 0$」をみたす解である。

ラプラス変換は積分変換の 1 つである。本書の 14 章において，積分変換の関数方程式への応用を取り扱う。この節で登場しなかった他の方程式へのラプラス変換の応用は 14 章で紹介する。

学びの広場 — 演習問題 11

1. 以下の関数のラプラス変換を求めよ。

   (1) $e^{3x} x^3$ (2) $\displaystyle\int_0^x t^2 \sin t \, dt$

2. 以下の関数のラプラス逆変換を求めよ。

   (1) $\dfrac{1}{2s - 1}$ (2) $\dfrac{1}{s^2 + 2s + 3}$

3. 任意の自然数 n に対して，$\mathcal{L}[x^n] = \dfrac{n!}{s^{n+1}}$ を証明せよ。

4. ラプラス変換を応用して，微分方程式の初期値問題

$$\frac{d^2y}{dx^2} - 4\frac{dy}{dx} + 4y = e^x, \quad y(0) = 3,\ y'(0) = 6$$

を解きなさい。

12 | フーリエ級数

《**目標&ポイント**》 三角関数を復習し, フーリエ[1)]係数の求め方を学習する。
フーリエの定理を理解し, 関数をフーリエ級数で表すことを学ぶ。さらに, フー
リエ級数のもつ性質を学習する。また, 直交関数系を学び, 一般フーリエ級数
の性質にふれる。
《**キーワード**》 三角関数, フーリエ係数, フーリエ級数, 直交関数系, ルジャ
ンドル多項式, パーセバルの等式

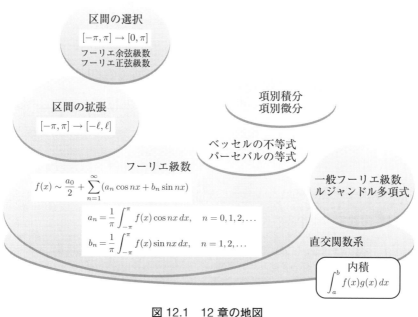

図 12.1　12 章の地図

1) Jean Baptiste Joseph Fourier, 1768–1830 フランス

12.1 フーリエ級数

1章の準備（高階導関数-4）のテイラーの定理，10章の整級数では，関数を多項式で近似することを学習した。この章では，関数を三角関数の無限和で表現することを考える。整級数の場合と同様に，関数を表現できる範囲（収束域）を考察する必要はあるが，形式的に

$$f(x) = \frac{a_0}{2} + \sum_{n=1}^{\infty} (a_n \cos nx + b_n \sin nx) \tag{12.1}$$

を三角級数とよぶことにする。

三角級数 (12.1) を構成する $\sin nx$, $\cos nx$, $n = 1, 2, \ldots$ は，周期 2π の周期関数である。しばらくの間，(12.1) を考察する舞台を $x = 0$ をはさむ長さ $2\pi = \int_{-\pi}^{\pi} 1\, dx$ の対称区間 $I_\pi = [-\pi, \pi]$ としておく。

関数 $\sin nx$ は奇関数，$\cos nx$ は偶関数であるから，準備（積分-5）を用いれば，I_π での $\sin nx$ の積分については $\int_{-\pi}^{\pi} \sin nx\, dx = 0$ である。また，$\cos nx$ については，偶関数の性質を使って計算すれば，$\int_{-\pi}^{\pi} \cos nx\, dx = 2\left[\frac{1}{n} \sin nx\right]_0^\pi = 0$ である。

さらに，n, m を自然数として，積 $\cos nx \sin mx$ は奇関数であるから $\int_{-\pi}^{\pi} \sin nx \cos mx\, dx = 0$ である。積 $\cos nx \cos mx$, $\sin nx \sin mx$ については偶関数であるから，それぞれ，

$$\int_{-\pi}^{\pi} \cos nx \cos mx\, dx = \int_0^{\pi} (\cos(n+m)x + \cos(n-m)x)\, dx$$

$$= \begin{cases} \left[\dfrac{1}{n+m} \sin(n+m)x + \dfrac{1}{n-m} \sin(n-m)x\right]_0^\pi = 0, & n \neq m \\ \left[\dfrac{1}{n+m} \sin(n+m)x + x\right]_0^\pi = \pi, & n = m \end{cases}$$

$$\int_{-\pi}^{\pi} \sin nx \sin mx \ dx = -\int_{0}^{\pi} (\cos(n+m)x - \cos(n-m)x) \ dx$$

$$= \begin{cases} -\left[\dfrac{1}{n+m}\sin(n+m)x - \dfrac{1}{n-m}\sin(n-m)x\right]_{0}^{\pi} = 0, \quad n \neq m \\[3mm] -\left[\dfrac{1}{n+m}\sin(n+m)x - x\right]_{0}^{\pi} = \pi, \quad n = m \end{cases}$$

となる。まとめると，n, m を自然数として

$$\int_{-\pi}^{\pi} 1 \ dx = 2\pi, \quad \int_{-\pi}^{\pi} \sin nx \ dx = 0, \quad \int_{-\pi}^{\pi} \cos nx \ dx = 0$$

$$\int_{-\pi}^{\pi} \cos nx \sin mx \ dx = 0$$

$$\int_{-\pi}^{\pi} \cos nx \cos mx \ dx = \begin{cases} 0, \ n \neq m \\[2mm] \pi, \ n = m \end{cases}$$

$$\int_{-\pi}^{\pi} \sin nx \sin mx \ dx = \begin{cases} 0, \ n \neq m \\[2mm] \pi, \ n = m \end{cases} \tag{12.2}$$

となる。

関数 $f(x)$ が I_π において，(12.1) のように表されて，$1, \cos mx, \sin mx$ をかけたものが，項別積分できるとすると，(12.2) を用いて，それぞれ

$$\int_{-\pi}^{\pi} f(x) \ dx = \frac{a_0}{2} \int_{-\pi}^{\pi} 1 \ dx$$
$$+ \sum_{n=1}^{\infty} \left(a_n \int_{-\pi}^{\pi} \cos nx \ dx + b_n \int_{-\pi}^{\pi} \sin nx \ dx \right)$$
$$= a_0 \pi$$

$$\int_{-\pi}^{\pi} f(x) \cos mx \ dx$$

$$= \frac{a_0}{2} \int_{-\pi}^{\pi} \cos mx \ dx$$

$$+ \sum_{n=1}^{\infty} \left(a_n \int_{-\pi}^{\pi} \cos nx \cos mx \ dx + b_n \int_{-\pi}^{\pi} \sin nx \cos mx \ dx \right)$$

$$= a_m \pi$$

$$\int_{-\pi}^{\pi} f(x) \sin mx \ dx$$

$$= \frac{a_0}{2} \int_{-\pi}^{\pi} \sin mx \ dx$$

$$+ \sum_{n=1}^{\infty} \left(a_n \int_{-\pi}^{\pi} \cos nx \sin mx \ dx + b_n \int_{-\pi}^{\pi} \sin nx \sin mx \ dx \right)$$

$$= b_m \pi$$

となり，(12.1) の係数 $a_0, a_1, a_2, ..., b_1, b_2, ...$ が $f(x)$ を被積分関数に含んだ積分で表現されていくことがわかる。テイラー展開では係数が導関数で記述されていたことに比べて，大変興味深い。しかしながら，形式的に項別積分して得られた係数をもつ級数が収束するとは限らないし，収束する場合でも，$f(x)$ と一致するとも限らない。そこで，$f(x)$ を上記のように定められた係数をもつ三角級数で表す場合は，等号を使う代わりに

$$f(x) \sim \frac{a_0}{2} + \sum_{n=1}^{\infty} (a_n \cos nx + b_n \sin nx) \tag{12.3}$$

と表す。ここで，

$$a_n = \frac{1}{\pi} \int_{-\pi}^{\pi} f(x) \cos nx \ dx, \quad n = 0, 1, 2, ...$$

$$b_n = \frac{1}{\pi} \int_{-\pi}^{\pi} f(x) \sin nx \ dx, \quad n = 1, 2, ... \tag{12.4}$$

である。(12.4) であたえられる $a_0, a_1, a_2, ..., b_1, b_2, ...$ を関数 $f(x)$ のフーリエ係数といい，(12.3) の右辺の三角級数を $f(x)$ のフーリエ級数という。さらに，$a_0, a_1, a_2, ...$ をフーリエ余弦係数，$b_1, b_2, ...$ をフーリエ正弦係数とよぶことにする。

############ **学びのノート 12.1** ############

（ i ）　関数 $f(x)$ が奇関数であれば，$f(x)\cos nx$ は奇関数になる。したがって，準備（積分-5）を適用して，$a_n = 0$, $n = 0, 1, 2, ...$ となる。また，関数 $f(x)$ が偶関数であれば，$f(x)\sin nx$ は奇関数になる。よって，$b_n = 0$, $n = 1, 2, ...$ となる。

(ii)　オイラーの公式 (1.60) を用いて，三角関数を

$$\cos x = \frac{e^{ix} + e^{-ix}}{2}, \quad \sin x = \frac{e^{ix} - e^{-ix}}{2i}$$

と表せば，$\dfrac{1}{i} = -i$ なので

$$
\begin{aligned}
a_n \cos nx + b_n \sin nx &= a_n \frac{e^{inx} + e^{-inx}}{2} + b_n \frac{e^{inx} - e^{-inx}}{2i} \\
&= \frac{a_n - ib_n}{2} e^{inx} + \frac{a_n + ib_n}{2} e^{-inx} \\
&= c_n e^{inx} + c_{-n} e^{-inx}, \quad c_n = \frac{a_n - ib_n}{2}, \quad c_{-n} = \frac{a_n + ib_n}{2}
\end{aligned}
$$

と書ける。ここで，$c_0 = \dfrac{a_0}{2}$ とおけば，(12.1) は，

$$f(x) \sim \sum_{n=-\infty}^{\infty} c_n e^{inx}$$

と表せる。この表現を複素フーリエ級数という。また，(12.4), (1.60) を用いて，複素フーリエ係数 c_n は

$$c_n = \frac{1}{2\pi} \int_{-\pi}^{\pi} f(x)(\cos nx - i\sin nx)\, dx = \frac{1}{2\pi} \int_{-\pi}^{\pi} f(x) e^{-inx}\, dx$$

と表現できる。

例 12.1 関数

$$f(x) = \begin{cases} x + \pi, & -\pi \leqq x < 0 \\ -x + \pi, & 0 \leqq x \leqq \pi \end{cases} \tag{12.5}$$

のフーリエ級数を求めよ。

解答 あたえられた関数 $f(x)$ は偶関数であるから，学びのノート 12.1 の (i) より $b_n = 0$, $n = 1, 2, \ldots$ である。$f(x)$ のグラフと x の囲む面積から $a_0 = \pi$ が得られる。a_n, $n = 1, 2, \ldots$ については，定義式 (12.4) に基づいて計算する。実際，$\cos n\pi = (-1)^n$ に注意して

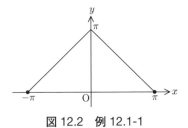

図 12.2　例 12.1-1

$$\begin{aligned} a_n &= \frac{1}{\pi} \int_{-\pi}^{\pi} f(x) \cos nx \, dx = \frac{2}{\pi} \int_0^{\pi} (-x + \pi) \cos nx \, dx \\ &= \frac{2}{\pi} \left[\frac{-x + \pi}{n} \sin nx \right]_0^{\pi} - \frac{2}{\pi} \int_0^{\pi} -\frac{1}{n} \sin nx \, dx \\ &= \frac{2}{n\pi} \left[-\frac{1}{n} \cos nx \right]_0^{\pi} = \frac{2}{n^2 \pi} (-\cos n\pi + 1) \\ &= \frac{2}{n^2 \pi} ((-1)^{n+1} + 1) \end{aligned}$$

したがって，求めるフーリエ級数は，

$$f(x) \sim \frac{\pi}{2} + \sum_{n=1}^{\infty} \frac{2}{n^2 \pi} ((-1)^{n+1} + 1) \cos nx$$

である。実際には，フーリエ余弦係数は，n が奇数のときは，$a_n = \dfrac{4}{n^2 \pi}$ であり，n が偶数のときは，$a_n = 0$ であることがわかる。図 12.3 は，

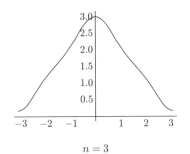
$n = 3$

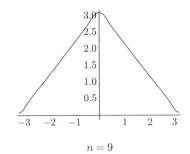
$n = 9$

図 12.3　例 12.1-2

$n = 3$, $n = 9$ までを近似的にグラフで表現したものである。　◁

例 12.2　関数

$$f(x) = \begin{cases} p, & -\pi \leqq x < 0 \\ q, & 0 \leqq x \leqq \pi \end{cases} \tag{12.6}$$

のフーリエ級数を求めよ。

解答　関数 $f(x)$ は，$q = -p$ であれば奇関数であり，$q = p$ であれば偶関数であるが，これらの場合以外は，学びのノート 12.1 は利用できない。ここでは，定義式 (12.4) に基づいてフーリエ係数を求めることにする。

$$\begin{aligned} a_0 &= \frac{1}{\pi} \int_{-\pi}^{\pi} f(x) \, dx \\ &= \frac{1}{\pi} \int_{-\pi}^{0} p \, dx + \frac{1}{\pi} \int_{0}^{\pi} q \, dx \\ &= p + q \end{aligned}$$

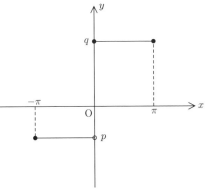

である。次に，a_n, $n = 1, 2, \ldots$, については，

図 12.4　例 12.2-1

$$a_n = \frac{1}{\pi} \int_{-\pi}^{\pi} f(x) \cos nx \, dx = \frac{1}{\pi} \int_{-\pi}^{0} p \cos nx \, dx + \frac{1}{\pi} \int_{0}^{\pi} q \cos nx \, dx$$

$$= \frac{1}{\pi} \left[\frac{p}{n} \sin nx \right]_{-\pi}^{0} + \frac{1}{\pi} \left[\frac{q}{n} \sin nx \right]_{0}^{\pi} = 0$$

となる。$b_n,\, n = 1, 2, \ldots,$ については，

$$b_n = \frac{1}{\pi} \int_{-\pi}^{\pi} f(x) \sin nx \, dx = \frac{1}{\pi} \int_{-\pi}^{0} p \sin nx \, dx + \frac{1}{\pi} \int_{0}^{\pi} q \sin nx \, dx$$

$$= \frac{1}{\pi} \left[-\frac{p}{n} \cos nx \right]_{-\pi}^{0} + \frac{1}{\pi} \left[-\frac{q}{n} \cos nx \right]_{0}^{\pi}$$

$$= \frac{p}{n\pi} (\cos n\pi - 1) - \frac{q}{n\pi} (\cos n\pi - 1) = \frac{p-q}{n\pi} (\cos n\pi - 1)$$

となる。したがって，求めるフーリエ級数は，

$$f(x) \sim \frac{p+q}{2} + \sum_{n=1}^{\infty} \frac{(p-q)}{n\pi} \big((-1)^n - 1 \big) \sin nx \tag{12.7}$$

である。実際には，フーリエ正弦係数は，n が偶数のときは，$b_n = 0$ であり，n が奇数のときは，$b_n = \dfrac{2(q-p)}{n\pi}$ であることがわかる。図 12.5 は，$p = -1,\, q = 3$ のときで，$n = 3,\, n = 9$ までを近似的にグラフで表現したものである。　◁

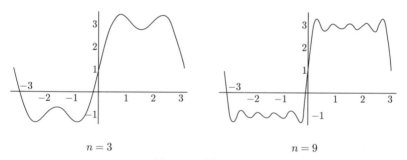

$n = 3$ $n = 9$

図 12.5　例 12.2-2

‖‖‖‖‖ **学びの扉 12.1** ‖‖‖

　11 章の学びの扉 11.1 において，区分的に連続な関数の定義をあたえた。ここでは，関数 $f(x)$ を考える区間を I_π とし，さらに $f(x)$ の導関数が区分的に連続という条件を加える。このとき，$f(x)$ は，I_π において区分的に滑らかという。不連続点における x_0 における左極限，右極限をそれぞれ $f(x_0 - 0)$, $f(x_0 + 0)$ と書くことにしておく。

　例 12.2 での不連続点 $x = 0$ についての考察を振り返ろう。$x = 0$ の近くでは，y 軸に含まれる $(0, p)$, $(0, q)$ を結ぶ線分に近づいていくことが見てとれる。一般に，フーリエ級数は不連続点 x_0 の近くでは，x_0 を通る y 軸に平行な直線に近づいていく。このような現象をギップス現象という。例 12.2 における不連続点 $x = 0$ においては，任意の n に対して，第 n 項までとって近似的に描いた曲線が，点 $(0, \dfrac{p+q}{2})$ を通ることがみてとれる。このことは，(12.7) からもあたえられる。例 12.2 では，$x = 0$ の値は $f(0) = q$ と設定してあるので，(12.7) の右辺が収束したとしてもこの値とは異なることも理解できる。一般に，次の定理が成り立つことが知られている[2]。

定理 12.1　区間 I_π で区分的に滑らかな関数 $f(x)$ のフーリエ級数は，連続点 x では，$f(x)$ に収束する。また，不連続点 x では，

$$\frac{f(x - 0) + f(x + 0)}{2}$$

に収束する。

‖‖■

---

　2)　証明などの詳細は，たとえば，巻末の関連図書 [26], [22] などを参照のこと。

12.2 区間の拡張

ここまでは，区間 $I_\pi = [-\pi, \pi]$ でフーリエ級数を考察してきた。この節では，$\ell > 0$ とし，区間 $I_\ell = [-\ell, \ell]$ で定義された関数 $f(x)$ のフーリエ級数を考察する。

変数変換 $t = \dfrac{\pi}{\ell}x$, $\tilde{f}(t) = f(x)$ を行えば，$\tilde{f}(t)$ は区間 I_π での関数になるから，(12.4) を適用して，

$$a_n = \frac{1}{\pi} \int_{-\pi}^{\pi} \tilde{f}(t) \cos nt \, dt = \frac{1}{\pi} \int_{-\ell}^{\ell} f(x) \cos n\left(\frac{\pi}{\ell}x\right) \frac{\pi}{\ell} dx$$

$$= \frac{1}{\ell} \int_{-\ell}^{\ell} f(x) \cos \frac{n\pi}{\ell}x \, dx$$

と表すことができる。係数 b_n についても同様の方法で計算を行えば，

$$f(x) \sim \frac{a_0}{2} + \sum_{n=1}^{\infty} \left(a_n \cos \frac{n\pi}{\ell}x + b_n \sin \frac{n\pi}{\ell}x\right) \tag{12.8}$$

と表すことができる。ここで，

$$a_n = \frac{1}{\ell} \int_{-\ell}^{\ell} f(x) \cos \frac{n\pi}{\ell}x \, dx, \quad n = 0, 1, 2, \ldots$$

$$b_n = \frac{1}{\ell} \int_{-\ell}^{\ell} f(x) \sin \frac{n\pi}{\ell}x \, dx, \quad n = 1, 2, \ldots \tag{12.9}$$

である。

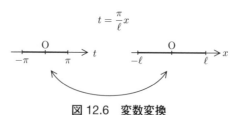

図 12.6　変数変換

例 12.3 関数

$$f(x) = \begin{cases} -x - \ell, & -\ell \leqq x < 0 \\ 0, & x = 0 \\ -x + \ell, & 0 < x \leqq \ell \end{cases} \tag{12.10}$$

のフーリエ級数を求めよ。

解答 あたえられた関数 $f(x)$ は奇関数であるから，学びのノート 12.1 の (i) より $a_n = 0$, $n = 0, 1, 2, \ldots$ である。b_n, $n = 1, 2, \ldots$ については，(12.9) に基づいて計算する。

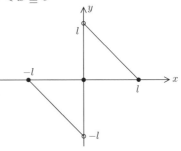

図 12.7 例 12.3-1

$$\begin{aligned}
b_n &= \frac{1}{\ell} \int_{-\ell}^{\ell} f(x) \sin \frac{n\pi}{\ell} x \, dx = \frac{2}{\ell} \int_{0}^{\ell} (-x + \ell) \sin \frac{n\pi}{\ell} x \, dx \\
&= \frac{2}{\ell} \Big[(-x + \ell) \frac{-\ell}{n\pi} \cos \frac{n\pi}{\ell} x \Big]_{0}^{\ell} - \frac{2}{\ell} \int_{0}^{\ell} \frac{\ell}{n\pi} \cos \frac{n\pi}{\ell} x \, dx \\
&= \frac{2\ell}{n\pi} - \frac{2}{\ell} \Big[\Big(\frac{\ell}{n\pi} \Big)^2 \sin \frac{n\pi}{\ell} x \Big]_{0}^{\ell} = \frac{2\ell}{n\pi}
\end{aligned}$$

したがって，求めるフーリエ級数は，

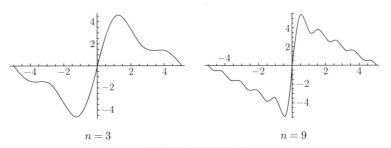

$n = 3$ $n = 9$

図 12.8 例 12.3-2

$$f(x) \sim \sum_{n=1}^{\infty} \frac{2\ell}{n\pi} \sin \frac{n\pi}{\ell} x$$

である。図 12.8 は，$\ell = 5$ のときで，$n = 3$, $n = 9$ までを近似的にグラフで表現したものである。　◁

12.3　非対称区間

12.1 節，12.2 節においては，原点に対して対称な区間 I_π, I_ℓ におけるフーリエ級数について学習してきた。この節では，非対称区間における関数の三角級数での表現を学んでいく。ただし，議論を複雑にすることは避けて，区分的に滑らかな関数 $f(x)$ が定義されている区間を $[0, \pi]$ とする。

12.1 節において学んだフーリエ級数を応用するためには，$[-\pi, 0)$ において定義された，区分的に滑らかな関数 $g(x)$ を用意して

$$f_*(x) = \begin{cases} f(x), \ 0 \leqq x \leqq \pi \\ g(x), \ -\pi \leqq x < 0 \end{cases}$$

と補間すれば，$f_*(x)$ は，I_π で区分的に滑らかになり，(12.4) を用いてフーリエ係数を計算できる。ただし，補間する $g(x)$ によって，得られるフーリエ級数は異なってくる。また，応用面で近似的に部分を抽出するときにも複雑な計算が伴うことも考えられる。ここで，$[0, \pi]$ で定義された関数

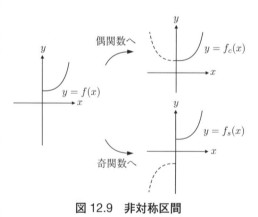

図 12.9　非対称区間

$f(x)$ をいかに効率よく三角級数で表現するかを考えるとすれば，$g(x)$ のとり方を工夫する必要が出てくる。

まずは，$g(x)$, $x \in [-\pi, 0)$ を $f(-x)$ とおく方法である。このとき

$$f_c(x) = \begin{cases} f(x), \ 0 \leqq x \leqq \pi \\ f(-x), \ -\pi \leqq x < 0 \end{cases}$$

は，偶関数になる。したがって，$f_c(x)$ はフーリエ余弦級数

$$f_c(x) \sim \frac{a_0}{2} + \sum_{n=1}^{\infty} a_n \cos nx \tag{12.11}$$

$$a_n = \frac{2}{\pi} \int_0^{\pi} f(x) \cos nx \ dx, \quad n = 0, 1, 2, \ldots \tag{12.12}$$

で表すことができる。もう 1 つの方法は，$g(x)$, $x \in [-\pi, 0)$ を $-f(-x)$ とおく方法である。このとき

$$f_s(x) = \begin{cases} f(x), \ 0 \leq x \leqq \pi \\ -f(-x), \ -\pi \leqq x < 0 \end{cases}$$

は，$f_s(x)$ はフーリエ正弦級数

$$f_s(x) \sim \sum_{n=1}^{\infty} b_n \sin nx \tag{12.13}$$

$$b_n = \frac{2}{\pi} \int_0^{\pi} f(x) \sin nx \ dx, \quad n = 1, 2, \ldots \tag{12.14}$$

と表現できる[3]。

---

3)　$f_s(0) = 0$ と定義をし直せば，$f_s(x)$ は奇関数になる。フーリエ係数の計算においては，奇関数の場合の公式が適用できる。

224

例 12.4 関数 $-x + \pi$, $x \in [0,\pi]$ を三角級数で表現せよ。ただし, $x \in [-\pi, 0)$ の部分を偶関数になるように補った場合と, 原点の値を調整して奇関数になるように補った場合とに分けて答えよ。

解答 まず, 偶関数になるようにするには

$$f_c(x) = \begin{cases} -x + \pi, \ 0 \le x \le \pi \\ x + \pi, \ -\pi \le x < 0 \end{cases}$$

と定義すればよい。$f_c(x)$ は, 例 12.1 の (12.5) と一致するので, フーリエ余弦級数

$$f_c(x) \sim \frac{\pi}{2} + \sum_{n=1}^{\infty} \frac{2}{n^2\pi}\big((-1)^{n+1} + 1\big) \cos nx$$

が得られる。次に, 原点の値を調整して奇関数になるようにするには,

$$f_s(x) = \begin{cases} -x + \pi, 0 < x \le \pi \\ 0, \quad x = 0 \\ -x - \pi, -\pi \le x < 0 \end{cases}$$

とすればよい。この, $f_s(x)$ は, 例 12.3 で, $\ell = \pi$ としたものである。定積分の計算において, 1 点における値の変更 (有限値) は影響がないので, フーリエ正弦級数

$$f_s(x) \sim \sum_{n=1}^{\infty} \frac{2}{n} \sin nx$$

が得られる。　◁

▮▮▮▮ **学びのノート 12.2** ▮▮▮▮▮▮▮▮▮▮▮▮▮▮▮▮▮▮▮▮▮▮

区間 $[0,\pi)$ で定義した, フーリエ余弦級数, フーリエ正弦級数についても, 12.2 節で学習したように, 区間 $[0,\ell)$, $\ell > 0$ へと拡張できる。ここでは, 詳細な証明は省略するが, $[0,\ell)$ におけるフーリエ余弦級数は,

$$f_c(x) \sim \frac{a_0}{2} + \sum_{n=1}^{\infty} a_n \cos \frac{n\pi}{\ell} x$$

$$a_n = \frac{2}{\ell} \int_0^\ell f(x) \cos \frac{n\pi}{\ell} x \ dx, \quad n = 0, 1, 2, \ldots$$

フーリエ正弦級数 $f_s(x)$ は,

$$f_s(x) \sim \sum_{n=1}^{\infty} b_n \sin \frac{n\pi}{\ell}$$

$$b_n = \frac{2}{\ell} \int_0^\ell f(x) \sin \frac{n\pi}{\ell} x \ dx, \quad n = 1, 2, \ldots$$

となる。

12.4 直交関数系

長さ有限の区間 $I = (a, b)$ で区分的に連続な関数 $f(x)$, $g(x)$ に対して,

$$(f, g) = \int_a^b f(x)g(x) \ dx \tag{12.15}$$

を区間 I における, $f(x)$ と $g(x)$ の内積という。定義から, 直ちに $(f, g) \in \mathbb{R}$, $(f, g) = (g, f)$ がわかる。2 つの関数 $f(x)$, $g(x)$ の内積が 0, すなわち $(f, g) = 0$ であるとき, $f(x)$ と $g(x)$ は直交するという。内積を用いて, $f(x)$ のノルムを

$$\|f\| = \sqrt{(f, f)} = \sqrt{\int_a^b f(x)^2 \ dx} \tag{12.16}$$

で定義する。関数 $f(x)$ が $\|f\| = 1$ をみたすとき, $f(x)$ は正規化されている という。区間 I において, 区分的に連続な関数の列 $\{f_n(x)\}$, $n = 1, 2, 3, \ldots$ を考える。これらの関数の任意の 2 つが直交しているとき, すなわち

$(f_n, f_m) = 0$, $n \neq m$ であるとき, $\{f_n(x)\}$ は直交関数系であるという。特に, $\{f_n(x)\}$ に含まれるすべての関数が正規化されているとき, $\{f_n(x)\}$ は正規直交関数系であるという。

12.1 節の (12.2) で学習した三角関数についての性質は, $I = I_\pi$ とし, n, m を自然数として内積を用いれば,

$$(1,1) = 2\pi, \quad (1, \sin nx) = 0, \quad (1, \cos nx) = 0, \quad (\cos nx, \sin mx) = 0$$

$$(\cos nx, \cos mx) = \begin{cases} 0, & n \neq m \\ \pi, & n = m \end{cases}, \quad (\sin nx, \sin mx) = \begin{cases} 0, & n \neq m \\ \pi, & n = m \end{cases}$$

$$\tag{12.17}$$

となる。このことは, 関数 $1, \cos x, \cos 2x, \ldots, \sin x, \sin 2x, \ldots$ が直交関数系をなすことを示している。

例 12.5　10 章の例 10.5 でとりあげたルジャンドル多項式の直交性について紹介する。自然数 n, m $(n \neq m)$ をあたえるごとに (10.20) をみたすルジャンドル多項式が得られる。これを, $P_n(x), P_m(x)$ とおく。内積を考える積分区間は, $(-1, 1)$ とする。ルジャンドル方程式 (10.20) は,

$$\left(\left(1 - x^2 \right) \frac{dy}{dx} \right)' + k(k+1)y = 0 \tag{12.18}$$

とも表せるから, $P_n(x), P_m(x)$ について

$$\left(\left(1 - x^2 \right) P_n'(x) \right)' + n(n+1)P_n(x) = 0 \tag{12.19}$$

$$\left(\left(1 - x^2 \right) P_m'(x) \right)' + m(m+1)P_m(x) = 0 \tag{12.20}$$

が成り立つ。(12.19) に $P_m(x)$ をかけたものから (12.20) に $P_n(x)$ をかけたものをひくと,

$$\left((1 - x^2)(P_m(x)P_n'(x) - P_n(x)P_m'(x))\right)'$$
$$= P_n(x)P_m(x)(m + n + 1)(m - n)$$

となる。したがって,

$$(P_n(x), P_m(x)) = \int_{-1}^{1} P_n(x)P_m(x) \, dx$$

$$= \frac{1}{(m+n+1)(m-n)} \int_{-1}^{1} \left((1 - x^2)(P_m(x)P_n'(x) - P_n(x)P_m'(x))\right)' \, dx$$

$$= \frac{1}{(m+n+1)(m-n)} \left[(1 - x^2)(P_m(x)P_n'(x) - P_n(x)P_m'(x))\right]_{-1}^{1} = 0$$

となる。   ◁

|||||||||| **学びの扉 12.2** ||||||||||||||||||||||||||||||||||||||||||||||

 フーリエ級数は,関数 $1, \cos x, \cos 2x, ..., \sin x, \sin 2x, ...$ が直交関数系をなすことを利用して,これらの関数の 1 次結合

$$\frac{a_0}{2} + \sum_{n=1}^{k} (a_n \cos nx + b_n \sin nx) \tag{12.21}$$

を用いて,関数を近似する方法とも理解できる。一般に,直交関数系 $\phi_0(x)$, $\phi_1(x), ..., \phi_n(x), ...$ から構成した級数

$$\sum_{n=0}^{\infty} a_n \phi_n(x) = a_0 \phi_0(x) + a_1 \phi_1(x) + \cdots + a_n \phi_n(x) + \cdots$$

を使って $f(x)$ を表す方法 $f(x) \sim \sum_{n=0}^{\infty} a_n \phi_n(x)$ を一般フーリエ級数という。たとえば,例 12.5 で紹介したルジャンドル多項式系 $P_0(x), P_1(x), ...,$ $P_n(x)$ については,以下のような性質が知られている[4]。

---

 4) 詳細は,たとえば,巻末の関連図書 [6] などを参照のこと。

定理 12.2 関数 $f(x)$ は，区間 $(-1, 1)$ で区分的に滑らかとする。ルジャンドル多項式系 $P_0(x), P_1(x), \dots, P_n(x)$ から構成した一般フーリエ級数

$$\sum_{n=0}^{\infty} a_n P_n(x) = a_0 P_0(x) + a_1 P_1(x) + \cdots + a_n P_n(x) + \cdots$$

$$a_n = \frac{2n+1}{2} \int_{-1}^{1} f(x) P_n(x) \, dx, \quad n = 0, 1, 2, \dots$$

は，連続点 x では，$f(x)$ に収束する。また，不連続点 x では，

$$\frac{f(x-0) + f(x+0)}{2}$$

に収束する。

12.5 フーリエ係数の性質

この節では，これまでに紹介をしきれなかったフーリエ係数とフーリエ級数についての性質を，学びの扉の中で紹介していく。

学びの扉 12.3

三角関数のなす直交関数系を $I_\pi = [-\pi, \pi]$ で議論してきた。このとき関数 $f(x)$ のノルムは，(12.16) より，$\|f\| = \sqrt{(f, f)} = \sqrt{\int_{-\pi}^{\pi} f(x)^2 \, dx}$ である。フーリエ係数とノルム $\|f\|$ の関係をあたえる定理を紹介する[5]。

定理 12.3 関数 $f(x)$ は，区間 I_π で区分的に連続とする。このとき，$f(x)$ のフーリエ係数に関して

$$\frac{a_0^2}{2} + \sum_{n=1}^{\infty} (a_n^2 + b_n^2) \leqq \frac{\|f\|^2}{\pi}$$

---

5) 証明などの詳細は，たとえば，巻末の関連図書 [22]，[32] などを参照のこと。

が成り立つ。

定理 12.4　関数 $f(x)$ は，区間 I_π で連続で，区分的に滑らかとする。このとき，$f(x)$ のフーリエ係数に関して

$$\frac{a_0^2}{2} + \sum_{n=1}^{\infty}(a_n^2 + b_n^2) = \frac{\|f\|^2}{\pi}$$

が成り立つ。

定理 12.3 は，ベッセルの不等式，定理 12.4 は，パーセバル[6]の等式とよばれている。以下に紹介する 2 つの定理は，フーリエ級数についての項別積分定理と項別微分定理である。

定理 12.5　関数 $f(x)$ は，区間 I_π で区分的に連続とする。このとき，任意の $x \in I_\pi$ に対して，

$$\int_0^x f(t)\, dt = \int_0^x \frac{a_0}{2}\, dt + \sum_{n=1}^{\infty} \int_0^x (a_n \cos nt + b_n \sin nt)\, dt$$

$$= \frac{a_0}{2}x + \sum_{n=1}^{\infty} \frac{1}{n}\Big(a_n \sin nx + b_n(1 - \cos nx)\Big)$$

が成り立つ。

定理 12.6　関数 $f(x)$ は，区間 I_π で区分的に滑らかとする。このとき，$f'(x)$ のフーリエ級数に関して

$$f'(x) \sim \sum_{n=1}^{\infty} n(-a_n \sin nx + b_n \cos nt)$$

が成り立つ。右辺の級数は $f'(x)$ の不連続点を除いて $f'(x)$ に収束する。

---

6)　Marc-Antoine Parseval，1755–1836，フランス

1. 以下の関数の区間 $[-\pi, \pi]$ における，フーリエ級数を求めよ。

(1) $f(x) = \begin{cases} 1, & -\pi \leqq x < 0 \\ 0, & x = 0 \\ -1, & 0 < x \leqq \pi \end{cases}$

(2) $f(x) = |x|$

2. 関数 $f(x) = x,\, x \in [0, \pi]$ をフーリエ級数で表現することを考える。このとき，以下の問いに答えよ。

(1) 偶関数になるように $x \in [-\pi, 0)$ の部分を補った場合

(2) 奇関数になるように $x \in [-\pi, 0)$ の部分を補った場合

3. $f(x) = \begin{cases} -1, & -\pi \leqq x < 0 \\ 1, & 0 \leqq x \leqq \pi \end{cases}$ のフーリエ級数を利用して

$$\frac{\pi}{4} = 1 - \frac{1}{3} + \frac{1}{5} - \frac{1}{7} + \cdots$$

を証明せよ。

4. $f(x) = |x|$ のフーリエ級数と定理 12.4 を利用して

$$\frac{\pi^4}{96} = 1 + \frac{1}{3^4} + \frac{1}{5^4} + \frac{1}{7^4} + \cdots$$

を証明せよ。

13 | 線形偏微分方程式

《目標＆ポイント》 偏微分方程式の一般論について学習する。1 階および 2 階の線形偏微分方程式の解法を紹介する。重ね合わせの原理，変数分離解，フーリエ級数を応用して波動方程式やラプラス方程式の解を構成する。

《キーワード》 線形偏微分方程式，重ね合わせの原理，変数分離解，境界値問題，フーリエ級数，波動方程式，ラプラス方程式

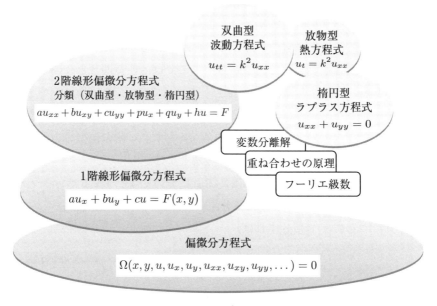

図 13.1　13 章の地図

13.1　偏微分方程式

複数の独立変数をもつ未知関数とその偏導関数の関係式を偏微分方程式という。本書では，複雑さを避けるため，主に 2 変数の場合を取り扱う。偏微分法の記号や基本的性質は，4.1 節に述べてあるので参考にしてほしい。独立変数を x, y，未知関数を $u = u(x, y)$ とする偏微分方程式

$$\Omega(x, y, u, u_x, u_y, u_{xx}, u_{xy}, u_{yy}, \ldots, u_*) = 0 \qquad (13.1)$$

において，k 階偏導関数 u_* が最も階数の高い偏導関数であれば，(13.1) を k 階の偏微分方程式という。関数 $u(x, y)$ が (13.1) をみたせば，これを (13.1) の解という。たとえば，$u_x = 0$ は，1 階の偏微分方程式であって，x について偏微分して 0 になる変数 y のみの関数 $\psi(y)$ が，この方程式の解である。常微分方程式の場合は，微分して 0 になる関数は定数であったから，一般解は任意定数を含む形で記述された。関数 $\psi(y)$ は，y のみの関数であればすべて解であるから，ここでは，任意関数とよぶことにする。1 階の偏微分方程式 $u_y = x + y$ については，x を定数とみて y で積分することを考えれば，$u(x, y) = xy + \dfrac{1}{2}y^2 + \phi(x)$ と求めることができる。ここで，$\phi(x)$ は任意関数である。一般に，1 階の偏微分方程式の場合は，任意関数を 1 つ含む解を一般解とよぶ。

2 階の偏微分方程式 $u_{xy} = \cos(2x+3y)$ についてはどうなるであろうか。まず，左辺を $(u_x)_y$ とみて y で積分すれば，$u_x = \dfrac{1}{3}\sin(2x + 3y) + \phi_1(x)$ となり，さらに x で積分すれば，

$$u = -\frac{1}{6}\cos(2x + 3y) + \int \phi_1(x)\,dx + \psi(y) \qquad (13.2)$$

となる。2 階の偏微分方程式の場合は，任意関数を 2 つを含む解を一般解とよぶことにする。(13.2) において，$\phi_1(x)$ は任意関数なので，あらためて

$\displaystyle \int \phi_1(x)\, dx = \phi(x)$ とおけば，一般解は，$u = -\dfrac{1}{6}\cos(2x+3y)+\phi(x)+\psi(y)$

と表すことができる。

13.2　1 階線形偏微分方程式

この節では，1 階線形偏微分方程式

$$au_x + bu_y + cu = F(x,y) \tag{13.3}$$

の一般解を考察する。ここで，a, b, c は定数で，$a^2 + b^2 \neq 0$ としておく。まず，$a \neq 0, b = 0$ の場合を取り扱う。この場合は，$a = 1$ として一般性を失わないから

$$u_x + cu = F(x,y) \tag{13.4}$$

を考えればよい。定理 3.1 の (3.5) において y を定数とみて適用すれば，一般解

$$u = e^{-cx}\left(\int e^{cx} F(x,y)\, dx + \psi(y) \right) \tag{13.5}$$

を得る。ここで，$\psi(y)$ は任意関数である。同様に，$a = 0, b \neq 0$ の場合は，$b = 1$ として

$$u_y + cu = F(x,y) \tag{13.6}$$

を考えて，その一般解は，$\phi(x)$ を任意関数として，

$$u = e^{-cy}\left(\int e^{cy} F(x,y)\, dy + \phi(x) \right) \tag{13.7}$$

となる。

$a \neq 0, b \neq 0$ の場合は，$a = 1$ として

$$u_x + bu_y + cu = F(x,y) \tag{13.8}$$

を考える。ここで，変数変換 $\xi = x$, $\eta = bx - y$ を行えば，学びのノート 4.1 の (4.14) を用いて，

$$u_x = u_\xi \frac{\partial \xi}{\partial x} + u_\eta \frac{\partial \eta}{\partial x} = u_\xi + b u_\eta$$

$$u_y = u_\xi \frac{\partial \xi}{\partial y} + u_\eta \frac{\partial \eta}{\partial y} = -u_\eta$$

となる。これらを (13.8) へ代入して整理すれば，

$$u_\xi + cu = F(\xi, b\xi - \eta) \tag{13.9}$$

へ帰着される。ここで，(13.5) を適用すれば，

$$u = e^{-c\xi} \left(\int e^{c\xi} F(\xi, b\xi - \eta)\, d\xi + \psi(\eta) \right) \tag{13.10}$$

を得る。右辺の積分を計算した後，(13.10) において，$\xi = x$, $\eta = bx - y$ とおいて戻せば，$u = u(x, y)$ が求められる。

例 13.1　1 階偏微分方程式

$$u_x + 2u_y + u = y \tag{13.11}$$

の一般解を求めよ。

解答　変数変換 $\xi = x$, $\eta = 2x - y$ を行えば，(13.11) は，

$$u_\xi + u = 2\xi - \eta \tag{13.12}$$

に帰着される。(13.10) を用いれば，

$$u = e^{-\xi} \left(\int e^{\xi}(2\xi - \eta)\, d\xi + \psi(\eta) \right)$$

$$= e^{-\xi} \left(2 \int \xi e^{\xi}\, d\xi - \eta \int e^{\xi} d\xi + \psi(\eta) \right)$$

$$= e^{-\xi}\left((2\xi - 2 - \eta)e^{\xi} + \psi(\eta)\right) = 2\xi - 2 - \eta + e^{-\xi}\psi(\eta)$$

となる。ここで，$\psi(\eta)$ は任意関数である。$\xi = x, \eta = 2x - y$ とおいて戻せば，一般解

$$u = y - 2 + e^{-x}\psi(2x - y)$$

を得る。　◁

13.3　2 階線形偏微分方程式

未知関数を $u = u(x, y)$ として，2 階線形偏微分方程式

$$au_{xx} + bu_{xy} + cu_{yy} + pu_x + qu_y + hu = F \tag{13.13}$$

を考察する。ここで，係数 $a = a(x, y), \ldots, F = F(x, y)$ は，あたえられた 2 変数関数である。この節での学習は，6 章で取り上げた線形常微分方程式と比較しながら進めるとよい。ここでも，(13.13) において $F(x, y) \equiv 0$ であるとき，(13.13) は同次であるといい，$F(x, y) \not\equiv 0$ であるとき，非同次であるという。(13.13) が非同次であるとき，右辺を 0 とおいた同次方程式を，(13.13) の随伴方程式とよぶことにする。

13.3.1　偏微分作用素

6.1.1 で学んだように，$L_x = \dfrac{\partial}{\partial x}$ を，x について偏微分するという操作を表すものとすれば，$L_x u = u_x$ となる。同様に，$L_y = \dfrac{\partial}{\partial y}$ は，y について偏微分するという操作で，$L_y u = u_y$ となる。この偏微分作用素 L_x，L_y を用いれば，$L_x L_x u = L_x^2 u = u_{xx}$ などと，高階の導関数を求める操作を表すことができる。そこで，線形作用素

$$L = aL_x^2 + bL_y L_x + cL_y^2 + pL_x + qL_y + h$$

を用いれば，(13.13) は，

$$Lu = F \qquad (13.14)$$

と表すことができる。線形作用素 L は線形性をもつ。実際，関数 $u = u(x,y)$, $v = v(x,y)$, 定数 α, β に対して，$L(\alpha u + \beta v) = \alpha Lu + \beta Lv$ が成り立つ。これは，(6.5) に対応する。この性質から，(13.13) を同次偏微分方程式とすると，u_1, u_2 がともに (13.13) の解ならば，これらの 1 次結合 $u = \alpha u_1 + \beta u_2$ もまた解であることが導かれる。したがって，$u_1, u_2, \dots, u_n$ が解であれば，$\displaystyle\sum_{j=1}^{n} \alpha_j u_j$ もまた (13.13) の解である。さらに，(13.13) の一般解は，(13.13) の随伴方程式の一般解と (13.13) の特殊解を加えたものとして表現される。これらの性質は，それぞれ定理 6.2，定理 6.7 に対応する。

▥▥▥▥▥ **学びの扉 13.1** ▥▥▥▥▥▥▥▥▥▥▥▥▥▥▥▥▥▥▥▥▥▥▥▥▥▥▥▥▥▥▥▥▥▥▥▥▥▥▥

　L を線形作用素とする。2 つの線形偏微分方程式 $Lu = F_1$, $Lu = F_2$ の解をそれぞれ，u_1, u_2 とすれば，任意の定数 α_1, α_2 に対して，関数 $\alpha_1 u_1 + \alpha_2 u_2$ は線形方程式 $Lu = \alpha_1 F_1 + \alpha_2 F_2$ の解である。この性質は，重ね合わせの原理といわれている。定理 6.2 は，$F_1 = F_2 = 0$ とした場合であり，定理 6.7 は，$F_1 = 0$, $F_2 = F$, $\alpha_1 = \alpha_2 = 1$ とした場合に対応する。

　無限個の解を重ね合わせることを考える。このとき，同次方程式の無限個の解に対して，次の定理が成り立つことが知られている[1]。

定理 13.1　2 階線形偏微分方程式 (13.13) を同次偏微分方程式とし，解の列 $u_1(x,y), u_2(x,y), \dots,$ をもつとする。このとき，定数の列 $\alpha_1, \alpha_2, \dots,$

---

1)　証明などの詳細は，たとえば，巻末の関連図書 [10]，[18] などを参照のこと。

に対して $u(x,y) = \displaystyle\sum_{j=1}^{\infty} \alpha_j u_j(x,y)$ が各点収束し，項別微分が可能ならば，$u(x,y)$ もまた (13.13) の解である。

13.3.2　変数分離解

定数係数 2 階線形同次偏微分方程式

$$au_{xx} + cu_{yy} + pu_x + qu_y + hu = 0 \tag{13.15}$$

の変数分離解について紹介する。ここで，a, c, p, q, h はすべて定数としておく。(13.15) の解で x の関数と y の関数の積で表されるものを変数分離解という。すなわち，$u = u(x,y) = X(x)Y(y)$ なる形の解のことである。この場合，$u_x = X'(x)Y(y)$，$u_y = X(x)Y'(y)$，$u_{xx} = X''(x)Y(y)$，$u_{yy} = X(x)Y''(y)$ であるから，これらを (13.15) へ代入して，

$$aX''(x)Y(y) + cX(x)Y''(y)$$
$$+ pX'(x)Y(y) + qX(x)Y'(y) + hX(x)Y(y) = 0$$

上式の両辺を $X(x)Y(y)$ で割って整理すれば，

$$a\frac{X''(x)}{X(x)} + p\frac{X'(x)}{X(x)} = -c\frac{Y''(y)}{Y(y)} - q\frac{Y'(y)}{Y(y)} - h \tag{13.16}$$

となる。(13.16) の左辺は x のみの関数であり，右辺は y のみの関数である。したがって，変数 x, y が独立に動いてもこの値が等しいということは，(13.16) の両辺は定数であることを意味する。この値を $-\rho$ とおいて整理すれば，2 つの常微分方程式

$$aX''(x) + pX'(x) + \rho X(x) = 0 \tag{13.17}$$

$$cY''(y) + qY'(y) + (h - \rho)Y(y) = 0 \tag{13.18}$$

を得る。(13.17), (13.18) は，定数係数 2 階線形同次常微分方程式であるから，8.2 節において学んだ方法によって一般解を求めることができる。

############ **学びの抽斗 13.1** ##

定数係数 2 階線形同次常微分方程式

$$\frac{d^2y}{dx^2} + \rho y = 0 \tag{13.19}$$

の境界値問題について，使い勝手のよい公式を構成しておく。実数 $\ell > 0$ に対して，境界条件

$$y(0) = y(\ell) = 0 \tag{13.20}$$

を考える。(13.19) の解については，定理 8.2 での特性方程式によって，一般解の形が完全に分類されている。実際，(13.19) の特性方程式は，$\lambda^2 + \rho = 0$ であるから，

(i) $\rho < 0$ のときには，特性方程式は 2 つの実数解 $\sqrt{-\rho}$, $-\sqrt{-\rho}$ をもち，(13.19) の一般解は，$y(x) = C_1 e^{\sqrt{-\rho}x} + C_2 e^{-\sqrt{-\rho}x}$ と表せる。

(ii) $\rho = 0$ のときには，特性方程式は重複解 0 をもち，(13.19) の一般解は，$y(x) = C_1 + C_2 x$ と表せる。

(iii) $\rho > 0$ のときには，特性方程式は 2 つの共役な複素数解 $\sqrt{\rho}i$, $-\sqrt{\rho}i$ をもち，(13.19) の一般解は，$y(x) = C_1 \cos\sqrt{\rho}x + C_2 \sin\sqrt{\rho}x$ と表せる。

そこで，境界条件をみたすように C_1, C_2 を定めればよい。(i), (ii) の場合については，(13.20) をみたす C_1, C_2 はともに 0 の場合しかない。(iii) の場合については，$y(0) = 0$ より，$C_1 = 0$ となる。したがって，非自明な解は，$y(x) = C_2 \sin\sqrt{\rho}x$ となる。ただし，$y(\ell) = 0$ から $\sin\sqrt{\rho}\ell = 0$

となり，$\sqrt{\rho}\ell = n\pi$, $n = 1, 2, \ldots$ をみたさなければならない。まとめておくと，(13.19) が (13.20) をみたす非自明な解をもつならば，解は

$$y(x) = C \sin \sqrt{\rho}x, \quad \rho = \left(\frac{n\pi}{\ell}\right)^2 \tag{13.21}$$

と表せる。ここで，C は任意定数である。

13.3.3　2 階線形偏微分方程式の分類

2 階線形偏微分方程式 (13.13) において，

$$\Delta(x, y) = b(x, y)^2 - 4a(x, y)c(x, y)$$

とおく。xy 平面上の領域 E において，$\Delta(x, y) > 0$ であるとき，(13.13) は E において双曲型，$\Delta(x, y) = 0$ であるとき放物型，$\Delta(x, y) < 0$ であるとき楕円型であるという。もし，係数関数 a, b, c が定数であれば，xy 平面上のすべての点において定符号である。双曲型の代表的な偏微分方程式に波動方程式 $u_{yy} = k^2 u_{xx}$ があり，放物型には熱方程式 $u_y = k^2 u_{xx}$，楕円型にはラプラス方程式 $u_{xx} + u_{yy} = 0$ がある。本書では，波動方程式をこの節の残りの部分と 13.4.1 において，熱方程式を 14 章において，ラプラス方程式を 13.4.2 において取り扱う。

以下，この節では，$k > 0$ を定数として，双曲型方程式の典型である波動方程式

$$u_{tt} = k^2 u_{xx} \tag{13.22}$$

をとりあげ，変数変換で一般解を記述する方法を紹介する。ここでは，$u(x, t)$ は必要なだけ偏微分可能な関数であるとし，偏微分の順序変更も認めておく。波動方程式は，時間 t のときの波形を記述する方程式であ

るから，以下では独立変数を x, t として説明をしていくが，本質的な変わりはない。変数変換

$$\begin{cases} \xi = \dfrac{1}{k}x + t \\ \eta = -\dfrac{1}{k}x + t \end{cases}$$

を行う。学びのノート 4.1 の (4.14) を使って

$$u_x = \frac{1}{k}(u_\xi - u_\eta), \quad u_t = u_\xi + u_\eta$$

$$u_{xx} = \frac{1}{k^2}(u_{\xi\xi} - 2u_{\xi\eta} + u_{\eta\eta}), \quad u_{tt} = u_{\xi\xi} + 2u_{\xi\eta} + u_{\eta\eta}$$

を得る。これらの式を (13.22) へ代入すれば，

$$u_{\xi\eta} = 0$$

が導かれる。ゆえに，$u = \phi_1(\xi) + \psi_1(\eta) = \phi_1\left(\dfrac{1}{k}x + t\right) + \psi_1\left(-\dfrac{1}{k}x + t\right)$ と表される。ここで，ϕ_1, ψ_1 は任意関数であるから，あらためて $\phi(\xi) = \phi_1(k\xi)$，$\psi(\eta) = \psi_1(-k\eta)$ とおいて，(13.22) の一般解

$$u(x,t) = \phi(x + kt) + \psi(x - kt) \tag{13.23}$$

を得る。

13.4 フーリエ級数の応用

この節では，フーリエ級数を利用した偏微分方程式の境界値問題を学習する。取り上げる偏微分方程式は，波動方程式とラプラス方程式である。

13.4.1 波動方程式

図 13.2 のように，2 点 $(0,0)$ および $(0,\ell)$ を固定した弦の振動は，波動方程式 (13.22) で記述されることが知られている。すなわち，境界条

件は，

$$u(0,t) = u(\ell,t) = 0 \qquad (13.24)$$

である。また，考える $x,\ t$ の範囲は，そ
れぞれ，$0 \leqq x \leqq \ell,\ t \geqq 0$ である。

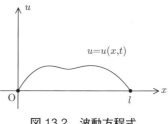

図 13.2　波動方程式

　すでに前節で一般解を紹介し，学びの
広場 ── 演習問題 13 の 4 でストークスの
公式による初期値問題の解法を学ぶことになっているが，ここでは変数
分離解，重ね合わせの原理，フーリエ級数を応用した解法を学習する。

　波動方程式 (13.22) の変数分離解を

$$u(x,t) = X(x)T(t) \qquad (13.25)$$

とおく。13.3.2 で学んだように，$X(x),\ T(t)$ は，ある定数 ρ があって，
それぞれ 2 階線形同次常微分方程式

$$X''(x) + \rho X(x) = 0 \qquad (13.26)$$

$$T''(t) + \rho k^2 T(t) = 0 \qquad (13.27)$$

をみたす[2]。境界条件 (13.24) から，$X(0)T(t) = 0, X(\ell)T(t) = 0$ が任意
の t について成り立つから，

$$X(0) = X(\ell) = 0 \qquad (13.28)$$

である。学びの抽斗 13.1 によって，(13.26) の条件 (13.28) のもとでの解
は，(13.21) のように記述される。すなわち，$\rho_n = \left(\dfrac{n\pi}{\ell}\right)^2$ に対する解は，
C_n を任意定数として

　2）　ここでは，(13.22) より $\dfrac{1}{k^2}\dfrac{T''}{T} = \dfrac{X''}{X} = -\rho$（定数）とおいた。

$$X_n(x) = C_n \sin \sqrt{\rho_n} x = C_n \sin \frac{n\pi}{\ell} x \qquad (13.29)$$

である。$\rho = \rho_n$ に対する (13.27) の一般解 $T_n(t)$ は，定理 8.2 の (iii) を適用して，

$$T_n(t) = C_{1n} \cos \frac{nk\pi}{\ell} t + C_{2n} \sin \frac{nk\pi}{\ell} t \qquad (13.30)$$

である。ここで，C_{1n}，C_{2n} は任意定数である。したがって，(13.25) より，$\rho = \rho_n$ に対する (13.22) の境界条件 (13.24) をみたす変数分離解は，

$$u_n(x,t) = A_n \sin \frac{n\pi}{\ell} x \cos \frac{nk\pi}{\ell} t + B_n \sin \frac{n\pi}{\ell} x \sin \frac{nk\pi}{\ell} t \qquad (13.31)$$

と求まる。ここで，$A_n = C_n C_{1n}$，$B_n = C_n C_{2n}$ は任意定数である。さらに，学びの扉 13.1 の定理 13.1 から，

$$
\begin{aligned}
u(x,t) &= \sum_{n=1}^{\infty} u_n(x,t) \\
&= \sum_{n=1}^{\infty} \left(A_n \sin \frac{n\pi}{\ell} x \cos \frac{nk\pi}{\ell} t + B_n \sin \frac{n\pi}{\ell} x \sin \frac{nk\pi}{\ell} t \right) \quad (13.32)
\end{aligned}
$$

の右辺が収束すれば，$u(x,t)$ は，波動方程式 (13.22) の境界条件 (13.24) をみたす解になる。以下の議論では，(13.32) の右辺が各点収束し，項別微分が可能と仮定しておく。

　ここまでの議論で，端点が固定されている境界条件における波動方程式の解を (13.31)，(13.32) のように記述することができた。この後は，時刻 $t = 0$ における波形 $u(x,0)$ と，弦の速度分布 $u_t(x,0)$ を初期条件として追加して，解を決定していくことを考える。すなわち，初期条件として，

$$u(x,0) = f(x), \quad u_t(x,0) = g(x) \qquad (13.33)$$

を設定する。ここで，境界条件 $f(0) = f(\ell) = 0$，$g(0) = g(\ell) = 0$ をみたす関数としておく。目標は，

「(13.32) の A_n, B_n を，(13.33) であたえられた $f(x)$, $g(x)$ で記述すること」

である。12.3 節の学びのノート 12.2 を参照して，$f(x)$, $g(x)$ を区間 $[0, \ell]$ におけるフーリエ正弦級数で表すと，

$$f(x) = \sum_{n=1}^{\infty} b_n \sin \frac{n\pi}{\ell} x, \quad g(x) = \sum_{n=1}^{\infty} \tilde{b}_n \sin \frac{n\pi}{\ell} x \tag{13.34}$$

ここで，それぞれのフーリエ係数は，

$$b_n = \frac{2}{\ell} \int_0^{\ell} f(x) \sin \frac{n\pi}{\ell} x \ dx, \quad \tilde{b}_n = \frac{2}{\ell} \int_0^{\ell} g(x) \sin \frac{n\pi}{\ell} x \ dx$$

$$n = 1, 2, \ldots \tag{13.35}$$

である。初期条件 (13.33) と (13.32) より，

$$f(x) = u(x, 0) = \sum_{n=1}^{\infty} A_n \sin \frac{n\pi}{\ell} x \tag{13.36}$$

となり，(13.32) を t に関して項別微分して (13.33) を用いれば，

$$g(x) = u_t(x, 0) = \sum_{n=1}^{\infty} \frac{nk\pi}{\ell} B_n \sin \frac{n\pi}{\ell} x \tag{13.37}$$

となる。したがって，(13.34) と (13.36) を比較すれば，(13.35) より

$$A_n = b_n = \frac{2}{\ell} \int_0^{\ell} f(x) \sin \frac{n\pi}{\ell} x \ dx$$

と表すことができる。また，(13.34) と (13.37) を比較すれば，(13.35) より

$$B_n = \frac{\ell}{nk\pi} \tilde{b}_n = \frac{2}{nk\pi} \int_0^{\ell} g(x) \sin \frac{n\pi}{\ell} x \ dx$$

となる。以上で，境界条件 (13.24) と初期条件 (13.33) をみたす波動方程式の解が構成された。

13.4.2 ラプラス方程式

2変数関数 $u(x, y)$ が，xy 平面上の有界領域 E で定義されているとする。$u(x, y)$ は2回偏微分可能で偏導関数は連続であるとする。ラプラス方程式

$$u_{xx} + u_{yy} = 0 \tag{13.38}$$

をみたす関数を調和関数という。領域 E の境界上で条件をあたえて調和関数を求める問題をディリクレ[3]問題という。ここでは，例を通してディリクレ問題を学習していくことにする。

$a > 0, b > 0$ として，領域 $E = \{(x, y) \mid 0 < x < a,\ 0 < y < b\}$ を定義する。

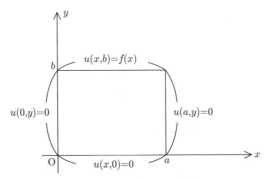

図 13.3　ラプラス方程式

境界条件

$$u(x, 0) = 0, \quad u(x, b) = f(x), \quad 0 \leqq x \leqq a \tag{13.39}$$

$$u(0, y) = 0, \quad u(a, y) = 0, \quad 0 \leqq y \leqq b \tag{13.40}$$

---

3)　Johann Peter Gustav Lejeune Dirichlet,　1805–1859,　ドイツ

のもとでのディリクレ問題を考える。

ラプラス方程式 (13.38) の変数分離解を

$$u(x, y) = X(x)Y(y) \tag{13.41}$$

とおく。13.4.1 と同様の議論により，$X(x)$, $Y(y)$ は，ある定数 ρ があって，それぞれ 2 階線形同次常微分方程式

$$X''(x) + \rho X(x) = 0 \tag{13.42}$$

$$Y''(y) - \rho Y(y) = 0 \tag{13.43}$$

をみたす。境界条件 (13.40) から，$X(0)Y(y) = 0$, $X(a)Y(y) = 0$ が任意の y について成り立つから，$X(0) = X(a) = 0$ である。学びの抽斗 13.1 から，$\rho_n = \left(\dfrac{n\pi}{a}\right)^2$ に対する解 $X_n(x)$ は，C_n を任意定数として

$$X_n(x) = C_n \sin \sqrt{\rho_n} x = C_n \sin \frac{n\pi}{a} x \tag{13.44}$$

と表される。$\rho = \rho_n$ に対する (13.43) の一般解 $Y_n(y)$ は，定理 8.2 の (i) を適用して，

$$Y_n(y) = C_{1n} e^{\frac{n\pi}{a} y} + C_{2n} e^{-\frac{n\pi}{a} y} \tag{13.45}$$

である。ここで, C_{1n}, C_{2n} は任意定数である。境界条件 (13.39) の $u(x, 0) = 0$ から $Y(0) = 0$ が導かれるから，(13.45) において，$C_{1n} + C_{2n} = 0$ となる。ゆえに，(13.45) は，

$$Y_n(y) = 2C_{1n} \left(\frac{e^{\frac{n\pi}{a} y} - e^{-\frac{n\pi}{a} y}}{2} \right) = 2C_{1n} \sinh \frac{n\pi}{a} y \tag{13.46}$$

と表せる。したがって，(13.41) より，$\rho = \rho_n$ に対する変数分離解は，

$$u_n(x, y) = A_n \sin \frac{n\pi}{a} x \sinh \frac{n\pi}{a} y \tag{13.47}$$

と書ける。ここで，$A_n = 2C_nC_{1n}$ は任意定数である。学びの扉 13.1 の定理 13.1 から，

$$u(x,y) = \sum_{n=1}^{\infty} u_n(x,y) = \sum_{n=1}^{\infty} A_n \sin\frac{n\pi}{a}x \sinh\frac{n\pi}{a}y \qquad (13.48)$$

の右辺が収束すれば，$u(x,y)$ はラプラス方程式の解であり，境界条件 (13.40) と (13.39) の $u(x,0) = 0$ をみたす解になる。最後の境界条件 (13.39) の $u(x,b) = f(x)$ を使って，(13.48) の係数 A_n を決めればよい。13.4.1 と同様に，$f(x)$ を区間 $[0,a]$ におけるフーリエ正弦級数で表せば，

$$f(x) = \sum_{n=1}^{\infty} b_n \sin\frac{n\pi}{a}, \quad b_n = \frac{2}{a}\int_0^a f(x)\sin\frac{n\pi}{a}x\,dx \qquad (13.49)$$

である。(13.48) で $y = b$ とおいた式と (13.49) を比較すれば

$$A_n = \frac{b_n}{\sinh\dfrac{n\pi b}{a}} = \frac{\dfrac{2}{a}\displaystyle\int_0^a f(x)\sin\dfrac{n\pi}{a}x\,dx}{\sinh\dfrac{n\pi b}{a}}$$

となる。以上で，境界条件 (13.39)，(13.40) のもとでのディリクレ問題の解は構成された。

学びの広場— 演習問題 13

1. 以下の偏微分方程式の一般解を求めよ。

   (1) $u_y = xy$ 　　　　(2) $u_{yy} = e^{x+2y}$

2. 以下の偏微分方程式の一般解を求めよ。

   (1) $u_x - 2xu = 0$ 　　　(2) $u_x + u_y - u = 0$

3. 関数 $u(x, y)$ に対して，変数変換 $x = r\cos\theta$, $y = r\sin\theta$ を行うと

$$u_{xx} + u_{yy} = u_{rr} + \frac{1}{r}u_r + \frac{1}{r^2}u_{\theta\theta}$$

となることを証明せよ。

4. 波動方程式 (13.22) の初期条件 $u(x, 0) = f(x)$, $u_t(x, 0) = g(x)$ のもとでの解は，(13.23) を応用して，

$$u(x, t) = \frac{f(x + kt) + f(x - kt)}{2} + \frac{1}{2k}\int_{x-kt}^{x+kt} g(s)\,ds$$

と表せることを証明せよ（ストークス[4]の公式）。ただし，$f(x)$, $g(x)$ は，2 回微分可能な関数とする。

---

4) Sir George Gabriel Stokes, 1819–1903, アイルランド

14 | 積分変換の応用

《**目標&ポイント**》 代表的な積分変換であるラプラス変換，フーリエ変換を学習する。フーリエ級数からフーリエ積分へと発展させ，フーリエ変換を学ぶ。単位関数やデルタ関数を知識に加え，ラプラス変換における学習を深める。これらを応用して，常微分方程式，積分方程式，偏微分方程式を取り扱う。

《**キーワード**》 積分変換，フーリエ積分，フーリエ変換，単位関数，ラプラス変換，常微分方程式，積分方程式，偏微分方程式

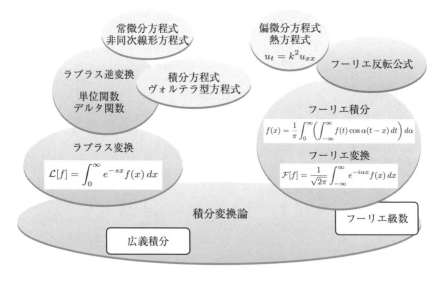

図 14.1 　14 章の地図

14.1 フーリエ積分

12.1 節において，区間 $I_\pi = [-\pi, \pi]$ で定義された関数に対して，これをフーリエ級数で表現することを学習した。さらに，12.2 節では，関数の定義されている区間を I_π から $I_\ell = [-\ell, \ell]$, $\ell > 0$ へと拡張することを学んだ。また，フーリエ級数の収束や性質を学ぶ中で，関数が区分的に連続であることや，区分的に滑らかであることなどの条件が必要であることも知った。この節では，有限区間 I_ℓ を無限区間 $I_\infty = (-\infty, \infty)$ へ拡張することを考える。ここでは，無限区間の広義積分を考察する必要が出てくる。そこで，あらたに次の条件を設定する。区間 I_∞ において定義された関数 $f(x)$ が絶対可積分であるとは，$\displaystyle\int_{-\infty}^{\infty} |f(x)|\, dx$ が収束することである。また，区間 I_∞ において関数 $f(x)$ が区分的に滑らかであるとは，任意の有限区間において区分的に滑らかであるとしておく。

関数 $f(x)$ は I_∞ において定義された関数とする。任意の ℓ に対して，$f(x)$ を I_ℓ に制限した関数を $f_\ell(x)$ とおく。12.2 節の (12.8)，(12.9) を用いれば，

$$f_\ell(x) \sim \frac{a_0}{2} + \sum_{n=1}^{\infty} \left(a_n \cos \frac{n\pi}{\ell} x + b_n \sin \frac{n\pi}{\ell} x \right) \tag{14.1}$$

と表すことができる。ここで，

$$
\begin{aligned}
a_n &= \frac{1}{\ell} \int_{-\ell}^{\ell} f(x) \cos \frac{n\pi}{\ell} x\, dx, \quad n = 0, 1, 2, \ldots \\
b_n &= \frac{1}{\ell} \int_{-\ell}^{\ell} f(x) \sin \frac{n\pi}{\ell} x\, dx, \quad n = 1, 2, \ldots
\end{aligned}
\tag{14.2}
$$

である。(14.2) を (14.1) へ代入して，三角関数の加法定理を用いて整理すれば

$$f_\ell(x) \sim \frac{1}{2\ell} \int_{-\ell}^{\ell} f_\ell(t) \, dt$$

$$+ \sum_{n=1}^{\infty} \Big(\frac{1}{\ell} \int_{-\ell}^{\ell} f_\ell(t) \cos \frac{n\pi}{\ell} t \, dt \, \cos \frac{n\pi}{\ell} x$$

$$+ \frac{1}{\ell} \int_{-\ell}^{\ell} f_\ell(t) \sin \frac{n\pi}{\ell} t \, dt \, \sin \frac{n\pi}{\ell} x \Big)$$

$$= \frac{1}{2\ell} \int_{-\ell}^{\ell} f_\ell(t) \, dt + \sum_{n=1}^{\infty} \frac{1}{\ell} \int_{-\ell}^{\ell} f_\ell(t) \cos \frac{n\pi}{\ell} (t-x) \, dt$$

上式で，$\alpha_n = \dfrac{n\pi}{\ell}$，$\Delta\alpha = \alpha_{n+1} - \alpha_n = \dfrac{\pi}{\ell}$ とおくと

$$f_\ell(x) \sim \frac{\Delta\alpha}{2\pi} \int_{-\ell}^{\ell} f_\ell(t) \, dt + \frac{1}{\pi} \sum_{n=1}^{\infty} \Delta\alpha \int_{-\ell}^{\ell} f_\ell(t) \cos \alpha_n (t-x) \, dt \quad (14.3)$$

(14.3) において，$\ell \to \infty$ とすれば，右辺の第 1 項は 0 に収束し，第 2 項は重積分

$$\frac{1}{\pi} \int_0^{\infty} \left(\int_{-\infty}^{\infty} f(t) \cos \alpha(t-x) \, dt \right) d\alpha$$

に収束することが期待される。ここでは，上式を I_∞ における関数 $f(x)$ のフーリエ積分とよんで

$$f(x) \sim \frac{1}{\pi} \int_0^{\infty} \left(\int_{-\infty}^{\infty} f(t) \cos \alpha(t-x) \, dt \right) d\alpha \qquad (14.4)$$

と表す。三角関数の加法定理を用いて，(14.4) の右辺を書きあらためれば

$$f(x) \sim \int_0^{\infty} (a(\alpha) \cos \alpha x + b(\alpha) \sin \alpha x) \, d\alpha \qquad (14.5)$$

$$a(\alpha) = \frac{1}{\pi} \int_{-\infty}^{\infty} f(t) \cos \alpha t \, dt \qquad (14.6)$$

$$b(\alpha) = \frac{1}{\pi} \int_{-\infty}^{\infty} f(t) \sin \alpha t \, dt \qquad (14.7)$$

となり，フーリエ級数と類似の関係があることに気づく。特に，関数 $f(x)$

が, I_∞ で奇関数であれば, (14.6) の被積分関数は奇関数になるので, 任意の α に対して $a(\alpha) = 0$ である。同様の議論から, $f(x)$ が I_∞ で偶関数であれば, 任意の α に対して $b(\alpha) = 0$ となる。ここでは厳密な証明は省略するが, 次の定理が成り立つことが知られている[1]。

定理 14.1 関数 $f(x)$ は, 区間 I_∞ において絶対可積分で区分的に滑らかとする。このとき, 連続点 x では,

$$f(x) = \frac{1}{\pi} \int_0^\infty \left(\int_{-\infty}^\infty f(t) \cos \alpha(t - x) \, dt \right) d\alpha \tag{14.8}$$

が成り立ち, また, 不連続点 x では,

$$\frac{1}{2}\big(f(x-0) + f(x+0)\big) = \frac{1}{\pi} \int_0^x \left(\int_{-\infty}^\infty f(t) \cos \alpha(t - x) \, dt \right) d\alpha$$

が成り立つ。

▦ **学びのノート 14.1** ▦

関数 $f(x)$ が, 定理 14.1 と同じ仮定をみたすとすると, (14.5) において, $f(x)$ が偶関数であれば, $b(\alpha) = 0$ であるから, x が連続点であれば

$$f(x) = \frac{2}{\pi} \int_0^\infty \cos \alpha x \left(\int_0^\infty f(t) \cos \alpha t \, dt \right) d\alpha \tag{14.9}$$

が成り立ち, $f(x)$ が奇関数であれば, $a(\alpha) = 0$ であるから, 連続点 x において,

$$f(x) = \frac{2}{\pi} \int_0^\infty \sin \alpha x \left(\int_0^\infty f(t) \sin \alpha t \, dt \right) d\alpha \tag{14.10}$$

が成り立つ。不連続点においては, それぞれ左辺を $\frac{1}{2}(f(x-0)+f(x+0))$ におきかえた等式が成立することが知られている。

---

[1] 証明などの詳細は, たとえば, 巻末の関連図書 [26] などを参照のこと。

14.2 フーリエ変換

関数 $f(x)$ は，区間 $I_\infty = (-\infty, \infty)$ で定義されているとする。実数 α に対して，広義積分

$$\frac{1}{\sqrt{2\pi}} \int_{-\infty}^{\infty} e^{-i\alpha x} f(x) \, dx \tag{14.11}$$

を考える。この広義積分が収束するとき，(14.11) を記号 $\mathcal{F}[f(x)]$，$\mathcal{F}[f]$ で表す。また，収束するならば (14.11) は α の関数になるから

$$F(\alpha) = \mathcal{F}[f(x)] \tag{14.12}$$

と表すことができる。この対応 $\mathcal{F}$ をフーリエ変換といい，$F(\alpha) = \mathcal{F}[f(x)]$ を $f(x)$ のフーリエ変換という。

フーリエ変換について，以下の定理が成り立つ。

定理 14.2 関数 $f(x)$ は，区間 I_∞ において絶対可積分で区分的に滑らかとする。このとき，連続点 x では，

$$f(x) = \frac{1}{\sqrt{2\pi}} \int_{-\infty}^{\infty} e^{i\alpha x} F(\alpha) \, d\alpha \tag{14.13}$$

が成り立ち，また，不連続点 x では，

$$\frac{1}{2}\big(f(x-0) + f(x+0)\big) = \frac{1}{\sqrt{2\pi}} \int_{-\infty}^{\infty} e^{i\alpha x} F(\alpha) \, d\alpha$$

が成り立つ。

証明 この証明では，x が $f(x)$ の連続点の場合を扱う。定理 14.1 の (14.8) において，オイラーの公式を用いて $\cos\alpha(t-x)$ を書きかえることを考える。まず，

$$\int_{-\infty}^{\infty} f(t) \cos \alpha(t-x)\, dt = \int_{-\infty}^{\infty} f(t) \left(\frac{e^{i\alpha(t-x)} + e^{-i\alpha(t-x)}}{2} \right) dt$$

$$= \frac{1}{2} e^{-ix\alpha} \int_{-\infty}^{\infty} f(t) e^{i\alpha t}\, dt + \frac{1}{2} e^{ix\alpha} \int_{-\infty}^{\infty} f(t) e^{-i\alpha t}\, dt$$

$$= \sqrt{\frac{\pi}{2}} \left(e^{-ix\alpha} F(-\alpha) + e^{ix\alpha} F(\alpha) \right)$$

である。ゆえに,

$$f(x) = \frac{1}{\pi} \int_{0}^{\infty} \sqrt{\frac{\pi}{2}} \left(e^{-ix\alpha} F(-\alpha) + e^{ix\alpha} F(\alpha) \right) d\alpha$$

$$= \frac{1}{\sqrt{2\pi}} \left(\int_{0}^{\infty} e^{-ix\alpha} F(-\alpha) d\alpha + \int_{0}^{\infty} e^{ix\alpha} F(\alpha)\, d\alpha \right)$$

$$= \frac{1}{\sqrt{2\pi}} \int_{-\infty}^{\infty} e^{ix\alpha} F(\alpha)\, d\alpha$$

となり, (14.13) は証明された。　□

　次に, 区間 $[0, \infty)$ において定義された関数 $f(x)$ のフーリエ変換を考える。12.3 節で適用した考え方を用いて, 区間 $(-\infty, 0)$ の部分を $f(-x)$ と補って偶関数を構成した場合と, $x = 0$ での値を調整し, $-f(-x)$ と補って奇関数を構成した場合に対応する積分変換を考える。前者の

$$F_c(\alpha) = \sqrt{\frac{2}{\pi}} \int_{0}^{\infty} f(t) \cos \alpha t\, dt \qquad (14.14)$$

を関数 $f(x)$ のフーリエ余弦変換といい, 後者の

$$F_s(\alpha) = \sqrt{\frac{2}{\pi}} \int_{0}^{\infty} f(t) \sin \alpha t\, dt \qquad (14.15)$$

を関数 $f(x)$ のフーリエ正弦変換という。それぞれ, $F_c(\alpha) = \mathcal{F}_c[f(x)]$, $F_s(\alpha) = \mathcal{F}_s[f(x)]$ で表す。学びのノート 14.1 の (14.9), (14.10) から, 次の定理が得られる。

定理 14.3 関数 $f(x)$ は，区間 $[0, \infty)$ において絶対可積分で区分的に滑らかとする。このとき，連続点 x では，

$$f(x) = \sqrt{\frac{2}{\pi}} \int_0^\infty F_c(\alpha) \cos \alpha x \, d\alpha \tag{14.16}$$

$$f(x) = \sqrt{\frac{2}{\pi}} \int_0^\infty F_s(\alpha) \sin \alpha x \, d\alpha \tag{14.17}$$

が成り立ち，また，不連続点 x では，

$$\frac{1}{2}\big(f(x-0) + f(x+0)\big) = \sqrt{\frac{2}{\pi}} \int_0^\infty F_c(\alpha) \cos \alpha x \, d\alpha$$

$$\frac{1}{2}\big(f(x-0) + f(x+0)\big) = \sqrt{\frac{2}{\pi}} \int_0^\infty F_s(\alpha) \sin \alpha x \, d\alpha$$

が成り立つ。

定理 14.2 の (14.13) は，フーリエ反転公式，定理 14.3 の (14.16)，(14.17) はそれぞれ，フーリエ余弦反転公式，フーリエ正弦反転公式とよばれている。

例 14.1 $p > 0, q > 0$ とする。関数

$$f(x) = \begin{cases} q, & -p \leqq x \leqq p \\ 0, & x < -p, \ x > p \end{cases} \tag{14.18}$$

のフーリエ変換を求めよ。

解答 定義式 (14.11) に基づいて計算する。まず，$\alpha \neq 0$ のときは

$$F(\alpha) = \frac{1}{\sqrt{2\pi}} \int_{-\infty}^\infty e^{-i\alpha x} f(x) \, dx = \frac{1}{\sqrt{2\pi}} \int_{-p}^p q e^{-i\alpha x} \, dx$$

$$= \frac{q}{\sqrt{2\pi}} \Big[-\frac{1}{\alpha i} e^{-i\alpha x} \Big]_{-p}^p = \frac{2q}{\sqrt{2\pi}\alpha} \left(\frac{e^{i\alpha p} - e^{-i\alpha p}}{2i} \right)$$

$$= q\sqrt{\frac{2}{\pi}}\frac{\sin\alpha p}{\alpha}$$

となる。次に，$\alpha = 0$ のときは，

$$F(0) = \frac{1}{\sqrt{2\pi}}\int_{-\infty}^{\infty} f(x)\,dx = \frac{1}{\sqrt{2\pi}}\int_{-p}^{p} q\,dx = qp\sqrt{\frac{2}{\pi}}$$

である。　◁

▨▨▨▨▨▨ **学びの扉** 14.1 ▨▨

　この学びの扉では，フーリエ変換における微分法則と合成積について
の性質を紹介する[2)]。

　それぞれ，ラプラス変換に関する定理 11.3，定理 11.7 と比較して学習
するとよい。まず，微分法則について，以下の定理が成り立つことが知
られている。

定理 14.4　区間 I_∞ において $f(x)$ は微分可能で $f'(x)$ が連続とし，$f(x)$，
$f'(x)$ はともに絶対可積分とする。このとき，$\mathcal{F}[f(x)] = F(\alpha)$ とすれば，

$$\mathcal{F}[f'(x)] = i\alpha\mathcal{F}[f(x)]$$

が成り立つ。

定理 14.5　区間 $[0,\infty)$ において $f(x)$ は微分可能で $f'(x)$ が連続とし，
$f(x)$，$f'(x)$ はともに絶対可積分とする。このとき，$\mathcal{F}_c[f(x)] = F_c(\alpha)$，
$\mathcal{F}_s[f(x)] = F_s(\alpha)$ とすれば，

$$\mathcal{F}_c[f'(x)] = \alpha\mathcal{F}_s[f(x)] - \sqrt{\frac{2}{\pi}}f(+0), \quad \mathcal{F}_s[f'(x)] = -\alpha\mathcal{F}_c[f(x)]$$

が成り立つ。

---

2)　証明などの詳細は，たとえば，巻末の関連図書 [27] などを参照のこと。

関数 $f(x)$, $g(x)$ は，区間 I_∞ において，区分的に連続かつ有界で絶対可積分とする。合成積を

$$(f * g)(x) = \int_{-\infty}^{\infty} f(x - t)g(t)\ dt \tag{14.19}$$

で定義する[3]。このとき，次の定理が成り立つことが知られている。

定理 14.6 関数 $f(x)$, $g(x)$ は，区間 I_∞ において，区分的に連続かつ有界で絶対可積分とする。このとき，$\mathcal{F}[f(x)] = F(\alpha)$, $\mathcal{F}[g(x)] = G(\alpha)$ とすれば，

$$\mathcal{F}[(f * g)(x)] = \sqrt{2\pi}F(\alpha)G(\alpha)$$

が成り立つ。

14.3 ラプラス変換の応用

11 章では，主に連続関数のラプラス変換について考察した。この節では，応用面にすぐれたいくつかの不連続な関数についてのラプラス変換を紹介していく。

14.3.1 単位関数

$a \geqq 0$ とする。関数

$$U_a(x) = \begin{cases} 0, & x \leqq a \\ 1, & x > a \end{cases} \tag{14.20}$$

を単位関数，またはヘヴィサイド[4]階段関数という。

---

3) (14.19) においても交換法則 $(f * g)(x) = (g * f)(x)$ が成り立つ。
4) Oliver Heaviside, 1850–1925, イギリス

定理 14.7　単位関数 $U_a(x)$ に関して

$$\mathcal{L}[U_a(x)] = \frac{e^{-as}}{s} \tag{14.21}$$

が成り立つ。

証明　(11.1) に基づいて計算すれば

$$\mathcal{L}[U_a(x)] = \int_0^\infty e^{-sx} U_a(x)\, dx = \int_a^\infty e^{-sx}\, dx$$
$$= \left[-\frac{e^{-sx}}{s} \right]_a^\infty = -\lim_{x \to \infty} \frac{e^{-sx}}{s} + \frac{e^{-sa}}{s} = \frac{e^{-as}}{s}$$

となる。　□

　関数 $y = f(x)$, $x > 0$ のグラフを x 軸の正の方向に $a > 0$ だけ平行移動した関数 $f_a(x)$ グラフを考える。このとき，平行移動したグラフの $0 < x < a$ の部分はもとの関数では未定義であるから，$f_a(x)$ のグラフに関しては，

$$f_a(x) = \begin{cases} 0, & x \leqq a \\ f(x-a), & x > a \end{cases}$$

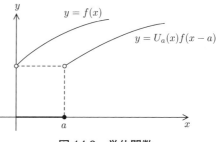

図 14.2　単位関数

とすることが自然である。これを単位関数を使って表せば，$f_a(x) = U_a(x) f(x-a)$ と書くことができる。

定理 14.8　$a > 0$ とする。関数 $f(x)$ のラプラス変換 $\mathcal{L}[f(x)] = F(s)$ が存在するとすれば，

$$\mathcal{L}[U_a(x) f(x-a)] = e^{-as} F(s) \tag{14.22}$$

が成り立つ。

証明 (11.1) に基づいて計算する。途中で変数変換 $t = x - a$ を行う。

$$\mathcal{L}\left[U_a(x)f(x-a)\right] = \int_0^\infty e^{-sx}U_a(x)f(x-a)\,dx = \int_a^\infty e^{-sx}f(x-a)\,dx$$
$$= \int_0^\infty e^{-s(t+a)}f(t)\,dt = e^{-as}\int_0^\infty e^{-st}f(t)\,dt$$
$$= e^{-sa}\mathcal{L}[f(x)] = e^{-sa}F(s)$$

となる。　□

▨▨▨▨▨ **学びのノート 14.2** ▨▨▨▨▨▨▨▨▨▨▨▨▨▨▨▨▨▨▨▨▨▨▨▨▨▨▨▨▨▨▨▨▨▨▨

定理 14.8 から,

$$\mathcal{L}^{-1}\left[e^{-as}F(s)\right] = U_a(x)f(x-a) \tag{14.23}$$

が得られる[5]。

図 14.3 のグラフの関数 $f(x)$ は,単位関数を用いて,

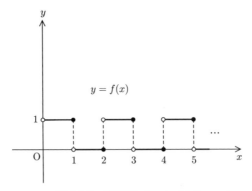

図 14.3　学びのノート 14.2

---

5)　(14.23) は,像の移動法則とよばれている。

$$f(x) = \sum_{j=0}^{\infty} (-1)^j U_j(x) = U_0(x) - U_1(x) + U_2(x) - U_3(x) + \cdots$$

と表してよいとし，無限和とラプラス変換の広義積分の交換を認めれば

$$\mathcal{L}[f(x)] = \mathcal{L}\left[\sum_{j=0}^{\infty} (-1)^j U_j(x)\right] = \sum_{j=0}^{\infty} \mathcal{L}\left[(-1)^j U_j(x)\right] = \sum_{j=0}^{\infty} \frac{(-1)^j e^{-js}}{s}$$

$$= \frac{1}{s} \frac{1}{1 + e^{-s}}$$

と表される。このことから，$\mathcal{L}^{-1}\left[\dfrac{1}{s(1+e^{-s})}\right]$ が不連続点をのぞいて図 14.3 のような波形をあたえる関数になることが期待される。

14.3.2 デルタ関数

区間 $I_\infty = (-\infty, \infty)$ で定義され，$x = a$ 以外の x に対して 0 になる関数 $\delta_a(x)$ が，$x = a$ の近くで定義された任意の連続関数 $f(x)$ に対して

$$\int_{-\infty}^{\infty} f(x)\delta_a(x)\,dx = f(a) \tag{14.24}$$

をみたすとき，$\delta_a(x)$ をデルタ関数，またはディラック[6]関数という。特に，定数関数 $f(x) = 1$ を考えれば，$\displaystyle\int_{-\infty}^{\infty} \delta_a(x)\,dx = 1$ である。もし，デルタ関数 $\delta_a(x)$ が，$x = a$ で有限の値をとれば，(14.24) の左辺は 0 になってしまうから，$\delta_a(x)$ は $x = a$ で無限大の値をとるものと考える。ここでは，デルタ関数のような超関数の詳細に踏み込むことは避けて，(14.24) を定義とし，以下にラプラス変換との関わりを紹介する。(14.24) より，

$$\mathcal{L}[\delta_a(x)] = \int_0^{\infty} e^{-sx}\delta_a(x)\,dx = \int_{-\infty}^{\infty} e^{-sx}\delta_a(x)\,dx = e^{-as}, \quad a > 0 \tag{14.25}$$

---

6) Paul Adrien Maurice Dirac, 1902–1984, イギリス

となる。一方，(14.21) より，$\mathcal{L}[U_a(x)] = \dfrac{e^{-as}}{s}$ であるから，これらの式をあわせれば，$\mathcal{L}[\delta_a(x)] = s\mathcal{L}[U_a(x)]$ を得る。11 章で学んだ定理 11.3 から，形式的に

$$U_a'(x) = \delta_a(x)$$

と考えることもできる。

例 14.2 線形微分方程式の初期値問題

$$\frac{d^2y}{dx^2} + 4\frac{dy}{dx} + 5y = \delta_\pi(x), \quad y(0) = 0,\ y'(0) = 0 \tag{14.26}$$

を解きなさい。

解答 未知関数 $y(x)$ のラプラス変換を $\mathcal{L}[y(x)] = Y(s)$ とし，(14.26) の両辺のラプラス変換を考える。学びのノート 11.2 の (11.23) を適用すれば，像方程式は (14.25) より

$$Y(s) = \frac{\mathcal{L}[\delta_\pi(x)]}{s^2 + 4s + 5} = \frac{e^{-\pi s}}{s^2 + 4s + 5}$$

となる。したがって，定理 11.2(i)，(14.23) を使ってラプラス逆変換を考えれば，(14.26) の解は

$$y(x) = \mathcal{L}^{-1}\left[\frac{e^{-\pi s}}{s^2 + 4s + 5}\right] = \mathcal{L}^{-1}\left[\frac{e^{-\pi s}}{(s+2)^2 + 1}\right]$$
$$= U_\pi(x)e^{-2(x-\pi)}\sin(x - \pi) = -U_\pi(x)e^{-2(x-\pi)}\sin x$$

と求めることができる。　◁

14.3.3 積分方程式

ここでは，未知関数 $y(x)$ の積分を含んだ関数方程式へのラプラス変換の応用を紹介する。関数 $k(x),\ \psi(x)$ を既知として

$$\int_0^x k(x-t)y(t)\,dt = \psi(x) \tag{14.27}$$

$$y(x) - \int_0^x k(x-t)y(t)\,dt = \psi(x) \tag{14.28}$$

を考察する。これらの関数方程式 (14.27) を，それぞれ，第 1 種ボルテラ[7]型積分方程式，第 2 種ボルテラ型積分方程式とよぶことにする。

　積分方程式 (14.27), (14.28) における積分の部分はともに，$k(x)$ と $y(x)$ の合成積 $(k*y)(x)$ である。定理 11.7 にあるラプラス変換の合成積に関する性質 $\mathcal{L}\,[(k*y)(x)] = \mathcal{L}\,[k(x)]\,\mathcal{L}\,[y(x)]$ を応用することで，これらの積分方程式を解くことができる。以下に例を紹介する。

例 14.3　第 1 種ボルテラ型積分方程式

$$\int_0^x \sin(x-t)y(t)\,dt = x^3 \tag{14.29}$$

を解きなさい。

解答　積分方程式は，合成積を使って，$(\sin *y)(x) = x^3$ と表せるから，未知関数 $y(x)$ のラプラス変換を $\mathcal{L}\,[y(x)] = Y(s)$ と書けば，定理 11.7 より，像方程式は，$\dfrac{1}{s^2+1}\cdot Y(s) = \dfrac{3!}{s^4}$ となる。すなわち，

$$Y(s) = (s^2+1)\cdot\frac{6}{s^4} = \frac{6}{s^2} + \frac{6}{s^4}$$

したがって，上式のラプラス逆変換を考えれば，(14.29) の解は

$$y(x) = 6x + x^3$$

と求めることができる。　◁

---

7)　Vito Volterra, 1860–1940, イタリア

例 14.4 第 2 種ボルテラ型積分方程式

$$y(x) - \int_0^x \sin(x-t)y(t)\,dt = \cos x \qquad (14.30)$$

を解きなさい。

解答 積分方程式は，合成積を使って，$y(x) - (\sin *y)(x) = \cos x$ と表せるから，$y(x)$ のラプラス変換を $Y(s)$ と書けば，

$$Y(s) - \frac{1}{s^2+1} \cdot Y(s) = \frac{s}{s^2+1}$$

となる。これを整理すれば，$Y(s) = \frac{1}{s}$ となる。ゆえに，ラプラス逆変換を考えて，$y(x) \equiv 1$ が (14.30) の解であることがわかる。　◁

14.4　フーリエ変換の応用

この節では，例として熱方程式

$$\frac{\partial u}{\partial t} = k^2 \frac{\partial^2 u}{\partial x^2} \qquad (14.31)$$

を取り扱い，フーリエ変換の偏微分方程式への応用を学習する。以下では，$u_t = k^2 u_{xx}$ と表記する。中心的な目標は，あたえられた方程式 (14.31) と初期条件をフーリエ変換して，変換後の像方程式から引き戻して，もとの方程式の解を見つける方法を紹介することである。そこで，この節で登場する関数については，区分的に滑らかであること，絶対可積分であることなど，これまでに学習した定理の条件をみたすものとし，微分と広義積分の順序変更を可能にする条件もみたしているとする。2 変数関数についても高階の偏微分可能性，広義積分と偏微分の順序交換などができるものと仮定する。

まず準備として，定理 14.4 を利用して，関数 $\varphi(x) = e^{-ax^2}$, $a > 0$ のフーリエ変換を求めることから始める。$a = 1$ のときの広義積分 $\int_0^\infty e^{-x^2}\ dx = \dfrac{\sqrt{\pi}}{2}$ は確率積分ともよばれている。関数 $\varphi(x)$ は，偶関数であるから，確率積分において置換積分をすることで

$$\int_{-\infty}^{\infty} \varphi(x)\ dx = \sqrt{\frac{\pi}{a}} \tag{14.32}$$

である。関数 $\varphi(x)$ のフーリエ変換

$$\Phi(\alpha) = \mathcal{F}[\varphi(x)] = \frac{1}{\sqrt{2\pi}} \int_{-\infty}^{\infty} e^{-ax^2} e^{-i\alpha x}\ dx$$

の両辺を α で微分して，

$$\Phi'(\alpha) = \frac{1}{\sqrt{2\pi}} \int_{-\infty}^{\infty} -ix e^{-ax^2} e^{-i\alpha x}\ dx = \frac{i}{2a\sqrt{2\pi}} \int_{-\infty}^{\infty} \varphi'(x) e^{-i\alpha x}\ dx$$

を得る。ここで，定理 14.4 を適用すれば，

$$\Phi'(\alpha) = -\frac{\alpha}{2a}\,\Phi(\alpha) \tag{14.33}$$

となる。これは，α を変数とする変数分離形の常微分方程式であるから，一般解は，$Ce^{-\frac{\alpha^2}{4a}}$ である。初期条件 $\Phi(0)$ を計算して C を決めていく。実際，(14.32) から

$$\Phi(0) = \frac{1}{\sqrt{2\pi}} \int_{-\infty}^{\infty} e^{-ax^2}\ dx = \frac{1}{\sqrt{2a}}$$

となるから，求める $\varphi(x)$ のフーリエ変換は，

$$\Phi(\alpha) = \frac{1}{\sqrt{2a}} e^{-\frac{\alpha^2}{4a}} \tag{14.34}$$

となる。

　熱方程式 (14.31) へ戻ることにする。ここでは，求める解を $u(x,t)$ とおき，初期条件

$$u(x,0) = f(x), \quad x \in I_\infty \qquad (14.35)$$

をあたえておく。解 $u(x,t)$ の変数 x についてのフーリエ変換を $U(\alpha,t)$ とおく。熱方程式 (14.31) の両辺の変数 x についてのフーリエ変換を考えて像方程式をつくる。まず，左辺については，フーリエ積分と偏微分の順序交換を認めているので，

$$\mathcal{F}[u_t] = \frac{1}{\sqrt{2\pi}} \int_{-\infty}^{\infty} u_t(x,t)e^{-i\alpha x}\,dx = U_t(\alpha,t) \qquad (14.36)$$

である。右辺については，定理 14.4 を 2 度適用して，

$$\mathcal{F}[k^2 u_{xx}] = (i\alpha)^2 k^2 U(\alpha,t) \qquad (14.37)$$

となる。したがって，(14.36), (14.37) から

$$U_t(\alpha,t) = -\alpha^2 k^2 U(\alpha,t) \qquad (14.38)$$

を得る。これを，変数 t についての常微分方程式とみて，一般解を求めれば，$U(\alpha,t) = C(\alpha)e^{-\alpha^2 k^2 t}$ となる。ここで，$C(\alpha)$ は，α についての関数である。$U(\alpha,0) = C(\alpha)$ であるから，$U(\alpha,0)$ が定まれば，$U(\alpha,t)$ が決まることになる。熱方程式 (14.31) にあたえられた初期条件 (14.35) についてフーリエ変換を考えれば，

$$U(\alpha,0) = \mathcal{F}[u(x,0)] = \mathcal{F}[f(x)] = F(\alpha)$$

である。したがって，(14.34) より

$$U(\alpha,t) = F(\alpha)e^{-\alpha^2 k^2 t} = \mathcal{F}[f(x)]\mathcal{F}\left[\frac{1}{\sqrt{2t}k}e^{-\frac{x^2}{4k^2 t}}\right] \qquad (14.39)$$

となる。ゆえに，定理 14.6 を用いれば，求める解は合成積を用いて

$$u(x,t) = \frac{1}{2k\sqrt{\pi t}} \int_{-\infty}^{\infty} f(\xi) e^{-\frac{(x-\xi)^2}{4k^2 t}} \, d\xi \tag{14.40}$$

と表せる。

|||||||| 学びの広場 — **演習問題** **14** ||||||||||||||||||||||||||||||||

1. 区間 $[0, \infty)$ で定義された関数 $f(x) = \begin{cases} 1, & 0 \leqq x \leqq p \\ 0, & x > p \end{cases}$ について，以下の問いに答えよ。

   (1) 定理 14.3 の (14.16) の形で $f(x)$ を表せ。

   (2) 定理 14.3 の (14.17) の形で $f(x)$ を表せ。

2. 以下の各問いに答えよ。

   (1) $(x-2)^3 U_2(x)$ のラプラス変換を求めよ。

   (2) $\dfrac{e^{-s}}{s-1}$ のラプラス逆変換を求めよ。

3. ラプラス変換を応用して，微分方程式の初期値問題

   $$\frac{d^2 y}{dx^2} + 3\frac{dy}{dx} + 2y = U_2(x), \quad y(0) = 0, \, y'(0) = 0$$

   を解きなさい。

4. 積分方程式

   $$\int_0^{\infty} f(x) \sin \alpha x \, dx = \begin{cases} \pi, & 0 \leqq \alpha \leqq \pi \\ 0, & \alpha > \pi \end{cases}$$

   を解きなさい。

15 | 解の存在定理

《目標＆ポイント》 正規形の常微分方程式の解の存在定理や解の一意性定理について学習する。準備として，一様収束やリプシッツ条件を学習し，今後の学びの発展につながる解析的手法を紹介する。逐次近似法，折れ線法などを利用した解の存在定理を説明する。

《キーワード》 正規形，一様収束，リプシッツ条件，グロンウォールの定理，解の存在定理，解の一意性定理，逐次近似法，折れ線法

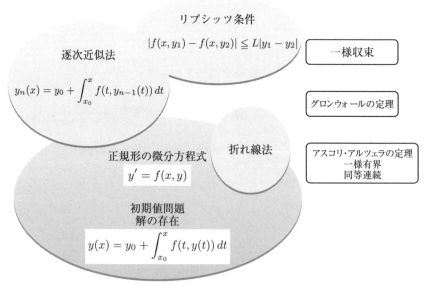

図 15.1　15 章の地図

15.1　正規形

　これまでの学習を通して，微分方程式には求積法によって一般解が求まるもの，整級数やフーリエ級数によって解の構成ができるものなどがあることを学んだ。また，1 つの微分方程式に関して，解を求めるさまざまな方法があることも体験した。実際には，解は存在していても，初等関数によっては表すことができないものもある。この章では，正規形の 1 階微分方程式

$$y' = f(x, y) \tag{15.1}$$

における解の存在を中心に話を進めていく。ここでの存在定理は，局所的な議論から始める。初期条件「$x = x_0$ のとき $y = y_0$」をみたす解 $y(x)$ が，x_0 の近くで存在すると仮定し，$f(t, y(t))$ が，$x_0 \leqq t < x$ の範囲で連続であると仮定する。1 章の (1.10) より，$y(x)$ は積分方程式

$$y(x) = y_0 + \int_{x_0}^{x} f(t, y(t)) \, dt \tag{15.2}$$

をみたすことがわかる。一方，(15.2) の両辺を微分して，1 章 (1.4.1) の準備（積分-1）を用いれば，(15.2) の解は微分方程式 (15.1) の解になることがわかる。

15.1.1　一様収束

　微分方程式の解を構成する際に，ある条件の下に解を近似する関数列 $y_0(x)$, $y_1(x)$, $y_2(x)$, … を考えて，その極限関数として解を見いだす方法がある。ここでは，一般の関数列 $f_0(x)$, $f_1(x)$, $f_2(x)$, … の収束を考える。関数列は，区間 I で定義されているとする。各 $x \in I$ ごとに，数列 $a_n = f_n(x)$, $n = 0, 1, 2, \dots$ を考えて，数列 $\{a_n\}$ の収束を考える方法がある。この考えに基づく関数列の収束の概念を各点収束という。すなわち，各 $x \in I$ に対して，

$$\lim_{n \to \infty} f_n(x) = f(x) \tag{15.3}$$

である。いいかえれば，「任意の $\varepsilon > 0$ と各 $x \in I$ に対して，ある自然数 N があって，$n > N$ ならば $|f_n(x) - f(x)| < \varepsilon$ とできる」ことである。この場合 N は，ε と x に依存してよい。

例 15.1 区間 $I = [0,1]$ において定義された，関数列 $f_n(x) = x^n$，$n = 0, 1, 2, \dots$ は，次のように各点収束する。

$$f(x) = \begin{cases} 0, & 0 \le x < 1 \\ 1, & x = 1 \end{cases}$$

区間 I の内部 $(0,1)$ の点 x をとる。任意の $\varepsilon > 0$（ここでは，$\varepsilon < 1$ としておく）に対して，$|f_n(x) - f(x)| = |f_n(x) - 0| = x^n < \varepsilon$ とするために，$N > \dfrac{\log \varepsilon}{\log x}$ ととる必要がある。この場合は，x が 1 に近づけば近づくほど，N を大きくとらなくてはならない。　◁

このように，各点ごとに収束の速さが異なることがあることを考えれば，各点収束という概念は必ずしも十分とはいえないであろう。実際，例 15.1 では，各関数 $f_n(x)$ は連続であるが，極限関数は連続ではない。そこで関数を，定義域でとる値をすべてあわせた存在ととらえれば，それに対応した収束の概念が必要になってくる。「任意の $\varepsilon > 0$ に対して，ある自然数 N が存在して，どの $x \in I$ に対しても，$n > N$ ならば，$|f_n(x) - f(x)| < \varepsilon$ とできる」のような関数列の収束を定義すれば，この場合 N は，ε にのみ依存し，x に依存しない。このとき，関数列 $f_0(x)$，$f_1(x)$，$f_2(x)$，… は，I において $f(x)$ に一様収束しているという。連続性，積分と極限の順序変更について，以下の定理が成り立つことが知られている[1]。

---

1) 詳細については，たとえば，巻末の関連図書 [9]，[24] などを参照のこと。

定理 15.1　連続関数の列 $f_0(x)$, $f_1(x)$, $f_2(x)$, ... が，区間 $I = [a, b]$ において $f(x)$ に一様収束していれば，次の (i), (ii) が成り立つ．

（ i ）　$f(x)$ は，I で連続である．

（ii）　$\displaystyle \lim_{n \to \infty} \int_a^b f_n(x)\ dx = \int_a^b \lim_{n \to \infty} f_n(x)\ dx = \int_a^b f(x)\ dx$

▦▦ **学びのノート 15.1** ▦▦▦▦▦▦▦▦▦▦▦▦▦▦▦▦▦▦▦▦▦▦▦▦▦▦▦

　定理 15.1 の区間 $[a, b]$ は，開いた区間や無限区間でもよい．特に，(ii) においては，積分が広義積分を意味するものとすればよい．一般に，関数列 $f_0(x)$, $f_1(x)$, $f_2(x)$, ... の収束が一様収束でなければ，(ii) の積分と極限の順序変更ができるとは限らない．

▦▦ **学びのノート 15.2** ▦▦▦▦▦▦▦▦▦▦▦▦▦▦▦▦▦▦▦▦▦▦▦▦▦▦▦

　一様収束の判定法を，いくつか紹介をしておく．

　(i)　任意の自然数 n に対して，

$$f_n(x) = f_0(x) + (f_1(x) - f_0(x)) + \cdots + (f_n(x) - f_{n-1}(x))$$

であるから，関数列 $f_0(x)$, $f_1(x)$, $f_2(x)$, ... の一様収束性と級数

$$\sum_{n=1}^{\infty} (f_n(x) - f_{n-1}(x))$$

の一様収束性については同値である．

　(ii)　一様収束に関しても，1 章 (1.4.3) の準備（級数-2）に対応する比較定理が成り立つ．

定理 15.1 にあるように，一様収束は微分方程式の解の構成に有効であることが期待できる。では，どのように一様収束を判定したらよいのであろうか。一様収束は，x によって，$|f_n(x) - f(x)|$ が変わらない，または x に依存しない定数の幅に抑えられているとイメージすればよい。実際，次の定理が成り立つことが知られている。

定理 15.2　連続関数の列 $f_0(x)$, $f_1(x)$, $f_2(x)$, … が区間 $I = [a, b]$ において $f(x)$ に各点収束していて，$|f_n(x) - f(x)| \leqq M_n$, $n = 0, 1, 2, \ldots$ が成り立ち $\lim_{n \to \infty} M_n = 0$ であれば，$f_0(x)$, $f_1(x)$, $f_2(x)$, … は，$f(x)$ に一様収束している。

関数列 $f_0(x)$, $f_1(x)$, $f_2(x)$, … の区間 I における収束が一様収束ではないが，I に含まれる任意の閉区間において一様収束するとき，広義一様収束するという。例 15.1 の関数列 $f_n(x) = x^n$, $n = 0, 1, 2, \ldots$ を開区間 $(0, 1)$ で考えれば，$f_n(x)$ は，極限関数 0 に広義一様収束している。

15.1.2　リプシッツ条件

ここでは，解の一意性を示すときに有効な関数の連続性に関する条件を紹介する。D を xy 平面の領域とする。$f(x, y)$ は，D で定義された関数とする。D に含まれる (x, y_1), (x, y_2) に対して，

$$|f(x, y_1) - f(x, y_2)| \leqq L|y_1 - y_2| \tag{15.4}$$

をみたす定数 $L > 0$ が存在するとき，D において，$f(x, y)$ は y に関してリプシッツ[2]条件をみたすといい，L をリプシッツ定数という。

領域として，矩形 $D = \{(x, y) \mid a \leqq x \leqq b,\ c \leqq y \leqq d\}$ を考える。関数 $f(x, y)$ が，領域 D において連続な偏導関数 $f_y(x, y)$ をもつならば，リプシッツ条件 (15.4) をみたす。実際，2 点 (x, y_1), $(x, y_2) \in D$ なら

---

2)　Rudolf Otto Sigismund Lipschitz, 1832–1903, ドイツ

ば，$y_1 \leqq \tilde{c} \leqq y_2$ に対して $(x, \tilde{c}) \in D$ である。平均値の定理より，ある $y_1 \leqq c \leqq y_2$ があり，$f(x, y_2) - f(x, y_1) = (y_2 - y_1)f_y(x, c)$ をみたす。偏導関数 $f_y(x, y)$ は，有界閉集合 D では，$|f_y(x, y)| \leqq L$ なる正数 L が存在する。したがって，(15.4) が成り立つ。

15.1.3 グロンウォールの定理

次に紹介する積分不等式についての性質は，グロンウォール[3]の定理とよばれている。解の一意性や解の延長などの議論の際にしばしば用いられるが，ここでは証明は省略する[4]。

定理 15.3 関数 $F(x)$, $g(x)$, $h(x)$ は，区間 $I = [a, b]$ 上で定義された非負の連続関数とし，$x \in I$ において，不等式

$$F(x) \leqq g(x) + \int_a^x h(t)F(t)\, dt \tag{15.5}$$

をみたすとする。このとき，$x \in I$ において

$$F(x) \leqq g(x) + \int_a^x g(t)h(t)e^{\int_t^x h(s)\, ds}\, dt \tag{15.6}$$

が成り立つ。

15.2 逐次近似法

正規形の微分方程式 (15.1) の初期条件「$x = x_0$ のとき $y = y_0$」，すなわち

$$y(x_0) = y_0 \tag{15.7}$$

をみたす領域

---

3) Thomas Hakon Grönwall, 1877–1932, スウェーデン
4) 証明などの詳細は，たとえば，巻末の関連図書 [10], [14], [34] などを参照のこと。

$$E = \{(x,y) \mid x_0 - r \leqq x \leqq x_0 + r, \ y_0 - \rho \leqq y \leqq y_0 + \rho\}$$

における解を構成する方法を紹介する。ここで，$r > 0$，$\rho > 0$ である。まず，初期条件 (15.7) をみたす微分方程式 $y' = f(x, y_0)$ の解を $y_1(x)$ とする。この場合，微分方程式の右辺は x のみの関数なので，(1.10) より，

$$y_1(x) = y_0 + \int_{x_0}^{x} f(t, y_0) \, dt$$

と表せる。次に，初期条件 (15.7) をみたす微分方程式 $y' = f(x, y_1(x))$ の解を $y_2(x)$ とすれば，同様に

$$y_2(x) = y_0 + \int_{x_0}^{x} f(t, y_1(t)) \, dt$$

となる。この操作を繰り返す。すなわち，

$$y_n(x) = y_0 + \int_{x_0}^{x} f(t, y_{n-1}(t)) \, dt \tag{15.8}$$

によって，関数列 $y_0(x)$, $y_1(x)$, $y_2(x)$, ... を定義していく。ここで，$y_0(x) \equiv y_0$ である。この関数列による局所解の存在証明方法をピカール[5]-リンデレーフ[6]の逐次近似法という。漸化式 (15.8) は，形式的な意味合いで書いている。実際は，被積分関数において点 $(x, y_{n-1}(x))$ が $f(x, y)$ の定義域に含まれなくてはならない。次に述べる定理の中では，付帯される条件によって，このことは保証される。

定理 15.4 正規形の微分方程式 (15.1) において，関数 $f(x, y)$ は，領域 E において連続で，

$$|f(x, y)| \leqq M, \quad (x, y) \in E \tag{15.9}$$

5) Charles Émile Picard, 1856–1941, フランス
6) Ernst Leonard Lindelöf, 1870–1946, フィンランド

とし，E に含まれる (x, y_1)，(x, y_2) に対して，リプシッツ条件 (15.4) を
みたすとする。このとき，区間 $I_{r'} = [x_0 - r', x_0 + r']$ において，初期条
件 (15.7) をみたす解が一意的に存在する。ここで，

$$r' = \min\left(r, \frac{\rho}{M}\right) \tag{15.10}$$

である。

証明　まず，任意の自然数 n に対して点 $(x, y_n(x))$ は $f(x, y)$ の定義域 $I_{r'}$
に含まれることを示す。このためには，任意の自然数 n に対して，

$$|y_n(x) - y_0| \leqq \rho, \quad x \in I_{r'} \tag{15.11}$$

を示せばよい。$n = 1$ のとき，$f(x, y_0)$ は $x \in I_{r'}$ において連続なので，
(15.9)，(15.10) より，$x \in I_{r'}$ に対して

$$|y_1(x) - y_0| \leqq \int_{x_0}^{x} |f(t, y_0)| \, dt \leqq \int_{x_0}^{x} M \, dt \leqq M|x - x_0| \leqq \rho \tag{15.12}$$

である。よって，$n = 1$ のとき，(15.11) は成り立つ。また，$y_1(x)$ は積
分で表される関数であるから連続である。数学的帰納法の仮定として，
$y_n(x)$ が $I_{r'}$ において連続で，(15.11) をみたすとする。(15.8) で $n+1$ と
して (15.9)，(15.10) を適用すれば，$x \in I_{r'}$ に対して

$$|y_{n+1}(x) - y_0| \leqq \int_{x_0}^{x} |f(t, y_n(t))| \, dt \leqq \int_{x_0}^{x} M \, dt \leqq M|x - x_0| \leqq \rho$$

となり，任意の自然数 n に対して，(15.11) が示された。

　次に，逐次近似法 (15.8) によって定義される $y_n(x)$ が，$I_{r'}$ において一
様収束することを示す。学びのノート 15.2 の (i) において述べたように，
級数

$$\sum_{n=1}^{\infty} (y_n(x) - y_{n-1}(x)) \tag{15.13}$$

が区間 $I_{r'}$ において一様収束することを確かめればよい。そのために、$I_{r'}$ において、任意の自然数 n に対して、不等式

$$|y_n(x) - y_{n-1}(x)| \leqq \frac{ML^{n-1}|x - x_0|^n}{n!} \tag{15.14}$$

を示す。$n = 1$ のとき、(15.12) より、(15.14) は明らかに成り立つ。n のとき、(15.14) が成り立つと仮定する。(15.8) において、$n, n+1$ の場合の式の両辺の差を考えれば、リプシッツ条件 (15.4) より

$$|y_{n+1}(x) - y_n(x)| = \left| \int_{x_0}^x \left(f(t, y_n(t)) - f(t, y_{n-1}(t)) \right) \, dt \right|$$

$$\leqq \left| \int_{x_0}^x \left| f(t, y_n(t)) - f(t, y_{n-1}(t)) \right| \, dt \right|$$

$$\leqq \left| \int_{x_0}^x L|y_n(t) - y_{n-1}(t)| \, dt \right| \leqq \frac{ML^{n-1}}{n!} \left| \int_{x_0}^x L|t - x_0|^n \, dt \right|$$

$$\leqq \frac{ML^{n-1}}{n!} \cdot \frac{L}{n+1}|x - x_0|^{n+1} = \frac{ML^n}{(n+1)!}|x - x_0|^{n+1}$$

を得る。この式は、(15.14) が $n+1$ のときにも成立することを示している。したがって、(15.14) は示された。級数

$$\sum_{n=1}^{\infty} \frac{ML^{n-1}|x - x_0|^n}{n!}$$

は、区間 $I_{r'}$ において $\frac{M}{L} \left(e^{L|x-x_0|} - 1 \right)$ に一様収束する。したがって、学びのノート 15.2 の (ii) により、逐次近似法 (15.8) で構成した関数列 $y_0(x), y_1(x), y_2(x), \ldots$ は、ある極限関数 $\tilde{y}(x)$ に一様収束する。

　以下で、極限関数 $\tilde{y}(x)$ が、積分方程式 (15.2) の解であることと、これが唯一の解であることを証明する。$y_n(x)$ は $I_{r'}$ において連続であり、

$\tilde{y}(x)$ への収束は一様収束であるから，定理 15.1 の (i) より，$\tilde{y}(x)$ もまた $I_{r'}$ おいて連続である。定理の仮定から，$f(x, y)$ は E において連続であるから，一様に $\lim_{n\to\infty} f(x, y_{n-1}(x)) = f(x, \lim_{n\to\infty} y_{n-1}(x)) = f(x, \tilde{y}(x))$ である。したがって，(15.8) の両辺の極限を考えれば，定理 15.1 の (ii) より

$$\tilde{y}(x) = \lim_{n\to\infty} y_n(x) = \lim_{n\to\infty} \left(y_0 + \int_{x_0}^x f(t, y_{n-1}(t)) \, dt \right)$$
$$= y_0 + \int_{x_0}^x \lim_{n\to\infty} f(t, y_{n-1}(t)) \, dt$$
$$= y_0 + \int_{x_0}^x f(t, \tilde{y}(t)) \, dt$$

となる。これは，$\tilde{y}(x)$ が (15.2)，さらにいうと，(15.1) の解であることを示している。

最後に，この $\tilde{y}(x)$ が定理の条件をみたす唯一の解であることを示す。仮りに，$y^*(x)$ も定理の条件をみたす解であるとすると，(15.2) およびリプシッツ条件 (15.4) を用いて，

$$|\tilde{y}(x) - y^*(x)| = \left| \int_{x_0}^x f(t, \tilde{y}(t)) - f(t, y^*(t)) \, dt \right|$$
$$\leqq L \left| \int_{x_0}^x |\tilde{y}(t) - y^*(t)| \, dt \right|$$

と評価できる。定理 15.3 の (15.5) において，$g(x) \equiv 0$, $h(t) \equiv L$ の場合であるから，(15.6) より，$|\tilde{y}(x) - y^*(x)| \leqq 0$ を得る。これは，$\tilde{y}(x) - y^*(x) = 0$ を意味する。以上で定理 15.4 は証明された。　□

▓▓▓▓▓ **学びのノート 15.3** ▓▓▓▓▓

微分方程式 (15.1) における定理 15.4 についての議論は，1 階連立微分方程式 (9.1) においても適用が可能である。未知関数からなる行列を (9.3) のように書いて，

$$\boldsymbol{f}(x, \boldsymbol{y}) = \begin{pmatrix} f_1(x, y_1, y_2, \dots, y_n) \\ f_2(x, y_1, y_2, \dots, y_n) \\ \vdots \\ f_n(x, y_1, y_2, \dots, y_n) \end{pmatrix}, \quad \boldsymbol{y} = \begin{pmatrix} y_1 \\ y_2 \\ \vdots \\ y_n \end{pmatrix}$$

と書けば，$\boldsymbol{y}' = \dfrac{d\boldsymbol{y}}{dx}$ として，(9.1) は，

$$\boldsymbol{y}' = \boldsymbol{f}(x, \boldsymbol{y}) \tag{15.15}$$

と表される。積分方程式 (15.2) については，初期条件を

$$\boldsymbol{y}(x_0) = \boldsymbol{y}_0 = \begin{pmatrix} \eta_1 \\ \eta_2 \\ \vdots \\ \eta_n \end{pmatrix} \tag{15.16}$$

$$\int_{x_0}^{x} \boldsymbol{f}(t, \boldsymbol{y}(t)) \, dt = \begin{pmatrix} \int_{x_0}^{x} f_1(t, y_1(t), y_2(t), \dots, y_n(t)) \, dt \\ \int_{x_0}^{x} f_2(t, y_1(t), y_2(t), \dots, y_n(t)) \, dt \\ \vdots \\ \int_{x_0}^{x} f_n(t, y_1(t), y_2(t), \dots, y_n(t)) \, dt \end{pmatrix}$$

として，

$$\boldsymbol{y}(x) = \boldsymbol{y}_0 + \int_{x_0}^{x} \boldsymbol{f}(t, \boldsymbol{y}(t)) \, dt \tag{15.17}$$

と表される。(15.7) を考える領域を

$$\boldsymbol{E} = \{(x, \boldsymbol{y}) \mid x_0 - r \leqq x \leqq x_0 + r, \ \|\boldsymbol{y} - \boldsymbol{y}_0\| \leqq \rho\}$$

とし，$\boldsymbol{E}$ に含まれる $(x, \boldsymbol{y_1})$，$(x, \boldsymbol{y_2})$ に対して，リプシッツ条件を

$$\|\boldsymbol{f}(x, \boldsymbol{y_1}) - \boldsymbol{f}(x, \boldsymbol{y_2})\| \leqq L\|\boldsymbol{y_1} - \boldsymbol{y_2}\| \tag{15.18}$$

と定義する。ここでは，ベクトル $\boldsymbol{y}$ のノルム $\|\boldsymbol{y}\|$ は，

$$\|\boldsymbol{y}\| = \sqrt{y_1^2 + y_2^2 + \cdots + y_n^2}$$

としている。このとき，定理 15.4 は，(15.15) に対して自然と拡張される。すなわち，関数 $f(x, \boldsymbol{y})$ は，領域 $\boldsymbol{E}$ において連続で，$|f(x, \boldsymbol{y})| \leqq M$，$(x, \boldsymbol{y}) \in \boldsymbol{E}$ とし，リプシッツ条件 (15.18) をみたすとする。このとき，区間 $I_{r'} = [x_0 - r', x_0 + r']$ において，初期条件 (15.16) をみたす解が一意的に存在する。ここで，r' は，(15.10) であたえられるものである。

例 15.2　正規形の微分方程式

$$y' = 2xy \tag{15.19}$$

を初期条件 $y(0) = 1$ のもとで逐次近似法により，解を構成する。定理 15.4 の条件を確認する。簡単のため，ここでは，$D = \{(x, y) \mid -1 \leqq x \leqq 1,\ 0 \leqq y \leqq 2\}$ としておく。D に含まれる (x, y_1)，(x, y_2) に対して，$|f(x, y_1) - f(x, y_2)| = |2x(y_1 - y_2)| \leqq 2|y_1 - y_2|$ であるから，$f(x, y) = 2xy$ は，D において y に関してリプシッツ条件をみたしている。また，$f(x, y)$ は，D において連続で，$|f(x, y)| \leqq 4$ をみたしている。ゆえに，定理 15.4 によって，$-\dfrac{1}{4} \leqq x \leqq \dfrac{1}{4}$ において解が一意的に存在する。ただし，この範囲は，さらに拡張されることがあり得る。実際，(15.8) に従って解を求めると

$$y_0 = 1, \quad y_1 = 1 + \int_0^x 2t\ dt = 1 + x^2$$

$$y_2 = 1 + \int_0^x 2t(1 + t^2)\, dt = 1 + x^2 + \frac{1}{2}x^4$$

$$y_3 = 1 + \int_0^x 2t\left(1 + t^2 + \frac{1}{2}t^4\right)\, dt = 1 + x^2 + \frac{1}{2}x^4 + \frac{1}{6}x^6$$

$$\cdots$$

$$y_n = 1 + x^2 + \frac{1}{2!}(x^2)^2 + \frac{1}{3!}(x^2)^3 + \cdots + \frac{1}{n!}(x^2)^n$$

であるから，(1.44) より，$\displaystyle\lim_{n\to\infty} y_n(x) = e^{x^2}$ となることがわかる。　◁

例 15.3　初期条件 $y(0) = 0$ のもとで，正規形の微分方程式

$$y' = 3y^{\frac{2}{3}} \tag{15.20}$$

を考える。この場合，$f(x,y) = 3y^{\frac{2}{3}}$ は，$(x,0)$ を含むどのような領域においてもリプシッツ条件をみたさない。実際，

$$f(x,y_1) - f(x,y_2) = 3(y_1^{\frac{2}{3}} - y_2^{\frac{2}{3}}) = 3(y_1 - y_2)\frac{y_1 + y_2}{y_1^{\frac{4}{3}} + y_1^{\frac{2}{3}}y_2^{\frac{2}{3}} + y_2^{\frac{4}{3}}}$$

であるから，y_1，y_2 が 0 に近いところでの考察から，リプシッツ定数 L は定まらないことがわかる。したがって，(15.20) は，定理 15.4 の条件をみたさない。しかしながら (15.20) は，初期条件 $y(0) = 0$ をみたす解 $y = x^3$ をもつ。実際，計算により，任意の定数 C に対して $y = (x - C)^3$ が解になることが確かめられる。そこで，$C > 0$ として，関数 $y_C(x)$ を

$$y_C(x) = \begin{cases} x^3, & x < 0 \\ 0, & 0 \leqq x < C \\ (x - C)^3, & C \leqq x \end{cases}$$

と定義すれば，$y_C(x)$ は，初期条件 $y(0) = 0$ をみたす (15.20) の解になっていることが理解できる。　◁

15.3　折れ線法

例 15.3 から理解できるように，リプシッツ条件が仮定されていなくと
も解が存在しないとはいえない。この節では，リプシッツ条件を仮定せ
ずに，正規形の微分方程式 (15.1) の初期条件 (15.7) をみたす解の存在を
追うことにする。しかしながら，詳細な証明は省略し，コーシー[7]・ペ
アノ[8]の折れ線法という発想について紹介することにする[9]。

初期条件 (15.7) をみたす解は，xy 平面上の点 $P_0(x_0, y_0)$ を通り，傾きが
$f(x_0, y_0)$ の直線である。そこで，x 軸上の点列 $x_0 < x_1 < x_2 < \cdots < x_n$
を考えて，直線を紡いで近似解をつくることを考える。

まず，点 P_0 を通り，傾きが $f(x_0, y_0)$ の直線と，直線 $x = x_1$
との交点を点 $P_1(x_1, y_1)$ とする。次に，点 P_1 を通り，傾きが $f(x_1, y_1)$ の
直線と，直線 $x = x_2$ との交点を $P_2(x_2, y_2)$ とする。この操作を続けてで
きる折れ線 $P_0 P_1 P_2 \cdots P_n$ で解を近似する。これらの近似解の中から，真
の解に収束する列を選び出す方法がコーシー–ペアノの折れ線法である。

リプシッツ条件は解の一意性
の証明に有効ではあるが，実際
に，この方法によってリプシッ
ツ条件が仮定されていなくとも
解の存在は保証される。

定理 15.5　正規形の微分方程
式 (15.1) において，関数 $f(x, y)$

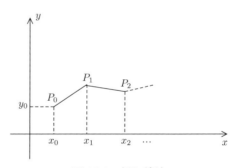

図 15.2　折れ線法

7）　Louis Cauchy, 1789–1857, フランス
8）　Giuseppe Peano, 1858–1932, イタリア
9）　詳細は，たとえば，巻末の関連図書 [1], [10], [14], [34] などを参照のこと。

は領域 $E = \{(x, y) \mid x_0 - r \leqq x \leqq x_0 + r,\ y_0 - \rho \leqq y \leqq y_0 + \rho\}$ において連続で，(15.9) をみたすとする。このとき，区間 $I_{r'} = [x_0 - r', x_0 + r']$ において，初期条件 (15.7) をみたす解が少なくとも 1 つ存在する。ここで，$r' = \min\left(r, \dfrac{\rho}{M}\right)$ である。

▥▥▥ **学びの扉 15.1** ▥▥▥▥▥▥▥▥▥▥▥▥▥▥▥▥▥▥▥▥▥▥▥▥▥▥▥▥▥

定理 15.5 の証明において，折れ線で構成した近似解の中から真の解に収束する関数列の存在を示すために使われる定理を紹介する。

区間 I は長さ有限な区間とし，I 上で定義された関数列 $\{f_n\} = \{f_n\}_{n=0}^{\infty}$ を考える。ある定数 $M > 0$ が存在して，$|f_n(x)| \leqq M$, $x \in I$, $n = 0, 1, 2, \ldots$ が成り立つとき，$\{f_n\}$ は，I において一様有界であるという。M は，x や n には依存しない。また，任意の $\varepsilon > 0$ に対して，ある正の数 δ があって，$|x - \tilde{x}| < \delta$ ならば，$|f_n(x) - f_n(\tilde{x})| < \varepsilon$, $x, \tilde{x} \in I$, $n = 0, 1, 2, \ldots$ が成り立つとき，$\{f_n\}$ は，I において同等連続であるという。δ は，ε には依存してもよいが，$x, \tilde{x}$ や n には依存しない。

このとき，アスコリ[10]-アルツェラ[11]の定理とよばれる次の定理が成立する[12]。

定理 15.6 区間 I は長さ有限な区間とし，I 上で定義された関数列 $\{f_n\} = \{f_n\}_{n=0}^{\infty}$ が，一様有界で同等連続とする。このとき，$\{f_n\}$ の中から，I 上で一様収束する関数列を選び出すことができる。

▰▰

本書において紹介する内容は，以上である。冒頭にも書いたが，本書

---

10) Giulio Ascoli, 1843–1896, イタリア
11) Cesare Arzelà, 1847–1912, イタリア
12) 詳細は，たとえば，巻末の関連図書 [14], [34] などを参照のこと。

は，微分積分学，線形代数学を学習した皆さんが自然と微分方程式に入ることのできる入門書である。微分方程式の書籍には，先人達によって書かれたすぐれたものが数多く存在する。著者自身の学びや教育経験の中で，たとえば，巻末の関連図書で紹介した [14]，[21]，[22]，[27]，[28]，[32]，[33] などに出会い，本書もかなりの影響を受けた。今，この本を手にされている皆さんが微分方程式に興味をもっていただければ，著者にとってこれに過ぎる喜びはない。

▰▰▰ 学びの広場― **演習問題** **15** ▰▰▰▰▰▰▰▰▰▰▰▰▰▰▰▰▰▰▰▰▰▰▰▰▰▰▰▰▰

1. 以下の関数列について極限関数への収束が一様収束かどうか答えよ。

   (1) $I = \left[-\dfrac{1}{2}, \dfrac{1}{2} \right]$, $f_n(x) = x^n$, $n = 1, 2, \ldots$

   (2) $I = [0, 1]$, $f_n(x) = \begin{cases} -(n+1)x + 1, & 0 \leqq x \leqq \dfrac{1}{n+1} \\ 0, & \dfrac{1}{n+1} < x \leqq 1 \end{cases}$
   $$n = 1, 2, \ldots$$

2. 以下の微分方程式が，原点の近くでリプシッツ条件をみたしているか答えよ。

   (1) $y' = y^2 + 1$ (2) $y' = \sqrt{|y|}$

3. 区間 $I = [0, 1]$ において，関数列 $f_n(x) = n^2 x e^{-nx}$, $n = 1, 2, \ldots$ を考える。このとき，$\displaystyle \lim_{n \to \infty} \int_0^1 f_n(x)\, dx$ と $\displaystyle \int_0^1 \lim_{n \to \infty} f_n(x)\, dx$ が等しいかどうかを調べよ。

4. 微分方程式 $y' = -2y$ の初期条件 $y(0) = 2$ をみたす解を，逐次近似法によって求めよ。

学びの広場 — 演習問題の解答 ▌

第 1 章

1. (1) $y' = 3x^2 y$　　　(2) $y^2((y')^2 + 1) = 1$

2. (1) $-\dfrac{1}{2}\cos(2x + 3) + C$　　　(2) $\tan^{-1}\dfrac{x}{2} + C$

3. 固有方程式は，$\lambda^2 - (2a + 1)\lambda + a^2 + a - 6 = 0$ である。判別式 D を考えれば，$D = (2a + 1)^2 - 4(a^2 + a - 6) = 25 > 0$ である。よって，題意は示された。

4. (1.60) の両辺を 2 乗して $e^{2i\theta} = (e^{i\theta})^2 = (\cos\theta + i\sin\theta)^2$ である。左辺は，(1.60) の公式より，$\cos 2\theta + i\sin 2\theta$ であり，右辺は展開をすれば，$(\cos^2\theta - \sin^2\theta) + i(2\sin\theta\cos\theta)$ である。実部と虚部を比較することで題意は示される。

第 2 章

1. (1) $y^2 - x^2 = C$　　　(2) $-2y^2(\tan^{-1} x + C) = 1$

2. (1) $y = Ce^x - x$　　　(2) $y - \tan^{-1}(x + y) = C$

3. $x^2 - Cy + y^2 = 0$

4. $(y - 1)^2 + 3(y - 1)(x - 1) - (x - 1)^2 = C$

第 3 章

1. (1) $y = -x\cos x + Cx$　　　(2) $y = 1 - x + Ce^{-x}$

2. (1) $y^2(Cx^2 - 2x^3) = 1$　　　(2) $y^3(Ce^{3x} + 3e^{2x}) = 1$

3. $u(x) = \dfrac{1}{y(x) + \frac{2}{x}}$ とおいて $u(x)$ の方程式を導くと，$u' = 1$ となる。したがって，$u(x) = x + C$ なので，求める一般解は，$y = \dfrac{1}{x + C} - \dfrac{2}{x}$ である。

4. $y = Ax$ を問題の方程式に代入すれば，$(A - 1)(Ax^2 - x^2 - x - 1) = 0$

となる。この式が、任意の x に対して 0 となるから、$A = 1$ である。$u(x) = \frac{1}{y(x)-x}$ とおいて $u(x)$ の方程式を導くと、$u' = u - 1$ となる。これを解くと、$u = Ce^x + 1$ となる。したがって、求める一般解は、$y = \frac{1}{Ce^x+1} + x$ である。

第 4 章

1. (1) $f_x = 3x^2 - 8xy,\ \ f_y = -4x^2 - 2y$

   (2) $f_x = e^{x+y} + \sin(x - y),\ \ f_y = e^{x+y} - \sin(x - y)$

2. (1) $x^3 - 6xy + y^3 + 3y = C$ (2) $e^x \cos y + 2e^y \sin x = C$

3. $x^2 y^3 + x - 2y^2 = 0$

4. $2x^2 y + 3x^2 y^2 = C$, 積分因子 x

第 5 章

1. (1) $\frac{1}{3} \tan^{-1}\left(\frac{y}{3}\right) = x + C$ (2) $y + \sqrt{y^2 - 4} = Ce^x$

2. (1) $y = \dfrac{1}{1 + Ce^{\frac{x^2}{2}}}$ (2) $y = \dfrac{1 - Ce^{2\sin x}}{1 + Ce^{2\sin x}}$

3. 微分方程式は $y' = a\sqrt{y}$ になる。これを解けば、$y = \frac{1}{4}(at + C)^2$ となる。4 時間で 3 倍になることから、$a = \frac{(\sqrt{3}-1)C}{4}$ となる。したがって、16 時間後には $\frac{(16a+C)^2}{C^2}$ 倍になるからこれを計算すれば、$(4\sqrt{3} - 3)^2$ 倍になる。

4. 接点の x 座標を α とおけば、接線の x 軸との交点の x 座標は $\alpha - \frac{f(\alpha)}{f'(\alpha)}$ である。したがって、任意の α に対して、$2\alpha = \alpha - \frac{f(\alpha)}{f'(\alpha)}$ が成り立つ。このことは、$f(x)$ は、微分方程式 $f' = -\frac{f}{x}$ をみたすことを意味している。これを解いて、$f(x) = \frac{C}{x}$ となる。問題より、この関数のグラフが点 $(2, 2)$ を通るから、$C = 4$ である。以上より、求める関数は、$y = \frac{4}{x}$ である。

第 6 章

1. (1) $(n-m)x^{m+n-1}$ (2) $e^{2\alpha x}$

2. (1) $\frac{d^2 y}{dx^2} - \frac{2}{x}\frac{dy}{dx} + \frac{2}{x^2}y = 0$ (2) $\frac{d^2 y}{dx^2} - \frac{4x^2+1}{2x-1}\frac{dy}{dx} + \frac{4x^2-2x+2}{2x-1}y = 0$

3. 微分方程式 $(*)$ $\frac{d^2 y}{dx^2} + y = 0$ は,1 次独立な解 $y_1(x) = \cos x$, $y_2(x) = \sin x$ をもつ。$\phi(x) = \sin(x+\alpha)$ は $(*)$ の解であり,関数 $\psi(x) = \sin\alpha\cos x + \cos\alpha\sin x$ は $(*)$ の解である。ここで,$\phi(-\alpha) = 0$ であり,$\psi(-\alpha) = \sin\alpha\cos(-\alpha) + \cos\alpha\sin(-\alpha) = 0$ である。また,計算により,$\phi'(-\alpha) = \psi'(-\alpha) = 1$ である。定理 6.3 によって 2 つの解 $\phi(x)$ と $\psi(x)$ は一致する。したがって,三角関数の正弦の加法定理

$$\sin(x+\alpha) = \cos x \sin\alpha + \sin x \cos\alpha$$

は証明された。

4. 行列式 $\begin{vmatrix} y & x & x\log x & x^2 \\ y' & 1 & \log x + 1 & 2x \\ y'' & 0 & \frac{1}{x} & 2 \\ y''' & 0 & -\frac{1}{x^2} & 0 \end{vmatrix} = 0$ を計算して,

$\frac{d^3 y}{dx^3} - \frac{1}{x}\frac{d^2 y}{dx^2} + \frac{2}{x^2}\frac{dy}{dx} - \frac{2}{x^3}y = 0$ を得る。

第 7 章

1. (1) $C_1 e^x + C_2 e^{-x} - \frac{1}{2}\sin x$

 (2) $C_1 \cos x + C_2 \sin x - \frac{1}{2}\cos x \cdot \log\left(\frac{1+\sin x}{1-\sin x}\right)$

2. (1) $C_1 \frac{e^x}{x-2} + C_2 \frac{xe^x}{x-2}$ (2) $C_1 e^{x^2} + C_2 x e^{x^2}$

3. $C_1 e^{-x^2} + C_2 x^2 e^{-x^2}$

4. $g = h(\varphi)$ より,$g' = h'(\varphi)\varphi'$,$g'' = h''(\varphi)(\varphi')^2 + h'(\varphi)\varphi''$ である。したがって,$\frac{g''}{g'} = \frac{h''(\varphi)}{h'(\varphi)}\varphi' + \frac{\varphi''}{\varphi'}$ である。この式から,$\left(\frac{g''}{g'}\right)' =$

$$\frac{d}{d\varphi}\left(\frac{h''(\varphi)}{h'(\varphi)}\right)(\varphi')^2 + \frac{h''(\varphi)}{h'(\varphi)}\varphi'' + \left(\frac{\varphi''}{\varphi'}\right)' \text{ および } \left(\frac{g''}{g'}\right)^2 = \left(\frac{h''(\varphi)}{h'(\varphi)}\right)^2(\varphi')^2$$

$$+ 2\frac{h''(\varphi)}{h'(\varphi)}\varphi'' + \left(\frac{\varphi''}{\varphi'}\right)^2 \text{ を得る。これらの式を用いて，} Sg \text{ の定義に基づ}$$

いて計算すれば，証明する式が得られる。

第8章

1. (1) $C_1 e^{4x} + C_2 e^{-3x}$　　(2) $C_1 e^{-x}\cos\sqrt{3}x + C_2 e^{-x}\sin\sqrt{3}x$

2. (1) $C_1 e^{4x} + C_2 e^{-2x} - \dfrac{e^x}{9}$　　(2) $C_1 e^{2x} + \dfrac{1}{2}x^2 e^{2x}$

3. $C_1 e^x \cos 2x + C_2 e^x \sin 2x + C_3 x e^x \cos 2x + C_4 x e^x \sin 2x$

4. 6章の学びの抽斗 6.1 および学びの扉 6.1 の (ii) より，ロンスキー行列式は，$W(e^x\cos x, e^x\sin x, xe^x\cos x, xe^x\sin x) = e^{4x}W(\cos x, \sin x, x\cos x, x\sin x)$ であるから，4つの関数 $\cos x, \sin x, x\cos x, x\sin x$ が1次独立であることを示せばよい。まず，$\cos x, \sin x$ が1次独立であることは，$\dfrac{\sin x}{\cos x} = \tan x$ が非定数であることから自明である。次に，$\cos x, \sin x,$ $x\cos x$ が1次独立であることを示す。$C_1\cos x + C_2\sin x + C_3 x\cos x = 0$ とする。$C_3 \neq 0$ とすれば，$x\cos x = -\dfrac{C_1}{C_3}\cos x - \dfrac{C_2}{C_3}\sin x$ と書ける。この式の x に $x = 2\pi n$, n を自然数として，$n \to \infty$ とすれば，左辺は無限大に発散するが，右辺は有界である。これは矛盾である。したがって，$C_3 = 0$ となる。$\cos x, \sin x$ は1次独立なので，$C_1 = C_2 = 0$ となる。ゆえに，$\cos x, \sin x, x\cos x$ が1次独立である。同様の議論をする。$C_1\cos x + C_2\sin x + C_3 x\cos x + C_4 x\sin x = 0$ とする。$C_4 \neq 0$ とすれば，$x\sin x = -\dfrac{C_1}{C_4}\cos x - \dfrac{C_2}{C_4}\sin x - \dfrac{C_3}{C_4}x\cos x$ と書ける。この式の x に $x = \dfrac{\pi}{2} + 2n\pi$ を代入し，n を自然数として，$n \to \infty$ とすれば，左辺は無限大に発散するが，右辺は有界である。これは矛盾である。したがって，$C_4 = 0$ となる。$\cos x, \sin x, x\cos x$ は1次独立なので，$C_1 = C_2 = C_3 = C_4 = 0$

となる。以上で、$\cos x, \sin x, x\cos x, x\sin x$ が 1 次独立であることが示された（ちなみに、$W(\cos x, \sin x, x\cos x, x\sin x) = 4$ である）。

第 9 章

1. (1) $\begin{pmatrix} y_1' \\ y_2' \end{pmatrix} = \begin{pmatrix} 3 & -2 \\ 1 & 5 \end{pmatrix} \begin{pmatrix} y_1 \\ y_2 \end{pmatrix} + \begin{pmatrix} x^2 \\ x^3 \end{pmatrix}$

   (2) $\begin{pmatrix} y_1' \\ y_2' \\ y_3' \end{pmatrix} = \begin{pmatrix} 0 & 1 & 1 \\ 1 & 0 & 1 \\ 1 & 1 & 0 \end{pmatrix} \begin{pmatrix} y_1 \\ y_2 \\ y_3 \end{pmatrix} + \begin{pmatrix} f(x) \\ g(x) \\ h(x) \end{pmatrix}$

2. (1) $\begin{pmatrix} y_1 \\ y_2 \end{pmatrix} = \begin{pmatrix} C_1 e^{2x} \\ C_2 e^{-4x} \end{pmatrix}$, C_1, C_2 は任意定数

   (2) $\begin{pmatrix} y_1 \\ y_2 \end{pmatrix} = \begin{pmatrix} C_1 e^{3x} + 2C_2 e^{2x} \\ C_1 e^{3x} + 3C_2 e^{2x} \end{pmatrix}$, C_1, C_2 は任意定数

3. 問題の微分方程式を行列の形で表すと $\begin{pmatrix} y_1' \\ y_2' \end{pmatrix} = \begin{pmatrix} 5 & -2 \\ 3 & 0 \end{pmatrix} \begin{pmatrix} y_1 \\ y_2 \end{pmatrix} + \begin{pmatrix} x \\ x+1 \end{pmatrix}$

となる。係数行列 $A = \begin{pmatrix} 5 & -2 \\ 3 & 0 \end{pmatrix}$ は、前問 2(2) で登場したものと同じである。例 9.1 で用いた方法で、行列

$$P = \begin{pmatrix} 1 & 2 \\ 1 & 3 \end{pmatrix}$$

を用いて

$$P^{-1}AP = \begin{pmatrix} 3 & 0 \\ 0 & 2 \end{pmatrix}$$

と対角化される。ゆえに、$P^{-1}e^{(x-\xi)A}P = \begin{pmatrix} e^{3(x-\xi)} & 0 \\ 0 & e^{2(x-\xi)} \end{pmatrix}$ となる。したがって、

$$Y(x,\xi) = \begin{pmatrix} 3e^{3(x-\xi)} - 2e^{2(x-\xi)} & -2e^{3(x-\xi)} + 2e^{2(x-\xi)} \\ 3e^{3(x-\xi)} - 3e^{2(x-\xi)} & -2e^{3(x-\xi)} + 3e^{2(x-\xi)} \end{pmatrix}$$

を得る。以上より，$\boldsymbol{a} = \begin{pmatrix} 1 \\ 2 \end{pmatrix}$ を使って計算すれば，求める解は，

$$\boldsymbol{y}(x,0,\boldsymbol{a}) = \begin{pmatrix} \frac{1}{9}\left(-14e^{3x} + 27e^{2x} - 3x - 4\right) \\ \frac{1}{18}\left(-28e^{3x} + 81e^{2x} - 6x - 17\right) \end{pmatrix}$$

となる。

4. 定義より，$Ae^{xA} = e^{xA}A$ は自明であるので，第 1 の等号を証明する。項別微分を行って

$$\frac{d}{dx}e^{xA} = \sum_{n=0}^{\infty} \frac{d}{dx}\left(\frac{x^n}{n!}\right)A^n = \sum_{n=1}^{\infty} \frac{nx^{n-1}}{n!}A^n$$

$$= A\sum_{n=1}^{\infty} \frac{x^{n-1}}{(n-1)!}A^{n-1} = Ae^{xA}$$

を得る。

第 10 章

1. (1) 1   (2) ∞

2. (1) $\displaystyle\sum_{n=0}^{\infty} \frac{(-2)^n}{n!}x^n$ (2) $\displaystyle\sum_{n=0}^{\infty} \frac{1}{2^n n!}x^{2n}$

3. $x = 0$ は正則点であるから，$y(x) = \displaystyle\sum_{n=0}^{\infty} a_n x^n$ とおくと，(10.16) より，漸化式 $a_{n+2} = \dfrac{2(n-k)}{(n+2)(n+1)}a_n$, $n \geqq 0$ をみたすことがわかる。k が偶数であれば，$y(0) = a_0 = 1$, $y'(0) = a_1 = 0$ と初期条件をあたえれば，奇数番目の係数はすべて 0 で，偶数番目は $k+2$ 番から先がすべて 0 になって多項式解が得られる。k が奇数であれば，$y(0) = a_0 = 0$, $y'(0) = a_1 = 1$

と初期条件をあたえれば，偶数番目の係数はすべて 0 で，奇数番目は $k+2$ 番から先がすべて 0 になり，やはり多項式解が得られる。これらの多項式はエルミート多項式といわれている。

4. $t = 1 - x$, $y(x) = u(t)$ なので，$\dfrac{dy}{dx} = (-1)\dfrac{du}{dt}$, $\dfrac{d^2y}{dx^2} = (-1)^2\dfrac{d^2u}{dt^2} = \dfrac{d^2u}{dt^2}$ である。これらを $y(x)$ のみたす超幾何微分方程式に代入すれば，

$$t(1-t)\frac{d^2u}{dt^2} + (\alpha+\beta+1-\gamma-(\alpha+\beta+1)t)\frac{du}{dt} - \alpha\beta u = 0$$

となる。これは，$u(t)$ が，$y(x)$ のみたす超幾何微分方程式の係数の γ を $\alpha+\beta+1-\gamma$ におきかえた超幾何微分方程式をみたしていることを示している。

第 11 章

1. (1) $\dfrac{6}{(s-3)^4}$ (2) $\dfrac{6s^2-2}{s(s^2+1)^3}$

2. (1) $\dfrac{e^{\frac{x}{2}}}{2}$ (2) $\dfrac{e^{-x}\sin\sqrt{2}x}{\sqrt{2}}$

3. 証明する式を (A) $\mathcal{L}[x^n] = \dfrac{n!}{s^{n+1}}$ とおく。$n=1$ のとき，(11.4) より (A) は成立する。n のとき (A) が成り立っていると仮定する。$x^{n+1} = x \cdot x^n$ とみて定理 11.5 を適用すれば，$\mathcal{L}[x^{n+1}] = \mathcal{L}[x \cdot x^n] = -\dfrac{d}{ds}\left(\dfrac{n!}{s^{n+1}}\right) = -n! \cdot \dfrac{-(n+1)}{s^{n+2}} = \dfrac{(n+1)!}{s^{n+2}}$ となる。これは，$n+1$ のときも (A) が成立することを意味している。したがって，数学的帰納法より，任意の自然数 n に対して (A) が成り立つことが示された。

4. 未知関数 $y(x)$ のラプラス変換を $\mathcal{L}[y(x)] = Y(s)$ とし，両辺のラプラス変換を考える。左辺のラプラス変換は，(11.11) を用いて，

$$\mathcal{L}\left[\frac{d^2y}{dx^2} - 4\frac{dy}{dx} + 4y\right] = \mathcal{L}\left[\frac{d^2y}{dx^2}\right] - 4\mathcal{L}\left[\frac{dy}{dx}\right] + 4\mathcal{L}[y(x)]$$

$$= s^2\mathcal{L}[y(x)] - sy(0) - y'(0) - 4(s\mathcal{L}[y(x)] - y(0)) + 4\mathcal{L}[y(x)]$$

$$= (s^2 - 4s + 4)Y(s) - 3s + 6$$

であり，右辺のラプラス変換は (11.8) より，$\mathcal{L}[e^x] = \dfrac{1}{s-1}$ となるから，像方程式 $(s^2 - 4s + 4)Y(s) - 3s + 6 = \dfrac{1}{s-1}$ を得る。この方程式を $Y(s)$ について解けば，

$$
\begin{aligned}
Y(s) &= \frac{3}{s-2} + \frac{1}{(s-2)^2(s-1)} \\
&= \frac{3}{s-2} + \frac{1}{(s-2)^2} - \frac{1}{s-2} + \frac{1}{s-1} \\
&= \frac{1}{(s-2)^2} + \frac{2}{s-2} + \frac{1}{s-1}
\end{aligned}
$$

となる。したがって，ラプラス逆変換を考えて，(11.7) より

$$
\begin{aligned}
y(x) &= \mathcal{L}^{-1}\left[\frac{1}{(s-2)^2}\right] + \mathcal{L}^{-1}\left[\frac{2}{s-2}\right] + \mathcal{L}^{-1}\left[\frac{1}{s-1}\right] \\
&= xe^{2x} + 2e^{2x} + e^x
\end{aligned}
$$

である。

第 12 章

1. (1) $f(x) \sim \displaystyle\sum_{n=1}^{\infty} \frac{2}{n\pi}((-1)^n - 1)\sin nx$

   (2) $f(x) \sim \dfrac{\pi}{2} + \dfrac{2}{\pi}\displaystyle\sum_{n=1}^{\infty} \frac{1}{n^2}((-1)^n - 1)\cos nx$

2. (1) $f_c(x) \sim \dfrac{\pi}{2} + \dfrac{2}{\pi}\displaystyle\sum_{n=1}^{\infty} \frac{1}{n^2}((-1)^n - 1)\cos nx$

   (2) $f_s(x) \sim 2\displaystyle\sum_{n=1}^{\infty} \frac{(-1)^{n+1}}{n}\sin nx$

3. 例 12.2 において，$p = -1$，$q = 1$ として (12.7) を適用する。特に，$x = \dfrac{\pi}{2}$

とおくと，$1 = \sum_{n=1}^{\infty} \frac{-2}{n\pi}((-1)^n - 1)\sin\frac{n\pi}{2}$ である。右辺は偶数番目は 0 で，n が 4 で割って 1 余る奇数のときは，$\sin\frac{n\pi}{2} = 1$，n が 4 で割って 3 余る奇数のときは，$\sin\frac{n\pi}{2} = -1$ なので，先ほどの式の両辺を $\frac{\pi}{4}$ 倍すれば証明する式が導かれる。

4. 1.(2) より，$a_0 = \pi$ であり，$n \geqq 1$ については，n が偶数ならば $a_n = 0$ であり，n が奇数ならば $a_n = \frac{-4}{n^2\pi}$ である。計算によって $\|f(x)\|^2 = \frac{2\pi^3}{3}$ がわかるので，定理 12.4 に代入をすれば，証明する式が得られる。

第13章

1. (1) $\frac{1}{2}xy^2 + \phi(x)$ (2) $\frac{1}{4}e^{x+2y} + \phi_1(x)y + \phi_2(x)$

2. (1) $\phi(y)e^{x^2}$ (2) $e^x\phi(x-y)$

3. 学びのノート 4.1 の (4.14) より，$u_r = u_x\cos\theta + u_y\sin\theta$，$u_\theta = -ru_x\sin\theta + ru_y\cos\theta$，$u_{rr} = u_{xx}\cos^2\theta - 2u_{xy}\cos\theta\sin\theta + u_{yy}\sin^2\theta$，
$u_{\theta\theta} = r^2(u_{xx}\sin^2\theta + 2u_{xy}\cos\theta\sin\theta + u_{yy}\cos^2\theta) - r(u_x\cos\theta + u_y\sin\theta)$
の各式を証明する式の右辺に代入することで左辺が導かれる。

4. (13.23) より，$u(x,0) = \phi(x) + \psi(x) = f(x)$，$u_t(x,0) = k\phi'(x) - k\psi'(x) = g(x)$ を得る。第 2 の式を積分して，$\frac{1}{k}\int_0^x g(s)\,ds = \phi(x) - \psi(x) - C$，$C = \phi(0) - \psi(0)$ を導く。この式と，第 1 の式を連立させて，$\phi(x) = \frac{1}{2}\Big(f(x) + \frac{1}{k}\int_0^x g(s)\,ds + C\Big)$，$\psi(x) = \frac{1}{2}\Big(f(x) - \frac{1}{k}\int_0^x g(s)\,ds - C\Big)$ を得る。積分範囲に気をつけて $\phi(x+kt) + \psi(x-kt)$ を整理すれば証明する式が得られる。

第 14 章

1. (1) $f(x) = \dfrac{2}{\pi} \displaystyle\int_0^\infty \dfrac{\sin p\alpha \cos \alpha x}{\alpha} \, d\alpha$

   (2) $f(x) = \dfrac{2}{\pi} \displaystyle\int_0^\infty \dfrac{(1 - \cos p\alpha) \sin \alpha x}{\alpha} \, d\alpha$

2. (1) $\dfrac{6e^{-2s}}{s^4}$　　(2) $U_1(x)e^{x-1}$

3. 未知関数 $y(x)$ のラプラス変換を $\mathcal{L}[y(x)] = Y(s)$ とし，学びのノート 11.2 の (11.23) を適用すれば，像方程式は

$$Y(s) = \frac{\mathcal{L}[U_2(x)]}{(s^2 + 3s + 2)} = \frac{e^{-2s}}{s(s^2 + 3s + 2)}$$

となる。したがって，(14.22) を使って，ラプラス逆変換を考えれば，求める解は

$$y(x) = \mathcal{L}^{-1}\left[\frac{e^{-2s}}{s(s^2 + 3s + 2)}\right] = \mathcal{L}^{-1}\left[\frac{e^{-2s}}{s(s + 2)(s + 1)}\right]$$

$$= \mathcal{L}^{-1}\left[e^{-2s}\left(\frac{1}{2s} + \frac{1}{2(s + 2)} - \frac{1}{s + 1}\right)\right]$$

$$= U_2(x)\left(\frac{1}{2} + \frac{1}{2}e^{-2(x-2)} - e^{-(x-1)}\right)$$

と求めることができる。

4. あたえられた積分方程式から $\sqrt{\dfrac{2}{\pi}} \displaystyle\int_0^\infty f(x) \sin \alpha x \, dx = \begin{cases} \sqrt{\dfrac{2}{\pi}} \cdot \pi, & 0 \leqq \alpha \leqq \pi \\ 0, & \alpha > \pi \end{cases}$

であるから，(14.17) を用いて，

$$f(x) = \sqrt{\frac{2}{\pi}} \int_0^\pi \sqrt{2\pi} \sin \alpha x \, d\alpha = \frac{2}{x}\left[-\cos \alpha x\right]_{\alpha=0}^{\alpha=\pi} = \frac{2}{x}(1 - \cos \pi x)$$

第 15 章

1. (1) 一様収束である。　　(2) 一様収束ではない。

2. (1) リプシッツ条件をみたしている。

   (2) リプシッツ条件をみたしていない。

3. 任意の x に対して，n についての極限をとる。ロピタルの定理を応用して，特に，学びの抽斗 11.1 を参考にすれば，$f(x) = \lim\limits_{n \to \infty} f_n(x) = 0$ を得る。したがって，$\displaystyle\int_0^1 \lim_{n \to \infty} f_n(x)\, dx = \int_0^1 f(x)\, dx = 0$ である。一方，$\displaystyle\int_0^1 f_n(x)\, dx = 1 - e^{-n}(1+n)$ であるから，$\displaystyle\lim_{n \to \infty} \int_0^1 f_n(x)\, dx = 1$ である。ゆえに，2つの積分は等しくない（関数列の収束は，一様収束ではない）。

4. $f(x,y) = -2y$ は，明らかに y に関してリプシッツ条件をみたしている。また，$f(x,y)$ は連続で，原点を含む任意の閉区間において有界である。ゆえに，定理 15.4 によって，原点の近くで解が一意的に存在する。実際，逐次近似法に従って解を求めると

$$y_0 = 2, \quad y_1 = 2 + \int_0^x (-2) \cdot 2\, dt = 2 - 4x$$

$$y_2 = 2 + \int_0^x -2(2 - 4t)\, dt = 2 - 4x + 4x^2$$

$$y_3 = 2 + \int_0^x -2(2 - 4t + 4t^2)\, dt = 2 - 4x + 4x^2 - \frac{8}{3}x^3$$

$$\cdots$$

$$y_n = 2 \cdot 1 + 2 \cdot (-2x) + 2 \cdot \frac{1}{2!}(-2x)^2 + 2 \cdot \frac{1}{3!}(-2x)^3 +$$

$$\cdots + 2 \cdot \frac{1}{n!}(-2x)^n$$

であるから，(1.44) より，$\displaystyle\lim_{n \to \infty} y_n(x) = 2e^{-2x}$ となる。

関連図書 ▍

[1] Coddington, E. A. and N. Levinson, Theory of Ordinary Differential Equations, McGraw-Hill, 1955.

[2] Gregus, M., Third order linear differential equations, D. Reidel Publishing Company, Dordrecht, 1987.

[3] Hille, E., Ordinary differential equations in the complex domain, Dover Publications, Inc., Mineola, NY, 1997.

[4] Ince, E. L., Ordinary differential equations, Dover, 1956.

[5] Laine, I., Nevanlinna theory and complex differential equations, de Gruyter Studies in Mathematics, 15. Walter de Gruyter & Co., Berlin, 1993.

[6] Whittaker, J. M. and G. N. Watson, Course of Modern Analysis: An Introduction to the General Theory of Infinte Processes and of Analytic Functions; With an Account of the Principal Transcendental Functions, Cambridge, 1927.

[7] 石崎克也, 諸澤俊介『数理科学―離散数理モデル―』放送大学教育振興会, 2021.

[8] 石崎克也『入門微分積分』放送大学教育振興会, 2022.

[9] 稲葉三男『一様収束』共立出版, 1976.

[10] 石村隆一, 岡田靖則, 日野義之『微分方程式』牧野書店, 1995.

[11] 大橋常道『微分方程式・差分方程式入門』コロナ社, 2007.

[12] 岡本和夫『自然と社会を貫く数学』放送大学教育振興会, 2007.

[13] 岡本和夫『パンルヴェ方程式』岩波書店, 2009.

[14] 木村俊房『常微分方程式』共立出版, 1974.

[15] 熊原啓作, 押川元重『微分と積分』放送大学教育振興会, 2012.

[16] 熊原啓作, 河添健『解析入門』放送大学教育振興会, 2008.

[17] 河添健『解析入門』放送大学教育振興会, 2018.

[18] 熊原啓作, 室政和『微分方程式への誘い』放送大学教育振興会, 2011.

[19] 隈部正博『入門線形代数』放送大学教育振興会, 2014.

[20] 小松勇作『解析概論』廣川書店, 1962.

[21] 高橋礶一『常微分方程式』槙書店, 1969.

[22] 田代嘉宏『ラプラス変換とフーリエ解析要論』森北出版, 1977.

[23] 丹野雄吉, 福田途宏, 日野義之, 安田正實『教養の微分積分』培風館, 1985.

[24] 戸田暢茂『微分積分学要論』学術図書出版社, 1987.

[25] 内藤敏機, 申正善『初等常微分方程式の解法』牧野書店, 2005.

[26] 廣川宪『フーリエ解析』森北出版, 1981.

[27] 藤本敦夫『応用微分方程式』培風館, 1991.

[28] 古屋茂『新版　微分方程式』サイエンス社, 1997.

[29] Hauchecorne, B. and D. Suratteau（著）, 熊原啓作（訳）『世界数学者辞典』日本評論社, 2015.

[30] 村上正康, 佐藤恒夫, 野澤宗平, 稲葉尚志『教養の線形代数』培風館, 1976.

[31] 矢野健太郎, 石原繁『微分積分（改訂版）』裳華房, 1991.

[32] 矢野健太郎, 石原繁『基礎解析学（改訂版）』裳華房, 1993.

[33] 柳原二郎, 西尾和弘, 佐藤シズ子, 御前憲廣, 吉田克明『常微分方程式の解き方』理学書院, 1997.

[34] 吉沢太郎『微分方程式入門』朝倉書店, 1966.

[35] Linda J. S. Allen（著）, 竹内康博, 佐藤一憲, 守田智, 宮崎倫子（監訳）『生物数学入門』共立出版, 2011.

索 引

●配列は五十音順。

著者紹介

石崎　克也 （いしざき・かつや）

1961 年	千葉県に生まれる
1985 年	千葉大学理学部数学科卒業
1987 年	千葉大学大学院理学研究科修士課程数学専攻 修了
現在	放送大学教授・博士（理学）
専攻	函数論，函数方程式論
主な著書	数理科学 ―離散モデル―（放送大学教育振興会）
	入門微分積分（放送大学教育振興会）
	身近な統計（共著，放送大学教育振興会）
	数理科学 ―離散数理モデル（共著，放送大学教育振興会）

放送大学教材　1569406-1-2311（テレビ※）

改訂版　微分方程式

発　行　　2023 年 3 月 20 日　第 1 刷

著　者　　石崎克也

発行所　　一般財団法人　放送大学教育振興会
　　　　　〒105-0001　東京都港区虎ノ門 1-14-1　郵政福祉琴平ビル
　　　　　電話 03（3502）2750

※テレビによる放送は行わず，インターネット配信限定で視聴する科目です。
市販用は放送大学教材と同じ内容です。定価はカバーに表示してあります。
落丁本・乱丁本はお取り替えいたします。

Printed in Japan　ISBN978-4-595-32419-2　C 1341